光谱检测技术在环境污染物测量研究中的应用

李红莲　梁玉娇　著

北京理工大学出版社
BEIJING INSTITUTE OF TECHNOLOGY PRESS

图书在版编目（CIP）数据

光谱检测技术在环境污染物测量研究中的应用／李
红莲，梁玉娇著. --北京 ：北京理工大学出版社，
2022.11

ISBN 978-7-5763-1842-5

Ⅰ．①光… Ⅱ．①李… ②梁… Ⅲ．①光谱-应用-
重金属污染-污染测定 Ⅳ．①X502

中国版本图书馆 CIP 数据核字（2022）第 212946 号

出版发行／北京理工大学出版社有限责任公司

社　　　址／北京市海淀区中关村南大街 5 号

邮　　　编／100081

电　　　话／（010）68914775（总编室）
　　　　　　（010）82562903（教材售后服务热线）
　　　　　　（010）68944723（其他图书服务热线）

网　　　址／http：//www.bitpress.com.cn

经　　　销／全国各地新华书店

印　　　刷／三河市华骏印务包装有限公司

开　　　本／787 毫米×1092 毫米　1/16

印　　　张／14

彩　　　插／3　　　　　　　　　　　　　　　　责任编辑／王梦春

字　　　数／314 千字　　　　　　　　　　　　文案编辑／闫小惠

版　　　次／2022 年 11 月第 1 版　2022 年 11 月第 1 次印刷　　责任校对／刘亚男

定　　　价／89.00 元　　　　　　　　　　　　责任印制／施胜娟

前　言

本书是我们研究团队多年研究工作的总结。本书内容分为两篇：上篇，近红外光谱气体检测技术；下篇，激光诱导击穿光谱技术。

随着经济全球化的发展，工业生产、能源消耗带来的环境污染问题日益严峻，准确高效的环境检测技术及分析方法越来越被科研人员关注。环境中的有毒有害物质严重威胁着人类的身体健康，光学检测技术的应用对解决环境污染问题、保障人类生命安全、促进国家经济发展有着重大意义。

在气体污染领域，随着我国经济的快速发展，人们对生活质量的需求也显著增加，导致大气污染问题也日益严重。在日常生活中，大量有害气体经常被排放到大气中，威胁着人类的健康。因此，研制高效、准确、高灵敏度的检测系统对气体浓度进行检测对于自然环境治理与保护意义重大。大气中的 CO_2 会引起全球变暖，是导致温室效应的最大因素。来自太阳的可见光可以直接穿透大气层，随后到达并加热地面，地表与低层大气温度升高，形成温室效应。同时，吸入过高浓度的 CO_2 也会影响人的身体健康。CH_4 作为一种常见的易燃易爆气体，是天然气的重要组成部分，同时也是温室气体之一。CH_4 排放对温室效应的影响约占全球所有温室气体的五分之一。由于 CH_4 无色无味，所以 CH_4 泄漏很难被发现，不仅造成经济损失，而且会造成人员窒息。C_2H_2 的化学性质活泼，遇明火很容易发生爆炸，工业现场中准确快速地对 C_2H_2 气体实时在线检测对于保障工人的生命健康具有重要意义。超连续谱激光吸收光谱技术是一种新型的光谱检测技术，窄带激光受到各种非线性效应，其光谱会大幅度扩展，可测得光谱范围较宽的待测气体，根据吸收强度计算出气体的浓度，光源光谱范围较宽，可以实现大气中多种污染气体的同时测量。综上所述，随着经济的高速发展，工业生产和社会生活质量逐渐提高，导致大量有害气体逐渐增多，这些不断威胁着生态环境与人类健康。要想控制污染气体排放，除了需要采取一系列举措来减少污染气体的排放，还需要对工厂、电力、采矿等行业部门进行实时准确的监测，因此，研究出能够快速准确地实时检测系统对各种气体的浓度进行高精度检测，这对实现经济和生态的可持续发展具有重要的意义。

土壤作为生态系统中的重要因素，在维持生态的平衡发展中起着巨大的作用。近年来，随着经济的发展，重金属污染物逐渐进入农田、湿地、河流等生态系统，富集于土壤，危害生态安全。重金属是一种具有持久毒性的污染物，只要进入土壤之中就会很难对其进行降解，属于二次污染。土壤中的重金属破坏了植物的组成，破坏了生态系统，更严重的是人类、动物通过食物链将重金属富集于体内，从而威胁人类、动物的生命安全。重金属元素不能被植物降解，其富集于食物链的各环节中。人类通过进食将重金属吸收，其在体内与蛋白质结合，从而造成人体器官的中毒、衰竭，严重则影响人类的生命安全。

中药材在我国临床中应用广泛，并兼有药食功能。从中医药的理论中可以知道，不同产地的中药材,因为生长环境等因素,导致不同产地的药材中含有的有机成分不同,从而会使药效有较大差异。目前我国药材产地多,种类繁杂,在市场流通中,可能会出现中药材以假乱真、以劣代优的情况,导致中药材质量无法得到有效保障,影响中药材的应用、出口贸易等,所以,对中药材溯源有重要意义。目前传统检测技术大部分无法实现原位检测,只能在实验室检测,因此,寻找一种快速、高效、原位的分析方法实现对中药材微量元素的检测是十分重要的。湿地的重金属污染主要来源于岩物矿石的矿化和工业排放。实现湿地重金属元素的快速高效检测,不仅是保护生态安全的前提,更是维持生态健康发展的重中之重。相比于传统的化学检测方法,激光诱导击穿光谱技术具有无须复杂的样品预处理、操作简便、实时在线检测、实现多元素检测等优势。

本书集科学性、实用性、普及性于一体,力求理论与实际结合,系统全面地反映光谱检测技术的应用进展。希望本书能够成为从事光谱检测技术研究、教学与应用工作的科研人员、师生、技术人员和管理人员的学习参考书。

感谢吕文静、康沙沙、谢红杰、李文铎、张仕钊、吕贺帅等毕业研究生在环境检测技术方面的实验研究工作,感谢闫相宇、孟岩、张晨星、王春、王一童、孙佳星等多位研究生对本书的插图绘制和文字校对工作。由于编者水平有限,虽然几易其稿,力求统一、精练和完善,但时间较匆忙,很难做到详尽,疏漏和不妥之处在所难免,恳请读者批评指正,以便再版时改进。

编　者

目　录

上篇　近红外光谱气体检测技术

下篇　激光诱导击穿光谱技术

◎ ◎ ◎ ◎ ◎ 　上　篇　◎ ◎ ◎

近红外光谱气体检测技术

第 1 章

绪　　论

1.1　研究背景及意义

随着经济全球化的发展，我国经济进入了高速发展的时期。各大重工业企业迅速崛起的同时也带来了很多环境方面的问题，全球气候变暖、水土流失严重、森林面积减小、臭氧层被破坏等问题日益严重。近年来，由于深刻认识到了环境对人类社会、国民经济、政治发展的重要性，我国已经采取一系列措施致力于环境污染的治理。总体来说，环境污染的情况有所改善，但是以温室效应为首的大气污染仍然严重影响着人们的生产生活以及健康。

（1）对人体健康的危害：人体吸入被污染的空气会严重影响生命健康。有的大气污染物为有毒气体，如果在空气中含量过高，会导致中毒甚至会失去生命。即使浓度不高，如果人类长期吸入被污染的空气，也会引发各种呼吸道疾病，这也是目前患有慢性支气管炎、支气管哮喘以及肺癌等疾病的人数逐渐增多的很大一部分原因。

（2）对气候的影响：机动车产生的氮氧化物以及化石燃料燃烧产生的二氧化硫，未经处理直接排放到空气中形成酸雨，导致森林与农作物毁坏，腐蚀建筑设施，对生态系统以及人体健康都有直接与间接的危害。此外，燃料燃烧等人类活动使空气中的二氧化碳等吸热性强的气体浓度不断增加，导致地球温度升高，从而引起"温室效应"。二氧化碳是最常见的温室气体，约占大气总量的 0.03%；2018 年，甲烷被证明也是导致温室效应的温室气体之一，虽然甲烷在大气中的浓度远小于二氧化碳，但其温室效应的作用却比二氧化碳强很多，因此甲烷是造成温室效应的另一重要气体。有专家认为，如果大气中的温室气体含量继续增加，将会使南北极的气温逐渐升高，全球气候异常[1]。

要想控制污染气体排放，除了需要采取一系列举措来减少污染气体的排放，还需要对工厂、电力、采矿等行业部门进行实时准确的监测，从而对大气污染气体含量超标的行业部门起到警示作用。因此，研究能够实时准确地监测大气污染气体含量的传感技术是控制大气污染的关键所在[2]。

1.2　气体检测技术概述

气体检测技术从诞生至今，已经发展出了多种检测方法，并被应用到不同的监测领域中。根据检测技术工作原理的不同，可分为两大类：化学法气体检测技术和光学法气体检测技术。接下来对两大类气体检测技术及其分类进行分析。

1.2.1 化学法气体检测技术

化学法气体检测技术发展较早，主要包括电化学分析法、质谱法、气相色谱法和化学发光法，下面分析各类化学气体检测技术的原理和特点。

1. 电化学分析法

电化学分析法主要是基于物质的电化学性质从而确定气体浓度的测量方法，主要原理是待测气体与工作电极反应产生电信号，而电信号与待测气体的浓度成正比，由此可以间接得出气体浓度信息。电化学分析法具有测量范围广、高灵敏度、高准确度、仪器设备简单、价格低廉等优点；但其选择性较差，可测量的气体种类具有一定的局限性。此外，由于其结构特点导致传感器的使用寿命较短，气体检测结果也容易受到外界的干扰[3]。

2. 质谱法

质谱法（Mass Spectrometry，MS）主要是利用电场和磁场将运动的离子按质荷比分离后进行检测，从而可以测得物质的质谱。由于不同物质的质谱不同，因此可以根据质谱来确定离子的化合物组成。质谱法可以对纯物质进行有效的定性分析，但却难以实现成分复杂的化合物分析。由于质谱分析法对待测样品有较高要求，且系统复杂、造价昂贵，因而很少应用在工厂环境中[4]。

3. 气相色谱法

气相色谱法（Gas Chromatography，GC）的原理是汽化的试样被载气带入色谱柱中，柱中的固定相与试样中各组分分子作用力不同，各组分从色谱柱中流出的时间也不同，从而实现各组分彼此分离。气相色谱法分析具有检测速度快、灵敏度高、应用范围广等特点，可以与多种仪器配合使用，实现对大气环境的监测，但气相色谱法响应速度较慢，一般用于离线监测。在定量分析时，需要使用已知的纯样品对待测输出信号进行校正，加大了其操作的复杂性[5]。

4. 化学发光法

化学发光法（Chemi luminescence，CL）是一种根据待测物浓度与其化学发光强度在一定条件下呈线性关系，从而确定待测物浓度的检测方法。使用化学发光法检测必须满足两个条件：产生可检信号的光辐射反应和为发光现象提供足够的能量[6]。

1.2.2 光学法气体检测技术

传统的化学法气体检测技术只限于单点测量，需要定期维护更新且成本较高，而光学法气体检测技术很好地解决了这些难题，且具有测量精度高、稳定性好、成本低等优点，因此近年来光学法气体检测技术成为气体检测领域的主流方向。应用比较广泛的光学法气体检测技术主要有傅里叶变换红外吸收光谱技术、差分吸收光谱技术、光声光谱技术、可调谐二极管激光吸收光谱技术、超连续谱激光吸收光谱技术。下面分析各类光学法气体检测技术的原理和特点。

1. 傅里叶变换红外吸收光谱技术

傅里叶变换红外吸收光谱（Fourier Transform Infrared Spectroscopy，FTIR）技术是一种应用较早的光学分析技术。空气中大部分污染气体在红外光谱区域均有吸收，因此该项技术也是最早应用于大气痕量气体的持续监测方法。FTIR 技术具有灵敏度高、分辨率高、稳定性高的优点，但由于其造价昂贵、体积较大、系统响应时间较长等因素导致该技术通常适用于在实验室内进行气体监测，限制了其在现场测量环境中的发展[7]。

2. 差分吸收光谱技术

差分吸收光谱（Differential Optical Absorption Spectroscopy，DOAS）技术的主要原理是根据气体分子窄带吸收特性与吸收强度的不同实现对气体的定性与定量分析。DOAS 技术相对传统的化学检测方法来说无须对样气进行采样，从而降低了测量误差，由于测量的是污染气体在光路上的平均浓度，所测得的数据具有更高的可靠性，此外具有设备简单、测量范围广、灵敏度高、成本低等优点。但由于 DOAS 技术是一种弱光谱分析技术，因此会受到噪声、大气中的杂散光以及细微颗粒物的影响，难以实现高精度测量[8]。

3. 光声光谱技术

光声光谱（Photoacoustic Spectroscopy，PAS）技术是一种基于物质光声效应的光谱技术，其原理是气体分子被调制光束照射后由于吸收了一部分光能，会出现局部热膨胀，从而产生超声波，进而实现光信号与声波信号的转变，因此可以通过对光声光谱处理实现气体浓度的反演。由于 PAS 技术响应速度快、灵敏度高，并且可以实现对多种气体的检测，因此在气体监测领域具有很好的发展前景[9]，但该技术对振动要求极高，因此在实际工业监测中，应用相对较少。

4. 可调谐二极管激光吸收光谱技术

可调谐二极管激光吸收光谱（Tunable Diode Laser Absorption Spectroscopy，TDLAS）技术主要利用可调谐半导体激光器的窄线宽和波长随注入电流改变的特性，实现对气体分子的特征吸收线的测量。TDLAS 技术具有速度快、灵敏度高、稳定性好等优点，将其与波长调制技术结合可以大大提高系统的抗干扰性能以及信噪比，从而实现低浓度气体的精确测量。此外，因其具有分子光谱的"指纹"特征，因此受其他气体的干扰较小，这一特性使得 TDLAS 技术在光学气体检测技术领域具有明显的优势[10]。

5. 超连续谱激光吸收光谱技术

超连续谱激光吸收光谱（Super Continuum Laser Absorption Spectroscopy，SCLAS）技术的工作原理是：当高功率的超短脉冲激光经过耦合透镜耦合后，非线性光纤发生非线性效应，使光谱中出现了其他的频率成分，从而增加了光谱的谱宽。SCLAS 技术具有高亮度、高空间相干性等特点，但由于其宽光谱特性，因而时间相关性较差。近年来，SCLAS 技术不断成熟与完善，被逐渐应用到气体监测领域[11]。

1.3　光谱气体检测技术及其研究现状

1.3.1　TDLAS 技术的国内外研究现状

TDLAS 技术在实验室以及工业应用方面显著的优势吸引了众多学者对其展开研究。国外学者对 TDLAS 技术的研究相对国内较早，但国内近十年来发展较快，特别是以中国科学院研究所为代表的科研机构在环境监测、工业气体检测、发动机燃烧诊断等方面取得了一定的研究成果。

20 世纪 70 年代，Hinkley[12]最先提出 TDLAS 技术，随后该技术被广泛地应用在痕量气体以及温室气体的监测等方面。由于当时多采用铅盐激光器，这种激光器需要液氮制冷，输出功率低、单色性较差，使检测系统结构复杂、操作难度增加，且检测结果也不稳定，因而限制了 TDLAS 技术的发展。随着光电子技术的发展，基于半导体材料制作的可调谐二极管激光器具有体积小、寿命长且光电转换效率高等优点，逐渐代替了铅盐激光器。自此之后，TDLAS 技术开始迅速发展。Reid[13] 等人分析了可调二极管激光器的波长调制参数对检测系统精度的影响，并通过理论计算证明了三种不同线型（洛伦兹线型、福伊特线型和高斯线型）的第二傅里叶分量与实验二次谐波信号之间具有高度的一致性，该研究将 TDLAS 技术的应用推广到了痕量气体检测以及光谱和磁共振等微弱信号领域。Ellis[14] 等研制了一种小型、快速响应量子级联可调谐红外激光差分吸收光谱仪，在实验室和现场条件下测量 NH_3，表明了测量结果具有良好的整体相关性。随着该项技术的不断发展，越来越多的研究人员将 TDLAS 技术应用到多组分气体以及痕量气体监测等方面。Schiff 和 Hastie[15] 等在可移动系统中使用可调谐二极管激光吸收光谱仪，现场测量了氮的氧化物和其他痕量大气气体。Harris[16] 等利用 TDLAS 技术实时测量柴油机排气污染物中的 NO_2 和 HNO_3，精确地测量了柴油机排放废气中氮氧化合物成分的混合比。Kormann[17] 等设计了一款多激光可调谐二极管激光吸收光谱仪，将其用来测量 NO_2、HCHO、H_2O_2 三种气体，通过将现场结果与实验室测量结果进行对比，证明了该光谱仪在实际测量中的气体测量精度可实现 ppb① 量级。Le[18] 等使用近红外二极管激光测量大气中的 H_2O、CH_4 和 CO_2 及其同位素，并研制了 SDLA 二极管激光光谱仪，在取得高精准度的同时改善了时间分辨率的精度，为对火星上进行大气测量提供了一定的借鉴。哈尔滨工业大学的潘卫东[19] 等设计了一套多通道 TDLAS 气体检测系统，该系统可同时测量 C_2H_2 和 CH_4 两种气体，并提出一种基于多吸收峰的最小二乘法线分离方法的吸收峰拟合方法，取得了较好的实验结果。激光调制技术与 TDLAS 技术的结合进一步提高了该技术的信噪比。激光调制技术分为波长调制技术（Wavelength Modulation Spectroscopy，WMS）与频率调制技术（Frequency Modulation Spectroscopy，FMS）两种形式，而频率调制技术虽然具有较高的调制频率，但其调制幅度很小，在发展过程中逐渐不能满足多波段的检测需求进而逐步被淘汰。Neethu[20] 等用可调谐分布式反馈激光器（Distributed Feedback Laser，DFB）扫描 760.241 nm 处的氧气吸收峰，采用波长调制技术获得氧气吸收信号的 1～4 次谐波信号，并通过对调制电压、调制频率、参考相位、锁相放大器时间常数、调谐电压、调谐频率等调制参数的优化，得到了高幅值、窄半宽的谐波。Avetisov[21] 等研制了一种基于 WMS 技术的激光氢传感器，用于非接触测量氢分子，证明了该传感器在 0～10% 的 H_2 测量的适用性，当吸收路径为 1 m，积分时间为 1 s 时，测量精度可达到 0.02%，且 H_2 浓度与传感器响应呈良好的线性关系。周佩丽[22] 等采用波长调制方法对 CO 气体进行了 $2f/1f$ 免标定测量，并通过与直接吸收法进行对比，得到了较好的实验结果。中科院安光所的阚瑞峰[23] 等在大气痕量气体检测中采用 TDLAS 技术，证明了二次谐波信号和入射到吸收池的激光束强度的比值与路径长度和气体浓度的乘积成正比，并提出了基于此关系的痕量气体浓度标定方法，求得的系统检测限和灵敏度分别达到 110 ppb 和 31 ppb。太原科技大学的李传

---

① 1 ppb = 10^{-9}。

亮[24]等利用 WMS 技术结合赫里奥特型气体吸收池对 CO 气体的压力依赖性进行检测，得出在浓度小于 15.5% 时，WMS-2f 幅度与气体浓度呈线性相关；在总压小于 62.7 Torr[①]时，测量精度优于 92%。TDLAS 技术在实际检测过程中，通常会受到外界噪声、光学噪声以及激光器与探测器的电流噪声的影响，从而影响检测结果的精度与稳定性。为了提高 TDLAS 系统的测量精度，许多专家学者对系统降噪方法进行了相关的研究。Kireev[25]等基于 TDLAS 技术利用卡尔曼与 Savitzky-Golay 自适应滤波器处理实验信号，提高了测量结果的灵敏度与准确性。吉林大学的郑传涛[26]等在传统的 TDLAS 技术中引入小波去噪技术对 CH_4 进行测量，最小检测限从 4 ppm[②] 降低到 1 ppm，最大检测误差从 6.2% 降低到 3.8%，Allan 方差从 0.13 ppm 减小到 0.08 ppm，检测性能有了一定程度的改善。

　　TDLAS 技术可以经过波长调制技术以及降噪算法对吸收光谱信号进行处理，从而有效提高气体检测的信噪比以及气体测量精度，性价比较高，其发展已经比较成熟，也被广泛应用于气体监测领域。本书在第 4 章基于 TDLAS 技术搭建的气体传感系统对温室气体 CO_2 进行测量。

1.3.2　SCLAS 技术国内外研究现状

　　超连续谱激光具有易准直、宽光谱和高亮度等优点，可以实现待测气体的多波段同时测量。超连续谱的产生过程是，当光脉冲进入非线性介质中，在各种非线性效应作用下输出光谱会发生极大展宽[27]。

　　2009 年，Stelmaszczyk[28]提出一种超连续谱腔衰荡光谱法，成功测量了浓度为 2 ppm 的 NO_2 气体，得到的极限灵敏度约为 5 ppb，证明使用超连续光源可以为超宽带腔衰荡光谱仪提供前景。2015 年，Radney[29]等人将光声光谱仪和超连续谱光源结合，在可见光和近红外光范围内测量气体和气溶胶物种吸收光谱，并与模拟光谱相比有很好的一致性。2017 年，Caroline[30]等人使用超连续谱光源证明了在 3 000~3 450 nm 的中红外波长的非相干宽带腔增强吸收光谱，并探测了 C_2H_2 和 CH_4 在 ppm 量级的多组分气体浓度。2020 年，Adamu[31]等人建立了一个基于超连续谱激光的检测系统，用于检测 1 480~1 700 nm 的多种工业有毒气体，并展示了一种全光纤系统用于检测 NH_3 和 CH_4，系统的响应性、选择性和性能具有很高的可靠性。国内对超连续谱的研究较晚，最早是由清华大学、天津大学、深圳大学等单位开展了对超连续谱的研究工作。2010 年，谌鸿伟[32]等人搭建了基于超连续谱光源的实验装置并实现了平均功率为 4.6 W 的超连续谱，超连续谱展宽超过 1 000 nm。2012 年，国防科学技术大学张斌[33]等人成功研制出的中红外超连续谱光源，能够产生光谱为 1 900~4 300 nm 的中红外超连续谱，光谱稳定性高。2015 年，李旻[34]等人提出通过使用双波长相干超短脉冲光源在 1 550 nm 波段附近获得超连续谱，得出双波长脉冲获得的超连续谱宽度远大于单波长脉冲。

　　针对测量结果进行定量分析通常采用建立单一模型的方法，但单一模型受很多因素的影响难以实现高精度测量。采用组合模型法能够提取各个模型的有用信息，从而有效地提高预测精度。王力超[35]等人针对单一模型适应性较低问题，建立了一种加权组合模型，

---

　　① 　1 Torr ≈ 1.33×10^2 Pa。

　　② 　1 ppm = 10^{-6}。

有效提高了模型的适应性。施泽军[36]等人提出一种利用均方误差确定加权系数的组合预测模型，组合预测得到的预测值可信度较好。Kumaran[37]等人将两个基于故障的模型结合起来，建立一个动态加权模型，得出组合模型拟合度较好。Bai[38]等人利用熵权法确定预测模型中每个单一模型的权重，建立的加权预测模型相比于单一模型具有更高的预测精度和稳定性。Wang[39]等人为提高瓦斯浓度预测精度，建立了基于 LSTM-LightGBM 变权重的气体浓度预测组合模型，得到的变权重组合模型的平均相对误差为 1.94%，准确率优于其他模型。Jiang[40]等人建立了一个基于最优配对加权组合的 LSTM-TSLightGBM 模型预测PM2.5 浓度。预测结果表明，模型的均方误差、均方根误差和对称绝对百分比误差分别为11.873%、22.516%和19.540%，相比于单一模型有更高的预测精度和拟合优度。近年来国内外研究人员将组合模型法应用于光谱检测方面，可以有效提高测量精度。Chen[41]等人提出一种结合紫外光谱和加权组合模型快速测量化学需氧量的方法，得出的组合权重预测模型相关系数达到 0.999 7，均方根误差为 0.532，比直接预测模型的误差减少29.3%。洪明坚[42]等人融合了多个模型的回归系数，提出了一种多模型融合的变量选择方法，提高了分析模型的预测精度和稳定性。Li[43]等人采用超连续谱激光吸收光谱技术与多波段加权融合模型相结合对 CO_2 进行测量，得出融合模型的最大相对误差比单一波段模型低，提高了模型的准确性。李倩倩[44]等人提出了基于 RMSEPW 和 RPDW 两个评价参数进行高层次融合的方法，应用紫外-可见、近红外和中红外光谱数据进行高级融合，得出这两种方法在高级融合的预测性能方面效果很好。

综上所述，针对单一模型预测精度低、适应性差等问题，专家学者采用组合模型方法进行了研究，但对于提高模型的抗干扰能力的研究较少。当气体浓度检测中存在吸收谱线相互干扰的现象时，会导致检测结果不准确，影响定量分析模型的预测精度。本书提出一种多波段加权组合模型算法，在干扰气体影响较大的情况建立加权组合模型可以优化定量分析模型。

1.3.3 多组分气体检测技术的国内外研究现状

随着工业的发展，环境的破坏也越来越严重。由于现场测试环境气体成分比较复杂，单一气体的检测已经不能满足气体测量的需求，因此需要开发能够实现精确、快速测量多组分气体的检测技术，多组分气体检测技术也成为国内外众多学者研究的课题[45]。

Seiter[46]等采用可调谐连续波外腔二极管激光器和脉冲二极管泵浦 Nd：YAG 激光器，设计了一种新型全自动室温激光光谱仪，可产生波长为 3.16~3.67 μm 的连续可调的激光，分别对 CH_4、NO_2、HCl、HBr 和 CO 等多种气体进行测量，检测限均可达到 ppb 量级。Richter[47]等结合连续波光纤放大近红外二极管激光器和外部腔二极管激光器，设计了一种便携式光纤耦合痕量气体传感器，该装置可检测 CO_2、CH_4 和 $HCHO$ 等多种痕量气体。Webber[48]等采用波分复用技术，同时在线测量了 C_2H_4 与空气预混燃烧火焰的温度，并检测其燃烧产物 H_2O、CO 和 CO_2 气体浓度，浓度测量结果与理论计算结果相吻合。Arslanov[49]等采用快速扫描连续波，单共振光参量振荡器与离轴集成腔输出光谱进行痕量气体检测，该装置可实现对 C_2H_6、CH_4 和 H_2O 的多组分气体快速、灵敏的实时检测。Griffith[50]等采用开放路径以及近红外傅里叶变换光谱系统对海德堡城市 1.5 km 路段的 CO_2、CH_4、O_2 和 H_2O 等气体进行了为期 4 个月的测量，结果表明开放路径傅里叶变换光谱对研究复杂的小规模环境（如城市）中的大气痕量气体成分具有一定的优势。Stepanov[51] 提出了一种基于 TDLAS 技术的呼出空气多组分光谱分析方法，对呼吸过程中的 CO 和 CO_2、CO 和 N_2 的光谱进行分析研究，为呼吸生理、心血管诊断以及代谢周期等方面的研究提供了一定的理论支持。国内的专家学者也对多组分气体检测技术展开一系列研究，杭州电子科技大学的顾海涛[52] 等利用半导体吸收光谱技术，实现了对 CO 和 CO_2 两种气体的同时测量，测量所得 CO 和 CO_2 检测下限分别为 0.042% 和 0.022%，两种气体相互间干扰小于 1%。CO 与 CO_2 气体的特征吸收峰相邻，因此可通过窄带宽激光器实现这两种气体同时测量，但并不是所有气体都具备像 CO、CO_2 这样的相邻谱线，因此需要寻求其他方法来满足测量需求。哈尔滨工业大学的王华山[53] 等应用宽带吸收光谱技术对燃煤电站 SO_2 与 NO 烟气浓度进行在线监测，证明该系统可以准确快速地实现电厂排放废气的测量，且系统性价比高于其他商业检测仪器。大连理工大学的王建伟[54] 等人研制了一种基于可调谐光纤激光器的多气体光声光谱仪，实现了同时连续测量气体混合物中的微量 H_2O、C_2H_2、CO_2 和 CO，该装置气体检测限均可达到 ppm 量级。中科院安徽光学精密机械研究所的张志荣[55] 基于 TDLAS 技术采用分时锯齿信号法、光开关多组分检测、多频正弦调制法三种检测方法分别对 H_2S 和 HCl 混合气体进行在线监测，研究结果表明三种方法操作简单，均可以实现多组分气体的同时在线监测，在一定程度上提高了 TDLAS 技术的竞争力。重庆大学的万福[56] 使用六个单模 QCL 组成激光器阵列作为光源，搭建光反馈 V 型腔增强吸收光谱检测平台，对变压器油中溶解气体 CH_4、C_2H_4、C_2H_6、CO、CO_2 和 H_2 六种气体进行检测，该装置可实现多种气体快速测量。华中科技大学的郭红[57] 基于光声光谱检测技术对 NH_3、C_2H_4、SF_6 三种气体进行测量，并提出一种线性回归拟合的定量分析方法来实现气体分离。大连理工大学的陈可[58] 将中红外宽带光源与近红外激光相结合，研制了一种高灵敏度光声多气体分析仪，用于检测碳氧化物、烃类物质和 H_2O 等，被测气体检测限均可达到 ppb 量级。

综合多组分气体检测研究现状可知，专家学者多采用 TDLAS 技术、传感器阵列、宽带吸收光谱以及光声光谱检测技术实现多组分气体检测。然而这些方法在多组分测量中各有优缺点，TDLAS 技术在气体测量领域的发展精度与性价比较高，但由于 TDLAS 技术需要结合光学仪器使用才能实现多组分气体检测，从而增加了操作的复杂性，导致便携性、系统测量稳定性较差；采用传感器阵列的气体检测系统，体积较大，便携性和实时性较差，不利于复杂环境中的气体测量且宽带光源寿命较短、交叉干扰相对较大，易受气体中灰尘污渍等的影响而导致零点漂移；光声光谱检测技术灵敏度高，可测量气体种类较多，但相比于其他气体检测手段，光声光谱技术成本也较高。近年来，随着光电子技术的发展，超连续谱激光具有高空间相干性和高亮度等特点[59]，同时能够保证宽光谱和易准直，被证明特别适合在近红外波段进行测量。此外，由于其具有宽光谱特性，将采用超连续谱激光在近红外波段对多种气体进行监测。

1.4 本章小结

本章首先阐述了本书的研究背景及研究意义，介绍了气体检测方法的种类及优缺点，分析了 TDLAS 技术、SCLAS 技术以及多组分气体检测技术的国内外研究现状。

第 2 章
气体检测理论及近红外光谱气体传感系统

2.1 近红外光谱吸收原理

在光谱学中，根据能量传递形式的不同，光谱可分为吸收光谱、发射光谱以及荧光光谱。其中发射光谱与荧光光谱是指物质在吸收外界的能量后，内部能级跃迁辐射出光能；而吸收光谱是指物质在吸收外界能量后，本身不发射辐射而是转化为热能或者其他形式的能量。光谱能级跃迁示意图如图 2-1 所示。

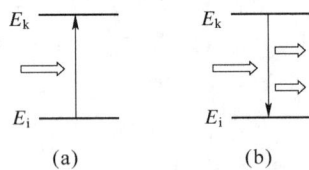

图 2-1　光谱能级跃迁示意图

（a）吸收光谱示意图；（b）发射光谱或荧光光谱

当单色光通过具有吸收性的介质（如离子体或气体）时，如果光与介质从基态 i 激发到激发态 k 所需的能量匹配，则此类的光可以被这种物质吸收。由于不同的分子能级不同，导致每种气体分子都有其特定的吸收谱线，根据波尔理论可知：

$$\Delta E = E_k - E_i = hv = h\frac{c}{\lambda} \tag{2-1}$$

其中，h 为普朗克常数，J·s；v 为频率，Hz；c 为光速，m/s；λ 为波长，cm^{-1}。

当分子受到外界辐射能照射后，气体分子与辐射能之间发生相互作用，此时气体分子的总能量 E_{total} 可以表示为相对于原子核运动的电子能 E_{elec}、各原子在平衡位置附近振动的振动能 E_{vib} 以及分子绕着重心转动旋转能 E_{rot} 之和[60]。

$$E_{total} = E_{elec} + E_{vib} + E_{rot} \tag{2-2}$$

在分子内能级跃迁过程中，相对于原子核运动的电子能 E_{elec} 会产生位于紫外光-可见光区的吸收带，各原子在平衡位置附近振动的振动能 E_{vib} 会产生位于红外光区域的振动光谱，而分子绕着重心转动旋转能 E_{rot} 会产生位于远红外区和微波的转动光谱[61]，如图 2-2 所示。

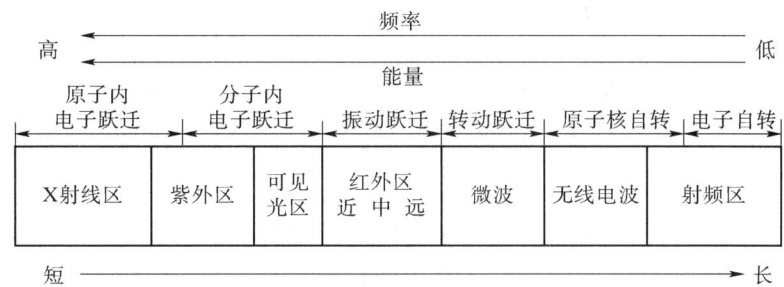

图 2-2　分子内能级跃迁示意图

实际分子在振动时通常会引起转动，因此振动-旋转能通常会导致分子瞬时偶极变化产生能级跃迁，从而吸收红外光形成红外区光谱。以研究对象 CO_2 为例，图 2-3 为 CO_2 分子结构。CO_2 通常被视为具有对称结构的线性分子，它有两个对称轴：一是 A 轴，当分子在绕 A 轴旋转时，惯性矩近似为零（$I_A=0$），因此它没有永久偶极矩；二是通过碳原子并垂直于键的无限数量的 C 轴[62]。当 CO_2 分子在受到辐射照射时，其分子具有四种振动模式，如图 2-4 所示，分别为对称伸缩振动、反对称伸缩振动、沿 X-Y 平面的弯曲振动以及沿 Y-Z 平面的弯曲振动。对称伸缩振动为平行振动，偶极矩为 0，因此无红外活性，而其他三种振动模式在振动过程中均诱发 CO_2 分子产生偶极子，具有红外特性。因此，当 CO_2 分子由于弯曲或不对称拉伸而诱发偶极子时，CO_2 分子便在红外光谱中具有了活性，这为鉴别 CO_2 分子以及测定气体浓度提供了理论依据[63]。

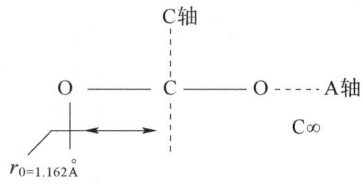

图 2-3　CO_2 分子结构

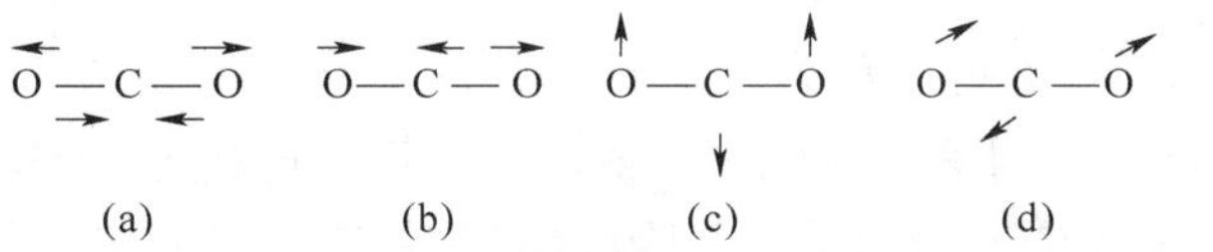

图 2-4　CO_2 分子的四种振动模式

（a）对称伸缩振动；（b）反对称伸缩振动；（c）弯曲振动（X-Y 平面）；（d）弯曲振动（Y-Z 平面）

2.2　Lambert-Beer 定律

在光谱吸收过程中，当具有一定光照强度的单色光穿过气体或液体介质后，出射光强会因为介质的吸收而降低。根据能量守恒可知：

$$\tau_v + \alpha_v = 1 \tag{2-3}$$

其中，$\tau_v = \dfrac{I}{I_0}$ 为透射率，I 为气体吸收后光强，I_0 为初始光强；α_v 为吸收率。

根据 Lambert-Beer 定律，当一束中心频率为 v_0 的单色激光穿过待测气体后，吸光度与待测气体的浓度和吸收厚度成正比[64]。由此，透射率可进一步表示为

$$\tau_v = \frac{I(t)}{I_0} = \exp(-\alpha_v) = \exp\left[-pLCS(T)g(v-v_0)\right] \tag{2-4}$$

其中，I_0 为初始光强；$I(t)$ 为出射光强；α_v 为气体吸收系数，即吸光度；p 为压力，atm[①]；L 为光程，cm；C 为待测气体体积浓度，%；$S(T)$ 为谱线强度，$cm^{-2} \cdot atm^{-1}$，仅与温度有关；$g(v-v_0)$ 为线型函数。

根据 Lambert-Beer 定律可以推导出气体体积浓度表达式，即

$$C = \frac{\ln\dfrac{I(t)}{I_0}}{pLS(T)g(v-v_0)} \tag{2-5}$$

由于 $\displaystyle\int_{-\infty}^{+\infty} g(v-v_0)\,\mathrm{d}v = 1$，对上式进行积分，可得

$$C = \frac{A}{pLS(T)} \tag{2-6}$$

其中，A 为吸光度的积分；$S(T)$ 可根据 HITRAN 数据库查询。通过上式可知，在光程与气体压强不变的情况下，待测气体体积浓度正比于吸光度。

由前面内容可知，气体分子被特定波长的辐射光照射时，气体分子会吸收能量产生跃迁。吸收谱线的线强 $S(T)$ 是定量单个分子吸收线的吸收容量，是红外吸收光谱的主要光谱特征。当气体分子种类确定时，吸收谱线强度只与气体温度有关，一定温度下的气体吸收谱线强度 $S(T)$ 可以根据如下公式计算得出[65]，即

$$S(T) = S(T_0)\frac{Q(T_0)}{Q(T)}\exp\left[-\frac{hcE}{k_\mathrm{B}}\left(\frac{1}{T}-\frac{1}{T_0}\right)\right] \times \left[\frac{1-\exp(-hcE/k_\mathrm{B}T)}{1-\exp(-hcE/k_\mathrm{B}T_0)}\right] \tag{2-7}$$

其中，h 为普朗克常数（$h = 6.626\,0\times10^{-34}$ J·s）；k_B 为 Boltzmann 常数（$k_\mathrm{B} = 1.380\,6\times10^{-23}$ J/K）；c 为光速（$c = 3\times10^8$ m/s）；E 为分子跃迁低态能量，其值可查阅 HITRAN 数据库得到；$S(T_0)$ 为在参考温度 T_0 下的吸收谱线强度，其值也可根据 HITRAN 数据库查阅得到；Q 为配分函数，在很大程度上决定了谱线吸收线强 $S(T)$ 与温度 T 的关系。

在实际应用中，配分函数 Q 的计算通常采用拟合多项式方法：

$$Q = a + bT + cT^2 + dT^3 \tag{2-8}$$

其中，系数 a、b、c、d 的计算可根据待测气体种类及温度查阅 HITRAN 数据库，得到不同参数的取值。CO_2 分子配分函数三次多项式的各个系数如表 2-1 所示。

表 2-1　CO_2 分子配分函数三次多项式的各个系数

系数	$200<T\leqslant500$	$500<T\leqslant1\,500$	$1\,500<T\leqslant3\,005$
a	$-0.136\,17\times10^1$	$-0.509\,25\times10^3$	$-0.349\,38\times10^5$
b	$0.948\,99\times10^1$	$0.327\,66\times10^1$	$0.669\,65\times10^2$
c	$-0.692\,59\times10^{-3}$	$-0.406\,01\times10^{-2}$	$-0.440\,10\times10^{-1}$
d	$0.259\,74\times10^{-5}$	$0.409\,07\times10^{-5}$	$0.126\,62\times10^{-4}$

---

①　1 atm ≈ 1.01×10⁵ Pa。

待测气体吸收谱线的形状可以用吸收谱线线型函数来描述。通常在绝对理想情况下，吸收谱线是没有宽度的，但分子吸收的谱线不是单一频率的，此外由于受温度、压力、分子碰撞等因素的影响，气体吸收谱线具有一定的宽度，通常称之为谱线展宽。谱线中心频率和半高全宽是表征吸收线型轮廓的主要特征参数，其中半高全宽（FWHM）是指中心频率对应的谱线强度一半时的光谱宽度，如图 2-5 所示。谱线展宽根据其影响因素的不同，用不同的线型函数来表示，主要分为洛伦兹线型（Lorentzian）、高斯线型（Gaussian）和福伊特线型（Voigt）。

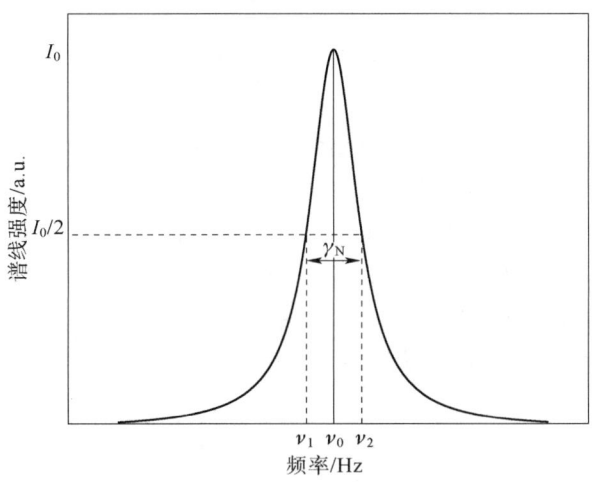

图 2-5　半高全宽（FWHM）示意图

（1）洛伦兹线型是自然展宽与碰撞展宽形成的线型函数。分子在不受外界因素影响情况下，自发辐射不稳定形成的展宽称为自然展宽。由于压力的影响，激发态分子间相互碰撞或气体分子与其他分子碰撞形成的展宽称为碰撞展宽。洛伦兹线型函数可表示为

$$g_L(v) = \frac{1}{\pi} \frac{r_L}{(v-v_0)^2 + r_L^2} \tag{2-9}$$

其中，r_L 为自然展宽与碰撞展宽的半高全宽；v_0 为谱线中心频率。

（2）高斯线型是多普勒展宽形成的线型函数。多普勒展宽是气体分子受温度影响无规则的热运动产生的，不同类别的分子具有不同的多普勒频移，因此多普勒展宽受温度影响较大。高斯线型函数可表示为

$$g_G(v) = \frac{2}{\Delta v_D} \sqrt{\frac{\ln 2}{\pi}} \cdot \exp\left[-4\ln 2\left(\frac{v-v_0}{\Delta v_D}\right)^2\right] \tag{2-10}$$

多普勒展宽的半高全宽可表示为

$$\Delta v_D = v_0 \sqrt{\frac{8k_B T \ln 2}{mc^2}} = v_0 \times 7.162\,3 \times 10^{-7} \times \left(\frac{T}{M}\right)^{\frac{1}{2}} \tag{2-11}$$

其中，T 为绝对温度，K；M 为摩尔质量，g/mol。

（3）福伊特线型是用来表示以上两种线型的综合线型函数。在实际情况下，温度与压力的影响是同时存在的，因此吸收光谱谱线展宽范围不是纯粹的碰撞或纯粹的多普勒线型

形成的，而是上述两种机制的综合效果。福伊特线型函数可表示为

$$g_V(v) = \varphi_D(v_0) \frac{a}{\pi} \int_{-\infty}^{+\infty} \frac{\exp(-y^2)}{a^2 + (w-y)^2} dy = \varphi_D(v_0) V(a,w) \qquad (2\text{-}12)$$

其中，a 为线型参数，$a = \dfrac{\sqrt{\ln 2}\, \Delta v_C}{\Delta v_D}$；$w$ 为无量纲的相对线位置，$w = \dfrac{2\sqrt{\ln 2}\,(v-v_0)}{\Delta v_D}$；$y$ 为无量纲参数，$y = \dfrac{2\mu\sqrt{\ln 2}}{\Delta v_D}$；$V(a,w)$ 为福伊特函数[66]。

2.3 波长调制理论分析

Lambert-Beer 定律是直接吸收的气体浓度检测理论基础。由于光谱吸收线强非常微弱，直接吸收法检测气体浓度时容易受到检测系统噪声的影响，虽然可以通过增加光程长度来改善，但是并不能从根本上解决问题，反而还会引入新的光学噪声。波长调制技术的出现解决了这一问题，其原理是在激光二极管的注入电流上叠加高频正弦信号进行调制，激光光源经过高频正弦信号调制后，频率和光强都受到相应的调制。波长调制技术能有效减少环境及探测器自身带来的噪声信号，进而提高信噪比[67]。具体调制如式（2-13）所示：

$$v(t) = v_0 + v_m \cos(2\pi f t) \qquad (2\text{-}13)$$

其中，v_0 为激光器中心频率；v_m 为频率调制幅度；f 为调制频率。

激光通过待测气体介质后，出射激光光强为

$$I(v) = I_0(v)\exp[-S(T)g(v)pLC] \qquad (2\text{-}14)$$

经过调制后的出射激光光强为

$$I(v) = I_0(v)\exp\{-S(T)g[v_0 + v_m\cos(2\pi f t)]pLC\} = I_0(v)\exp[-\alpha(v)LC] \qquad (2\text{-}15)$$

其中，$\alpha(v) = S(T)pg[v_0 + v_m\cos(2\pi f t)]$。在仅考虑低浓度吸收情况下，$\alpha(v)LC \ll 1$。因此 $I(v)$ 可近似表示为

$$I(v) = I_0(v)\exp[1-\alpha(v)LC] = I_0(v)\{1-\alpha[v_0 + v_m\cos(2\pi f t)]LC\} \qquad (2\text{-}16)$$

对 $\alpha(v)$ 进行傅里叶级数展开，如式（2-17）所示：

$$\alpha[v_0 + v_m\cos(2\pi f t)] = \sum_{n=0}^{\infty} A_n\cos(2\pi n f t) \qquad (2\text{-}17)$$

其中，A_n 为 n 次的系数。当调制系数较小时满足

$$A_n = \frac{v_m^n}{2^{n-1}} \frac{d^n\alpha(v)}{dv^n}\bigg|_{v=v_0}, n \geq 1 \qquad (2\text{-}18)$$

可以看出，n 次谐波分量正比于 $\alpha(v)$ 的 n 次导数。在其他参数已知的情况下，可以利用谐波检测的方法求得待测气体浓度。对各次谐波信号进行分析如图 2-6 所示，奇数次谐波信号在气体中心频率处为零，因此奇数次谐波信号不带有浓度信息；而偶数次谐波信号在气体中心频率处幅值最大，可以较好地反映气体浓度信息。因此通常选择偶数次谐波信号来实现气体浓度测量，由于二次谐波信号在偶数次谐波信号中幅值最大，因此通常选择二次谐波信号进行气体浓度检测[68]。

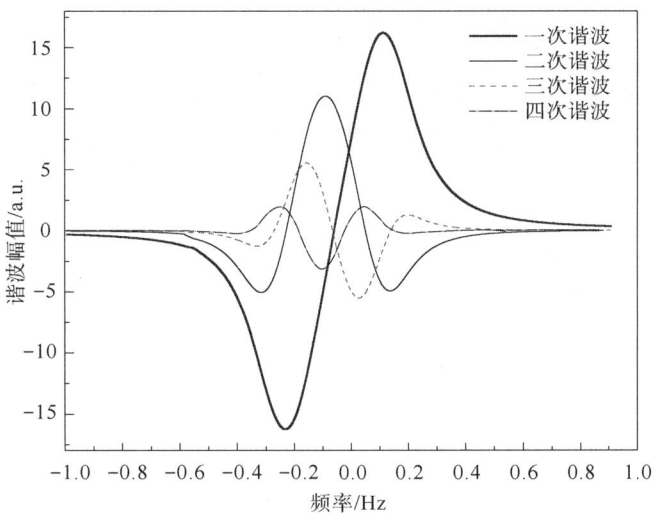

图 2-6　各次谐波信号谱线

2.4　超连续谱激光工作原理

超连续谱（Supercontinuum，SC）激光主要由高功率超短脉冲泵浦光源、耦合透镜以及非线性光纤三部分组成，其工作原理如图 2-7 所示。当高功率超短脉冲泵浦光源经过耦合透镜耦合后，非线性光纤发生非线性效应，使光谱中出现了其他的频率成分，从而增加了光谱的谱宽[69]。

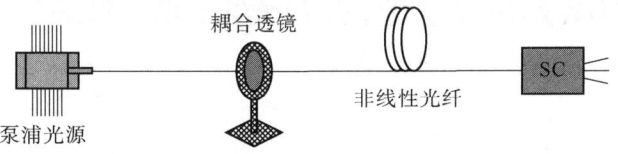

图 2-7　超连续谱激光工作原理

非线性光纤的选择是激光在光纤中传输时影响超连续谱激光形成的主要因素。非线性光纤一般选择光子晶体光纤（Photonic Crystal Fiber，PCF），光子晶体光纤与传统光纤在结构上有很大的区别，即光子晶体光纤在光纤内部轴向分布着空气孔，光纤端面存在一个周期性的二维结构，若其中一个孔遭到破坏产生缺陷，光就能够在该缺陷内传播。近年来，随着光纤制造技术的不断突破，超连续谱激光的性能也在不断提高，由于其具有宽光谱、易准直、高空间相干性和高亮度等特点，因此可以将其应用于气体监测领域。

2.5　基于近红外光谱的气体传感系统

基于近红外光谱的气体传感技术在大气痕量中应用广泛。本节基于近红外光谱吸收原理，设计了 TDLAS 气体传感系统与 SCLAS 气体传感系统，下面将对两套气体传感系统的硬件系统构成及其各部分功能进行介绍。

2.5.1 基于 TDLAS 技术的气体传感系统

基于 TDLAS 技术的气体传感系统如图 2-8 所示,该系统主要分为五大模块:

(1) 激光发射模块:激光器、激光控制器以及调制信号发生器;

(2) 气室模块:气体吸收池、动态稀释校准仪;

(3) 光信号接收模块:光电探测器;

(4) 谐波信号提取模块:锁相放大器;

(5) 数据采集与处理模块:数字示波器及计算机。

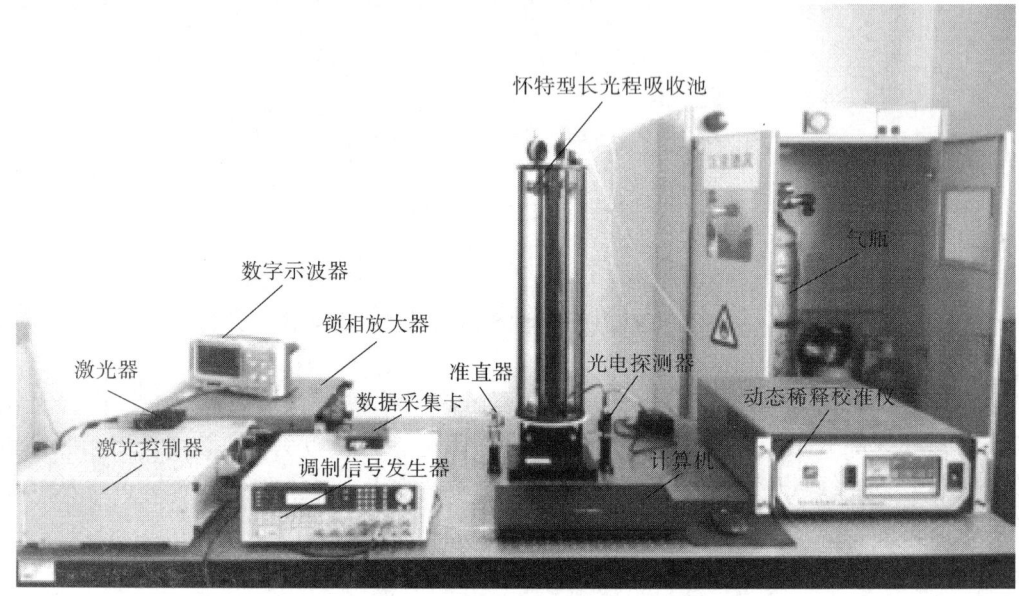

图 2-8 基于 TDLAS 技术的气体传感系统

1. 激光发射模块

1) 激光器

DFB 激光器能够实现对输出波长的精确控制,具有窄线宽、单色性、成本低廉的特点,其输出功率较高且无其他无用功率的消耗,因此选用 Thorlabs 公司的 DFB1430 激光器作为 TDLAS 系统光源。

2) 激光控制器

要想实现可调谐二极管激光器的波长调制,必须要有相应的设备来控制激光器的工作温度与注入电流。选用 ILX Lightwave 公司的 LDC-3908 激光控制器与 Thorlabs 公司的 LM14S2 型蝶形封装底座相结合,并将 DFB 激光器引脚固定在蝶形封装底座上,从而实现对激光器的控制。LDC-3908 激光控制器的主要性能参数可参考表 2-2。

表 2-2 LDC-3908 激光控制器主要性能参数

指标	温度控制模块		电流控制模块		外部调制信号输入模块	
	控制范围	控制精度	控制范围	控制精度	输入	调制系数
参数	−99~150 ℃	±0.2 ℃	0~500 mA	±0.1% mA	0~10 V,50 Ω	50 mA/V

　　3）调制信号发生器

　　选用 Fluke 公司的 F-284 型调制信号发生器，其可产生正弦波、锯齿波等多种信号。信号发生器产生一个低频信号，从而对选定范围的气体吸收线进行波长扫描，产生一个高频信号以提取高频谐波信号，二者通过信号发生器内部的加法器叠加后输入激光控制器中，对激光器输出波长进行调谐。

　　2. 气室模块

　　1）气体吸收池

　　采用 Infrared Analysis, Inc 公司的 35-V-H 怀特池，其光程为 4.4~35 m，步长为 2.2 m，可通过调整反射镜的角度，来改变有效光程。怀特池材质为硼硅耐热玻璃，其内部的反射镜均为镀金涂层，在防止怀特池腐蚀的同时也避免了因待测气体与镜面反应而导致测量的不准确性。35-V-H 怀特池性能参数如表 2-3 所示。

表 2-3　35-V-H 怀特池性能参数

指标	长度/cm	内径/cm	容积/L	真空压力计/个	通气口/个	耐热上限/℃
参数	60	12.5	8.5	1	2	200

　　2）动态稀释校准仪

　　选用 Teledyne 公司的 T700 型动态稀释校准仪，该校准仪提供多点标定和零点校准，具有响应速度快、重复性好、整体精度高且易于操作的特点。使用高度精确的质量流量控制器对所需气体浓度进行配比，通过与 M701 零气发生器结合使用，可配比精确的标准气体。T700 型动态稀释校准仪规格如表 2-4 所示。

表 2-4　T700 型动态稀释校准仪规格

参数	规格
流量测量精度	满量程±1.0%
流量控制重复性	满量程±0.2%
流量测量线性	满量程±0.5%
稀释空气流量范围	1~10 SLM（可选 0~5 或 0~20 SLM）
钢瓶气流量范围	0~100 cc/min（可选 0~50 或 0~200 cc/min）
标定气体输入端口	4（可配置）
稀释气体输入端口	1
响应时间	60 s（98%）

　　3. 光信号接收模块

　　选用 Thorlabs 公司的 PDA50B 锗管探测器，其可探测的光谱波长为 800~1 800 nm，感光面积为 19.6 mm^2（ϕ5.0 mm），响应时间短，系统噪声较低，系统自带放大电路，增益为 0~70 dB。该探测器对所测波段有较高的响应度，可较好的满足检测需求[70]。

4. 谐波信号提取模块

选用 Stanford Research Systems 公司的 SR830 锁相放大器提取被测气体吸收谱线的二次谐波信号，该锁相放大器采用数字信号处理技术，位相稳定性较高，频率为 1 mHz ~ 102.4 kHz。

5. 数据采集与处理模块

选用 DS1000Z 型数字示波器进行波形观察及数据采集，该示波器具有时间相关的模拟和数字通道波形显示和分析功能，可对光谱数据进行观察与分析。其数据存储深度最高可达 24 Mpts，数字通道采样率达 1 Gsa/s，数字通道波形捕获率达 30 000 wfms/s，通过 USB 接口与 PC 端相连，并配合 LabVIEW 2017 编写的采集程序以实现光谱数据的采集与存储。

2.5.2 基于 SCLAS 技术的气体传感系统

可调谐激光器具有窄带特性，适合测量单一气体，如果想测量其他气体需要更换激光器，且实现现场混合气体测量较为困难，因此搭建基于 SCLAS 技术的气体传感系统，利用其宽光谱特性，可实现多种气体测量的探索。基于 SCLAS 技术的气体传感系统如图 2-9 所示，该系统主要分为以下三部分：

（1）光源发射模块：超连续谱激光器、LLTF Contrast 可调滤波器、光阑；

（2）气室模块：气体吸收池、动态稀释校准仪；

（3）信号采集模块：光电探测器、数字示波器。

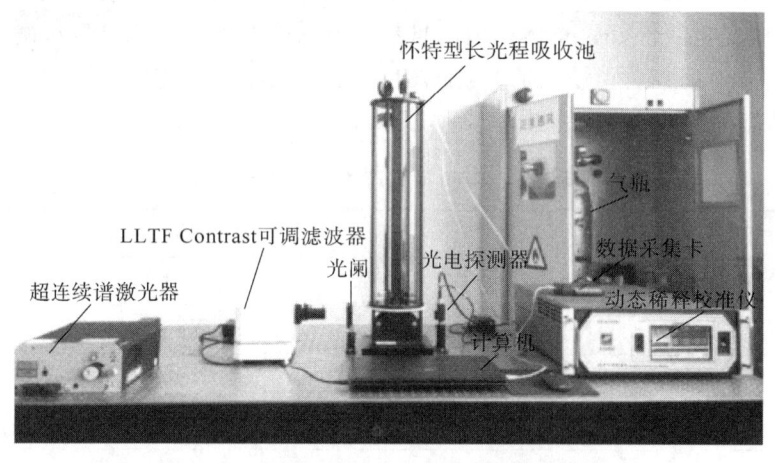

图 2-9　基于 SCLAS 技术的气体传感系统

其中，气室模块与信号采集模块中所用仪器与 2.5.1 节中 TDLAS 气体传感系统所用仪器相同，此处便不做赘述。

1. 超连续谱激光器

选用 Fianium 公司生产的型号为 SC400-4 的超连续谱皮秒脉冲激光器，输出光谱功率较为稳定，光谱输出为 400 ~ 2 400 nm。

2. LLTF Contrast 可调滤波器

LLTF Contrast 可调滤波器是连续可调的高分辨率带通滤波器，可以将 Fianium 超连续光源调制成可调谐皮秒激光器。该滤波器对单条激光器透光效率很高，并且能够很好地抑制其他不在通带范围内的光。LLTF Contrast 可调滤波器是一个非色散滤波器,能够保持超连续谱激光器的光束质量。它有两种波长调谐可选——可见光和近红外光,可以覆盖整个超连续光谱范围,具有非常好的输出指向稳定性,LLTF Contrast 可调滤波器主要性能参数如表 2-5 所示。

表 2-5 LLTF Contrast 可调滤波器主要性能参数

参数	可调滤波器 VSI	可调滤波器 SWIR
可调波长/nm	400~1 000	1 000~2 300
信道频谱带宽/nm	<2.5	<5
带外抑制/dB	>60	
传动功率	60%峰值传输	
波长调谐分辨率/nm	0.1	
调谐速度/ms	<600	
输出类型	自由空间准直、多模光纤输出、单模光纤输出	

3. 光阑

选用 GCM-5711 型可变方形孔径光阑,光孔孔径为 0.1~12 mm,可以对激光器发出的激光起到限制作用。它主要通过调节光孔大小,去除杂散光。

2.6 本章小结

本章主要分析了基于 TDLAS 技术以及 SCLAS 技术的两套气体传感系统相关的理论基础,首先分析了近红外光谱吸收原理、Lambert-Beer 定律、气体分子吸收线强、线宽以及三种线型,其次介绍了波长调制技术理论以及超连续谱激光的工作原理,最后介绍了基于 TDLAS 技术以及 SCLAS 技术两套气体传感系统的工作原理以及仪器型号、性能参数等。

第 3 章
光谱信号的降噪方法及评价

与中红外波段相比，近红外波段气体吸收强度较弱。此外，在吸收光谱检测过程中，系统不可避免地会受到光学器件、电学器件引入的噪声以及系统随机噪声等因素的影响。本章首先对系统可能存在的噪声进行分析并提出相应的降噪方案。对于光谱信号，常见的降噪方法有 Savitzky-Golay（S-G）平滑滤波算法和小波变换算法。为提高光谱检测系统的抗噪能力，利用上述两种算法，对光谱吸收信号进行去噪，并建立光谱信号降噪性能评价指标，从而选择最适合的降噪方法，以提高系统的检测性能。

3.1 系统噪声分析及降噪性能评价指标

3.1.1 系统噪声分析

近红外光谱气体检测系统的噪声来源主要包括电子噪声、光学噪声以及现场环境的不确定性引入的噪声[71]。

电子噪声主要由激光器与光电探测器产生，激光器噪声一方面由激光器本身固有噪声引起，这取决于激光器的性能，可通过选用性能较好的激光器来改善；另一方面由注入电流、温度的不稳定性等因素引起，可选用恒温仪器、恒流源加以改善。光电探测器噪声包括热噪声、散粒噪声以及 $1/f$ 噪声，三种噪声都与探测器的检测带宽成正比关系，因此可以通过减小带宽来减小噪声的影响。此外 $1/f$ 噪声与检测频率有关，可以适当提高检测频率来抑制噪声。

光学噪声指的是光学干涉条纹，主要由系统中光学器件产生的反射和散射引起，光学干涉条纹的波长范围与气体分子吸收线宽范围一致，但它不会像真实吸收信号一样随着气体浓度的改变而改变，因此可以根据这一特点加以区别，从而避免光学干涉条纹的影响。

现场环境不确定性引入的噪声主要由外界环境波动引起，比如温度、压强的突变以及仪器振动。现场不确定因素的引入会使气体吸收信号出现随机突变等现象，从而影响测量结果。

噪声信号的存在会影响有效气体吸收信号的提取，在进行低浓度气体测量时，甚至可能会淹没带有浓度信息的光谱信号，从而影响气体检测系统的准确性与稳定性。在提取气体吸收信号时，虽然可以通过以上提出的解决方法在一定程度上抑制噪声，但这只是在一定程度上减小噪声，采集到的气体吸收信号还会掺杂相当一部分噪声，因此还需要通过后期数据分析对光谱信号进行降噪处理。

3.1.2　降噪性能评价指标

为了评价降噪方法的效果，需要引入一些指标来进行定量分析。本节采用信噪比、均方误差以及波形相似系数三个指标对光谱信号降噪效果进行评估[72]。

1. 信噪比

信噪比（Signal-Noise Ratio，SNR）指光谱信号与噪声的比值，信噪比的定义有很多。在近红外光谱检测系统中，采集到的光谱数据总是含有噪声，因此采用峰值信噪比来定义，其表达式为

$$SNR = \frac{SV}{SD} \tag{3-1}$$

其中，SV 为光谱信号峰值；SD 为光谱信号无吸收处的标准差。SNR 越大，表示降噪效果越好。

2. 均方根误差

均方根误差（Root Mean Square Error，RMSE）表示降噪前后光谱信号差值的均方根值，其值衡量了降噪后光谱数据与原始数据的幅值偏差，其表达式为

$$RMSE = \sqrt{\frac{1}{N}\sum_{i=1}^{N}(S_i - \hat{S}_i)^2} \tag{3-2}$$

其中，S_i 为原始光谱数据；$\hat{S}_i$ 为降噪后的光谱数据。RMSE 值越小，表示滤波效果越接近理想值。

3. 波形相似系数

波形相似系数（Normalized Correlation Coefficient，NCC）用于表征原始光谱信号降噪前后的相似度，其表达式为

$$NCC = \frac{\sum_{i=1}^{N} S_i \hat{S}_i}{\sqrt{\left(\sum_{i=1}^{N} S_i^2\right)\left(\sum_{i=1}^{N} \hat{S}_i^2\right)}} \tag{3-3}$$

NCC 值域为[-1,1]。NCC = -1，表示降噪后光谱信号波形与原波形反向；NCC = 0，表示降噪后波形与原波形正交；NCC = 1，表示降噪前后波形完全相同。NCC 越接近于 1，表示降噪前后波形相似度越高，即降噪后波形特征还原度越高。

3.2　S-G 平滑滤波算法原理与实现

3.2.1　S-G 平滑滤波算法原理

S-G 平滑滤波算法被广泛应用于光谱降噪领域，其原理是对固定窗口的数据点进行多项式拟合，并移动窗口重复进行此过程，直到完成所有待测数据的平滑滤波。S-G 平滑滤波算法原理如下。

假设滤波器窗口宽度为 $N(N=2M+1)$，对待处理的数据 $Y(x)$ 中以 $x=0$ 为中心的连续 $(2M+1)$ 个数据点进行多项式拟合，如式（3-4）所示：

$$\check{Y}(x) = \sum_{k=0}^{N} a_k x^k \tag{3-4}$$

其中，a_k 为拟合多项式系数。多项式拟合后的残差为

$$\varepsilon_N = \sum_{x=-M}^{x=M} \left[\check{Y}(x) - Y(x) \right]^2 = \sum_{x=-M}^{x=M} \left[\sum_{k=0}^{N} a_k x^k - Y(x) \right]^2 \tag{3-5}$$

要想使多项式拟合效果较好，残差应尽量小。对残差 ε_N 进行求导，当残差最小时，有

$$\frac{\partial \varepsilon_N}{\partial a_r} = 2 \sum_{x=-M}^{x=M} \left[\sum_{k=0}^{N} a_k x^k - Y(x) \right] x^r = 0$$

$$\sum_{x=-M}^{x=M} \sum_{k=0}^{N} a_k x^{k+r} = \sum_{x=-M}^{x=M} x^{k+r} \sum_{k=0}^{N} a_k = \sum_{x=-M}^{x=M} Y(x) x^r \tag{3-6}$$

引入 $(2M+1)$ 行、$(N+1)$ 列的矩阵 $\boldsymbol{X} = \begin{pmatrix} x_{-M1} & \cdots & x_{-Mn} \\ \vdots & \ddots & \vdots \\ x_{M1} & \cdots & x_{Mn} \end{pmatrix}$，令矩阵 $\boldsymbol{B} = \boldsymbol{X}^T \boldsymbol{X}$。

设 $\boldsymbol{Y} = \begin{pmatrix} y(-M) \\ \vdots \\ y(M) \end{pmatrix}$, $\boldsymbol{a} = \begin{pmatrix} a(0) \\ \vdots \\ a(N) \end{pmatrix}$

则有

$$\boldsymbol{Ba} = \boldsymbol{X}^T \boldsymbol{Xa} = \boldsymbol{X}^T \boldsymbol{Y} \tag{3-7}$$

$$\boldsymbol{a} = (\boldsymbol{X}^T \boldsymbol{X})^{-1} \boldsymbol{X}^T \boldsymbol{Y} \tag{3-8}$$

从而可以获取拟合后的多项式系数 a_1、a_2……a_n 的值，进行最小二乘多项式拟合，并移动窗口重复此过程，由此可以求解滤波后的待测数据 $Y(x)$。S-G 平滑滤波算法可以滤除高频噪声，保留低频信号，以达到对数据平滑降噪的目的。可以根据不同的待测数据选择合适的窗口宽度与拟合阶数进行 S-G 平滑滤波[73]。

3.2.2 基于 S-G 平滑滤波算法的光谱信号降噪算法研究

通过理论推导可知，S-G 平滑滤波效果主要取决于窗口宽度与拟合阶数两个参数的取值。对于窗口宽度的选择，其值必须大于拟合阶次，否则无法完成最小二乘多项式拟合。窗口宽度过小，滤波无法达到理想效果；窗口宽度过大，滤波后的波形又容易失真。对于拟合阶数的选择，若选择过高的阶次，将会导致降噪结果不准确，一般拟合阶数选择 2~4 较好[74]。

对浓度为 5% 的 CO_2 光谱数据进行 S-G 平滑滤波处理，为选择最合适的窗口宽度与拟合阶数，设置拟合阶数分别为 2 和 3 两组进行滤波，每组依次设置窗口宽度为 10~130（窗口宽度间隔为 10），并将不同拟合阶数与窗口宽度滤波后光谱信号的 SNR、RMSE、NCC 进行对比。

图 3-1 反映了拟合阶数为 2 和 3 时，随着窗口宽度的增加，S-G 平滑滤波后的光谱数据的 SNR 变化趋势。两种拟合阶数下，数据滤波后的 SNR 都随着窗口宽度的增大先升高

后降低，说明随着窗口宽度的增加，SNR 也随之提升，当窗口宽度超过一定值时，SNR 反而下降。其中，拟合阶数为 2 时的拐点为 90 窗口宽度，拟合阶数为 3 时的拐点为 110 窗口宽度。比较两种阶数下的滤波效果，总体来说，S-G 滤波 SNR 在拟合阶数为 2 要优于拟合阶数为 3。

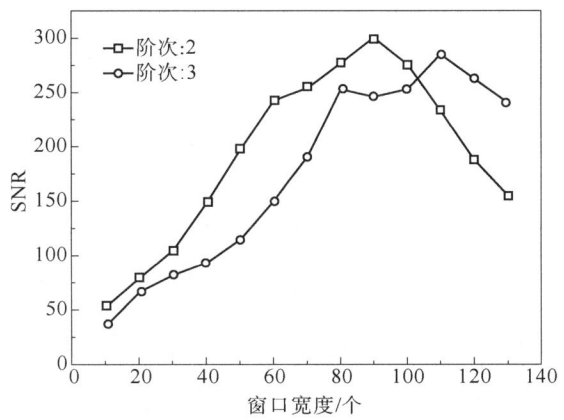

图 3-1　拟合阶数为 2 和 3 时，窗口宽度对滤波后信号的 SNR 影响

图 3-2 反映了在拟合阶数设置为 2 和 3 时，随着窗口宽度的增加，S-G 平滑滤波后的光谱数据的 RMSE 变化趋势。两种拟合阶数下，数据滤波后的 RMSE 都随着窗口宽度的增大而增大。比较两种阶数下的滤波效果，当窗口宽度为 10~80 时，两者 RMSE 较为接近；当窗口宽度为 80~130、拟合阶数为 2 时，滤波效果更好。

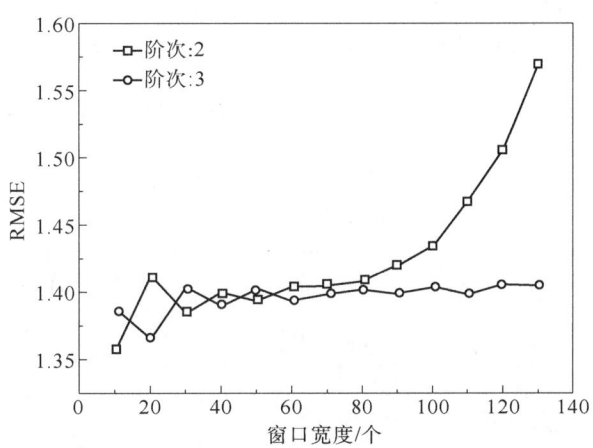

图 3-2　拟合阶数为 2 和 3 时，窗口宽度对滤波后信号的 RMSE 影响

图 3-3 反映了在拟合阶数设置为 2 和 3 时，随着窗口宽度的增加，S-G 平滑滤波后的光谱数据的 NCC 变化趋势。两种拟合阶数下，数据滤波后的 NCC 都随着窗口宽度的增大而减小，表明随着窗口宽度的增加，S-G 滤波后的信号更加接近原始信号。比较两种阶数下的滤波效果，当窗口宽度为 10~50 时，两者 NCC 较为接近；当窗口宽度为 60~130、拟合阶数为 3 时，波形特征相似度更高。

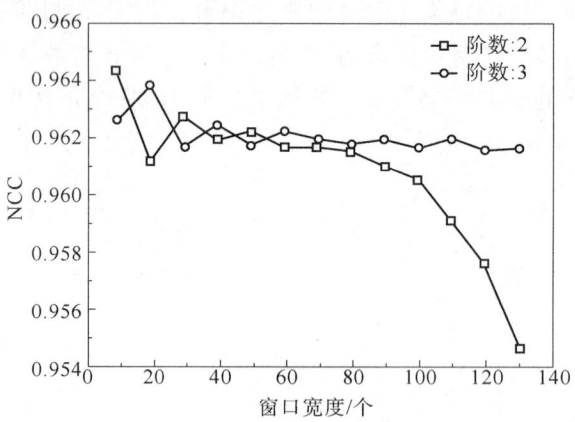

图 3-3　拟合阶数为 2 和 3 时，窗口宽度对滤波后信号的 NCC 影响

综上所述，窗口宽度选择 80~100 时，SNR 较高，此时虽然降噪后信号的 RMSE 不是最低、NCC 也不是最高，但是两者性能均在较为理想范围内。综合考虑 SNR、RMSE 和 NCC 三个性能指标，决定选择拟合阶数为 2、窗口宽度为 90 进行 S-G 滤波。

3.3　小波变换算法原理与实现

3.3.1　小波变换原理

小波变换具有时频分析、多分辨率的特点，可实现对信号局部化分析，有效区分信号中的突变成分及噪声，其主要原理是对待测信号进行小波分解与信号重构[75]。

设 $\Psi(t) \in L^2(R)$，其中 $L^2(R)$ 表示能量有限的信号空间，$\Psi(t)$ 的傅里叶变换为 $\hat{\Psi}(\omega)$，$\hat{\Psi}(\omega)$ 满足下列条件[76]：

$$C_\Psi = \int \frac{|\hat{\Psi}(\omega)|^2}{|\omega|} \mathrm{d}\omega < \infty \tag{3-9}$$

将 $\Psi(\omega)$ 定义为小波基，对小波基函数 $\Psi(\omega)$ 进行伸缩与平移变换得到小波序列，即

$$\Psi_{a,b}(t) = \frac{1}{\sqrt{|a|}} \Psi\left(\frac{t-b}{a}\right) \quad (a, b \in R; a \neq 0) \tag{3-10}$$

其中，a 为伸缩因子；b 为平移因子。

对于离散的情况，对伸缩因子与平移因子进行离散处理，取 $a = a_0^j$，$b = kb_0 a_0^j$，$a_0 > 1$，$b_0 \in R$，得到离散小波变换为

$$\Psi_{j,k}(t) = a_0^{-\frac{j}{2}} \Psi(a_0^{-j} t - kb_0) \quad (j, k \in Z) \tag{3-11}$$

将采集到的光谱信号定义为以时间 t 为变量的函数 $f(t)$，若 $f(t) \in L^2(R)$，光谱信号的连续小波变换为

$$W_f(a,b) = \frac{1}{\sqrt{|a|}} \int f(t) \overline{\Psi}\left(\frac{t-b}{a}\right) \mathrm{d}t \tag{3-12}$$

光谱信号的离散小波变换为

$$W_f(j,k) = a_0^{-\frac{j}{2}} \int f(t)\ \overline{\Psi}(a_0^{-j} - kb_0)\, dt \quad (3-13)$$

采集到的光谱信号可以近似认为是由有用信号与噪声信号叠加的，光谱信号经过小波变换后，通过选择合适的阈值对不同分解层的小波系数进行处理，从而达到信噪分离的目的。

小波信号分解过程如图 3-4 所示，含噪光谱信号经小波变换后得到高频小波系数 D_n 与低频小波系数 A_n，然后将高频部分保留，将低频部分继续分解为高频与低频部分，依此类推，经过 n 层小波分解后的含噪信号可以表示为 Signal＝$A_n+D_1+D_2+D_3+\cdots+D_n$。高频部分 D_1、D_2、D_3……D_n 包含有用信号与噪声信号，可以通过设定阈值将小于该阈值的小波系数置零，而后将处理过的小波系数做逆向小波变换，可重构降噪后的信号[77]。因此，需要确定合适的小波基、小波分解层数以及阈值函数来进行小波阈值降噪，从而得到满意的降噪效果。

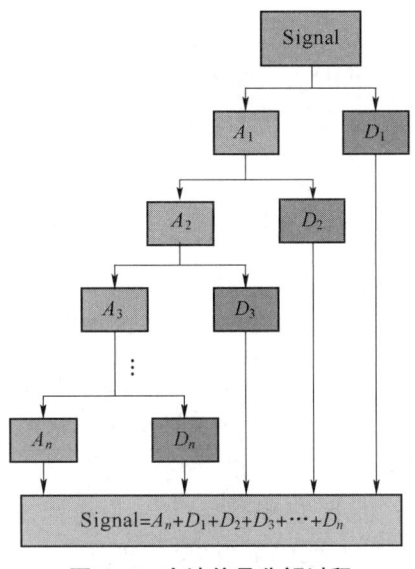

图 3-4　小波信号分解过程

3.3.2　基于小波变换的光谱信号降噪算法研究

1. 小波基的选择

由于小波变换的小波基函数不唯一，选择不同的小波基函数对同一信号进行降噪，得到的降噪效果也不同，因此最佳小波基函数的选取既是小波降噪的关键也是难点[78]。常见的小波基函数有 Daubechies、Biorthogonal、Coiflets、Symlets。表 3-1 为常见小波基的主要特点。

表 3-1　常见小波基的主要特点

小波基函数	Daubechies	Biorthogonal	Coiflets	Symlets
小波缩写名	db	bior	coif	sym
表示形式	db$N$	biorN_r. N_d	coif$N$	sym$N$
举例	db3	bior2.4	coif3	sym2
对称性	近似对称	不对称	近似对称	近似对称
正交性	有	无	有	有
双正交性	有	有	有	有
紧支撑性	有	有	有	有
连续小波变换	可以	可以	可以	可以

续表

小波基函数	Daubechies	Biorthogonal	Coiflets	Symlets
离散小波变换	可以	可以	可以	可以
支撑长度	$2N-1$	重构：$2N_r+1$ 分解：$2N_d+1$	$6N-1$	$2N-1$
滤波器长度	$2N$	$Max(2N_r, 2N_d)+2$	$6N$	$2N$
小波函数消失矩阶数	N	N_r-1	$2N$	N

为了从上述小波基中选择最适合光谱信号预处理的小波基，按照 3.1.2 节建立的降噪性能评价指标，先分别从同一系列小波基中选取最优小波基函数，再与其他系列最优小波基对比，从而选出最适合数据预处理的小波基。根据经验，通常选择小波分解层数为 3~6 层，将小波分解层数统一设置为 5 层，对浓度为 5% 的 CO_2 光谱信号分别利用上述四种小波基进行降噪处理[79]，并以 SNR、RMSE、NCC 为降噪评价指标将四种小波基降噪效果总结如图 3-5 所示。

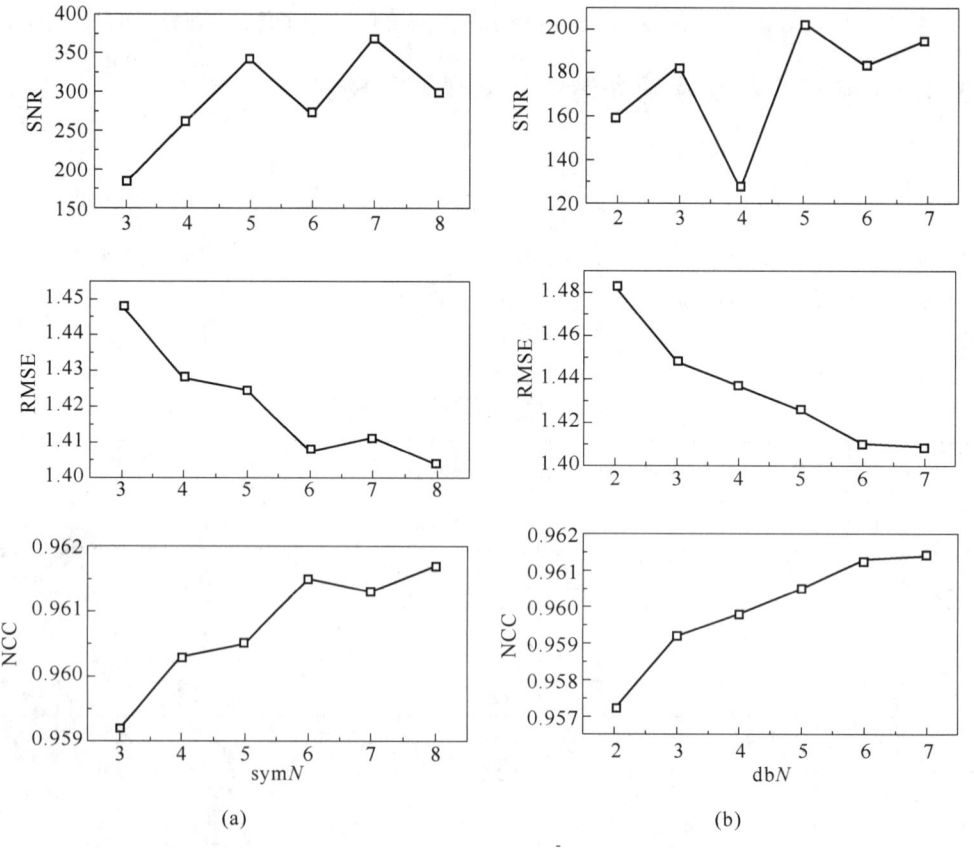

(a)   (b)

图 3-5 sym、db、coif、bior 系列小波基降噪效果对比

（a）sym 系列小波基降噪效果；（b）db 系列小波基降噪效果

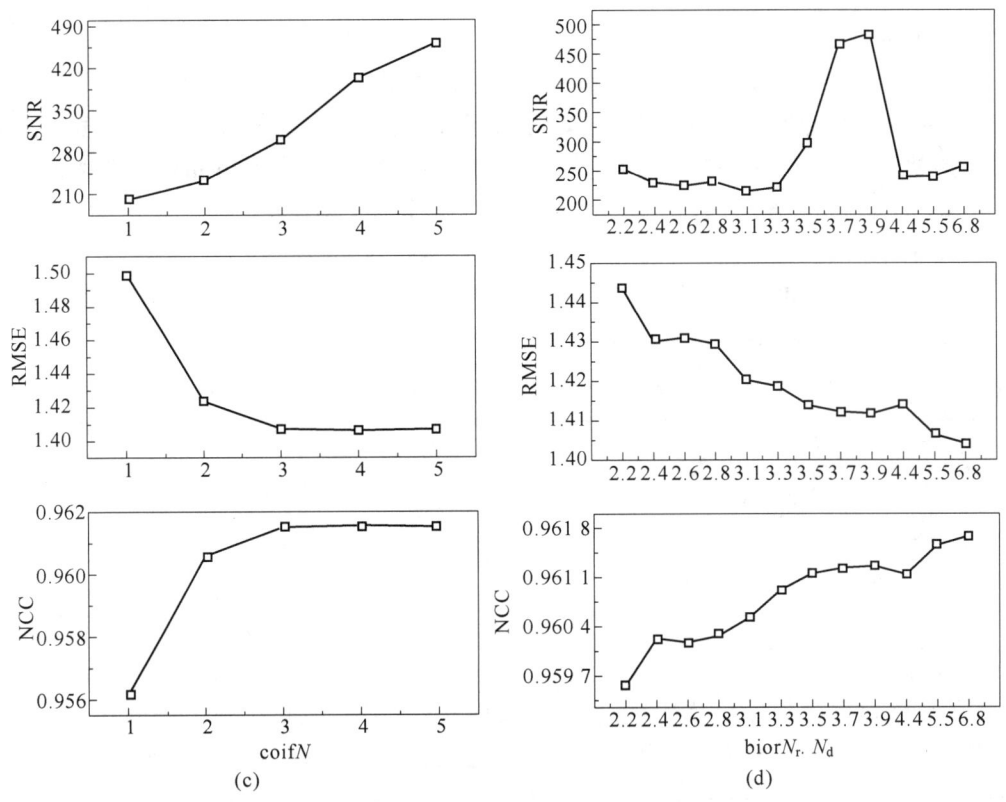

图 3-5　sym、db、coif、bior 系列小波基降噪效果对比（续）

（c）coif 系列小波基降噪效果；（d）bior 系列小波基降噪效果

从图中可以看出，sym 系列小波基中，sym5、sym7 是降噪后 SNR 较高的两个，但由于 sym5 降噪后 RMSE 相比于 sym6、sym7、sym8 更大，且 NCC 相比于 sym6、sym7、sym8 更小，因此，sym5 降噪性能除 SNR 外，在 RMSE 以及 NCC 两项降噪指标中表现略差一些；而 sym7 降噪后的 RMSE 与 NCC 虽然相比于 sym6、sym8 略差，但其 SNR 最高。经过对比，选取 sym7 作为 sym 系列最优小波基。按照同样的方法，选取 db5 作为 db 系列最优小波基，选取 coif5 作为 coif 系列最优小波基，选取 bior3.9 作为 bior 系列最优小波基。

将选取的 sym7、db5、coif5、bior3.9 四种小波基降噪性能进行对比，如表 3-2 所示。从表中可以看出，sym7、db5 小波基函数相比于 bior3.9、coif5 小波基函数，降噪效果总体较差。虽然 bior3.9 在 RMSE、NCC 两项指标中相比于 coif5 略差一些，但其 SNR 较 coif5 高很多，因此选择 bior3.9 小波基函数作为光谱数据降噪最优小波基。

表 3-2　四种小波基降噪性能对比

小波基函数	sym7	db5	coif5	bior3.9
SNR	369.258 2	203.392 8	461.666 9	484.643 7
RMSE	1.411 3	1.425 7	1.407 0	1.411 8
NCC	0.961 3	0.960 5	0.961 5	0.961 3

2. 小波分解层数的选择

小波分解层数的选择是小波降噪的另一个关键因素。分解层数过少，噪声与有用信号不能完全分离，会导致降噪效果不明显；分解层数过多，重构后的信号容易失真，运算量也会增加[80]。本节使用选择的最佳小波基函数 bior3.9，统一使用 Minimax 软阈值对采集到的光谱信号进行 3~6 层分解，表 3-3 列出了不同分解层数降噪后光谱信号的降噪效果。

可以看出，随着分解层数的增加，信噪比（SNR）先增大，分解层数为 6 时，SNR 下降；均方根误差（RMSE）、降噪后原始波形光谱特征还原度（NCC）随着分解层数的增加均变差，可见小波分解层数为 5 层时，降噪效果最佳。

表 3-3　不同分解层数降噪后光谱信号的降噪效果

分解层数	3	4	5	6
SNR	87.428 2	100.937 6	484.643 7	41.653 7
RMSE	1.389 6	1.396 1	1.411 8	1.511 3
NCC	0.962 5	0.962 1	0.961 3	0.955 5

3. 阈值函数的选择

阈值函数对区分信号和噪声起着至关重要的作用。阈值太低，则信号噪声无法完全滤除；阈值太高，会导致有用信号也被滤除。常用的阈值函数有 Minimax、SURE、Universal Threshold，下面分别利用三种阈值函数的软、硬阈值对光谱信号进行降噪。如表 3-4 所示，经对比，三种阈值函数的软阈值均比硬阈值降噪效果好，因此本节选择软阈值进行降噪。对比三种阈值函数，SURE 阈值函数无论是信噪比（SNR）、均方根误差（RMSE）还是降噪后原始波形光谱特征还原度（NCC）都优于其他阈值函数，因此选用 SURE 软阈值函数进行降噪处理。

表 3-4　不同阈值函数降噪效果对比

阈值函数	Minimax		SURE		Universal Threshold	
	硬阈值	软阈值	硬阈值	软阈值	硬阈值	软阈值
SNR	41.653 8	65.221 1	58.118 8	87.205 2	32.456 0	63.505 1
RMSE	1.511 3	1.426 7	1.441 7	1.419 3	1.636 7	1.462 6
NCC	0.955 5	0.960 4	0.959 6	0.960 8	0.947 6	0.958 4

综合 SNR、RMSE、NCC 三个降噪评价指标对小波基函数、分解层数以及阈值函数进行考量，最终选择最佳小波降噪参数为 bior3.9 小波基函数、5 层分解层数、SURE 软阈值。

3.4　最优降噪方法的选取

为对比 S-G 平滑滤波函数（拟合阶数为 2，窗口宽度为 90）与小波变换函数（小波基函数为 bior3.9、分解层数为 5 层、阈值函数为 SURE 软阈值）两种方法的降噪效果并验证两种降噪方法对浓度的适应性，接下来对 5%～8% 浓度下两种方法滤波后的 SNR、RMSE、NCC 分别进行对比。从表 3-5 可以看出，经小波变换后的数据整体降噪效果要优于 S-G 滤波，因此在后续数据的预处理中选择小波基函数为 bior3.9、分解层数为 5 层、阈值函数为 SURE 软阈值进行降噪。

表 3-5　不同浓度下 S-G 平滑滤波与小波变换函数降噪效果对比

浓度	降噪方法	SNR	RMSE	NCC
5%	S-G 平滑滤波	300.326 2	1.420 0	0.961 1
	小波变换	484.643 7	1.411 8	0.961 3
6%	S-G 平滑滤波	329.718 6	1.435 9	0.974 5
	小波变换	490.602 9	1.428 1	0.974 9
7%	S-G 平滑滤波	346.164 9	1.427 6	0.981 3
	小波变换	496.835 5	1.416 6	0.984 9
8%	S-G 平滑滤波	353.174 2	1.421 6	0.986 3
	小波变换	498.655 3	1.408 5	0.986 8

3.5　本章小结

本章对实验测量光谱数据的噪声来源及两种降噪预处理方法进行了分析。首先对近红外光谱气体检测系统的噪声来源进行分析，包括电子噪声、光学噪声以及现场环境的不确定性引入的噪声，并建立以信噪比（SNR）、均方根误差（RMSE）、波形相似系数（NCC）为指标的光谱信号降噪性能评价指标，从而选出最适合的降噪方法，随之提出光谱信号常见的 S-G 平滑滤波法与小波变换法，分析了两种滤波方法的原理。设置不同的窗口宽度、拟合阶数对光谱数据进行 S-G 平滑滤波，根据降噪性能评价指标综合选择，确定 S-G 滤波函数拟合阶数为 2、窗口宽度为 90 时，降噪效果最佳。选择不同的小波基、分解层数、阈值函数进行小波降噪，根据降噪性能评价指标综合选择，确定小波基函数为 bior3.9、分解层数为 5 层、阈值函数为 SURE 软阈值时，对光谱数据进行降噪效果最佳。最后，为从两者中选择最适合的滤波方法，同时验证所选的降噪方法对浓度的适应性，对多个浓度下两种滤波方法降噪性能进行对比，最终选择小波基函数为 bior3.9、分解层数为 5 层、阈值函数为 SURE 软阈值对后续光谱数据进行降噪预处理。

第 4 章

基于 TDLAS 技术的 CO_2 浓度测量研究

4.1 基于 Simulink 仿真工具的 TDLAS 气体检测系统仿真

本节基于 Simulink 动态仿真工具建立了 TDLAS 仿真模型，整个仿真系统模型采用层次化结构，由激光器输出仿真、气体吸收过程仿真、谐波信号提取仿真模块组成。

4.1.1 激光器输出仿真

由于光谱吸收线强非常微弱，一般采用波长调制技术通过低频扫描信号与高频调制信号叠加对激光器的输出波长进行调制，其中低频扫描信号的目的是覆盖整个气体分子的吸收谱线，高频调制信号可用于提取高频谐波信号。激光器的输入电流变化时，激光频率与光强都受到相应的调制，具体调制公式分别为[81]

$$v(t) = v_0 + a_1 \text{sawtooth}(2\pi f_1 t) + a_2 \sin(2\pi f_2 t) \tag{4-1}$$

$$I_0(t) = I_0 \left[1 + a_1 \text{sawtooth}(2\pi f_1 t) + a_2 \sin(2\pi f_2 t) \right] \tag{4-2}$$

其中，v_0 为激光器中心频率；sawtooth 为低频锯齿信号，用于实现选定范围的气体吸收线的波长扫描；sin 为高频正弦信号，目的是提取高频谐波信号；a_1、a_2 分别为扫描幅度与调制幅度；f_1、f_2 分别为扫描频率与调制频率。图 4-1 为激光器输出仿真模型。

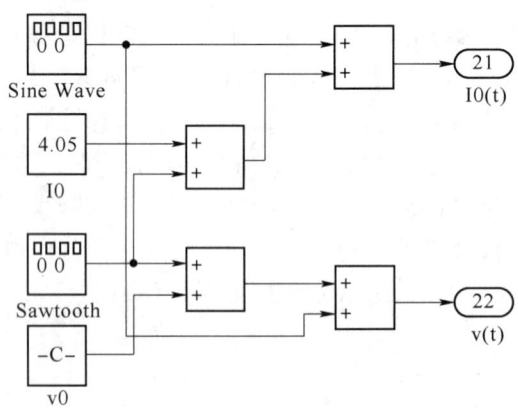

图 4-1 激光器输出仿真模型

激光器输出仿真模型的输入参数：高频正弦波；低频锯齿波；气体吸收谱线中心频率

v_0；初始光强I_0。

激光器输出仿真模型的输出参数：调制后的输出频率 $v(t)$；调制后的输出光强$I_0(t)$。其运行结果如图 4-2 所示。

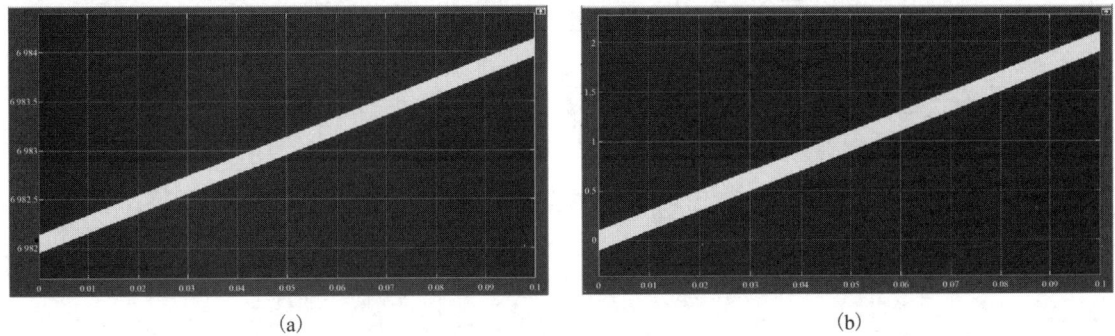

(a)　　　　　　　　　　　　　　　　(b)

图 4-2　激光器输出仿真模型运行结果

（a）调制后输出频率 $v(t)$；（b）调制后输出光强$I_0(t)$

4.1.2　气体吸收过程仿真

气体吸收过程仿真主要是依据气体在中心波长处的谱线吸收原理来构建，其功能是模拟气室中待测气体对光的吸收[82]。

1. 线型函数仿真模型

由于气体检测条件为常温常压，因此，碰撞加宽对气体分子吸收谱线影响较大，故气体吸收谱线选用洛伦兹线型，其仿真模型根据 2.2 节中式（2-9）进行构建，如图 4-3 所示。

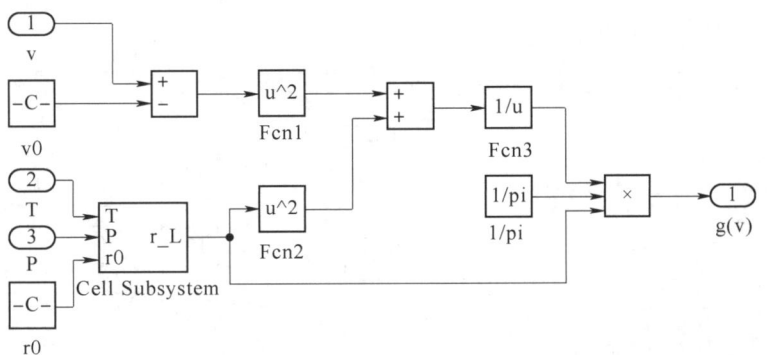

图 4-3　洛伦兹线型仿真模型

洛伦兹线型函数仿真模型的输入参数：气体吸收谱线中心频率 v_0；入射光频率 $v(t)$；温度；压强；气体吸收谱线半高全宽。

其中，半高全宽r_L根据式（4-3）计算，激光器中心频率v_0、压力展宽系数r_0、温度系数 n 均可查阅 HITRAN 数据库获得，其仿真模型如图 4-4 所示。

$$r_L(T,p) = r_0 \cdot \left(\frac{296}{T}\right)^n \cdot p \tag{4-3}$$

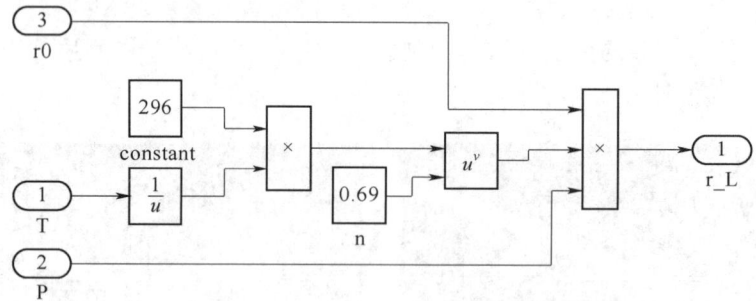

图 4-4　半高全宽仿真模型

洛伦兹线型函数仿真模型的输出参数：谱线线型函数 $g(v)$，其输出结果如图 4-5 所示。

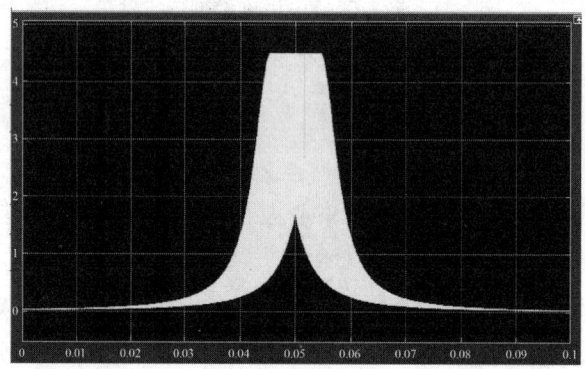

图 4-5　洛伦兹线型函数仿真模型输出结果

2. 气体吸收谱线仿真模型

气体吸收谱线主要是根据 Lambert-Beer 定律确定的，其仿真模型如图 4-6 所示。

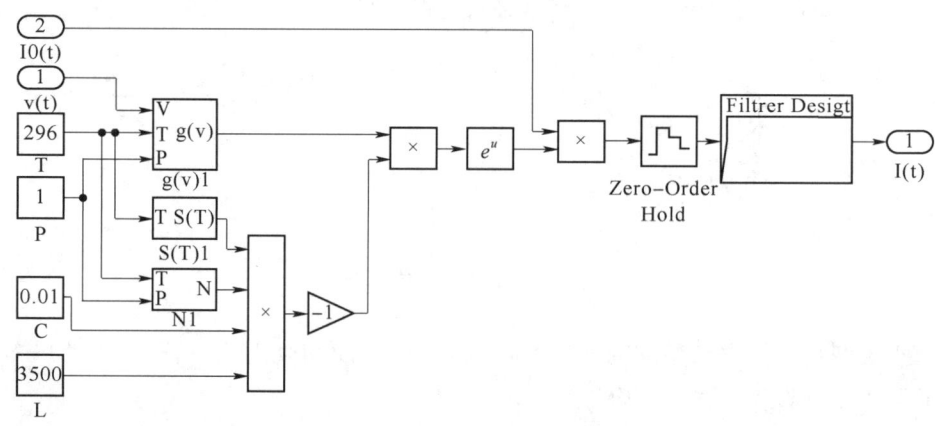

图 4-6　气体吸收谱线仿真模型

气体吸收谱线仿真模型的输入参数：输入光强 $I_0(t)$；洛伦兹线型函数 $g(v)$；待测气体浓度 C；气体吸收池长度 L；气体分子密度 N；气体吸收谱线强度 $S(T)$。

气体分子密度 N 根据式（4-4）进行构建，其仿真模型如图 4-7 所示。

$$N(T,p) = 2.686\ 8 \times 10^{19} \times \frac{273}{T} \cdot p \qquad (4-4)$$

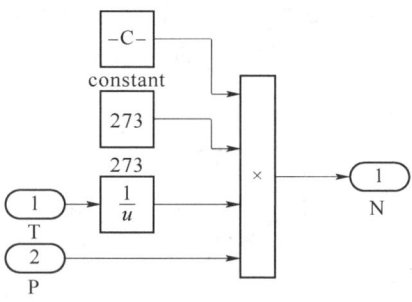

图 4-7　气体分子密度仿真模型

一定温度下的气体吸收谱线强度 $S(T)$ 可根据 2.2 节中式（2-7）进行仿真，仿真模型如图 4-8 所示。

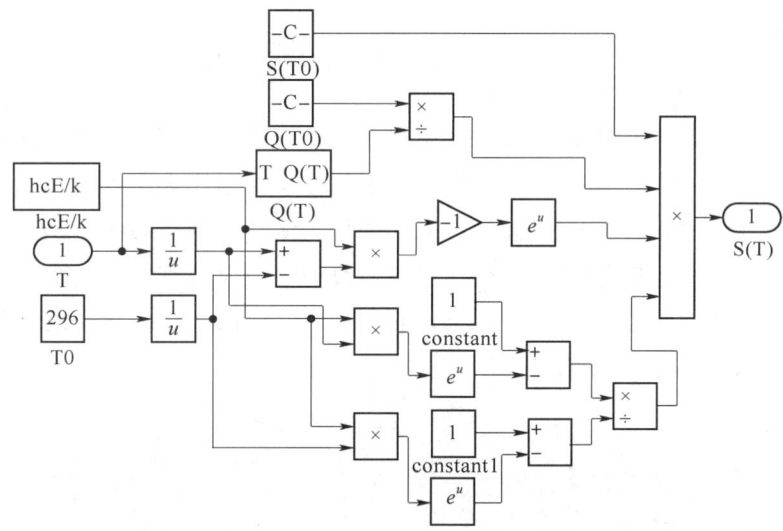

图 4-8　气体吸收谱线强度仿真模型

气体吸收谱线仿真模型的输出参数：透射光强 $I(t)$，其输出结果如图 4-9 所示。

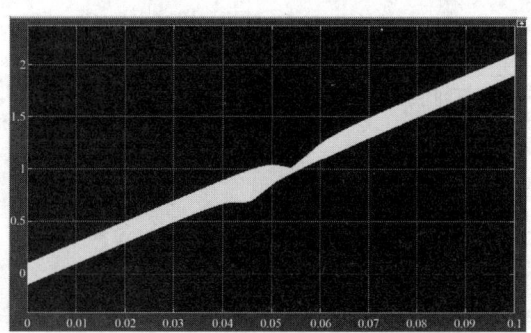

图 4-9　气体吸收谱线仿真模型输出结果

4.1.3 谐波信号提取仿真

谐波信号提取仿真主要是通过模拟锁相放大器的内部原理进而提取二次谐波信号，其模型如图4-10所示。锁相放大器提供频率为调制信号频率二倍频的正弦、余弦两路正交参考信号，分别与待测信号相乘，并经过低通滤波器滤波后，求取两路正交信号平方和、开方运算，最终获取二次谐波信号[83]。

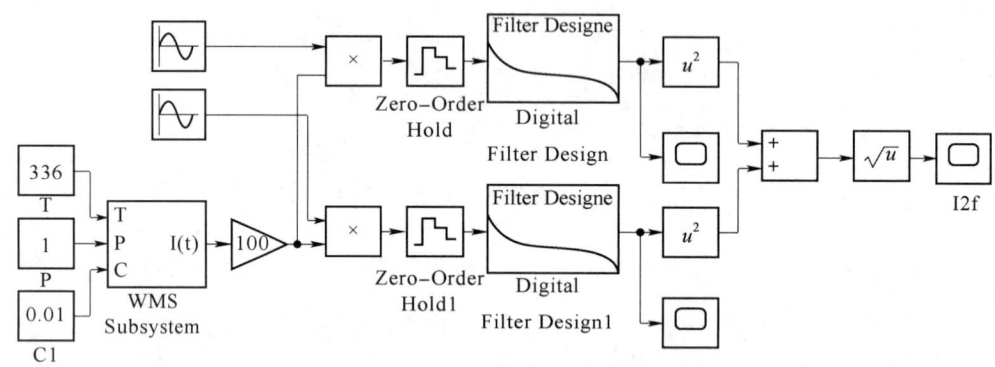

图4-10 二次谐波信号提取仿真模型

其中，低通滤波模块采用Simulink模块库中FDATool的自定义低通滤波模块"Digital Filter Design"来完成设计，如图4-11所示。数字滤波器选用无限冲击响应（Infinite Impulse Response，IIR）Butterworth滤波器。采样频率设置为1 000 kHz。滤波器的主要参数有通带截止频率f_{pass}、阻带截止频率f_{stop}、通带波纹A_{pass}和阻带衰减A_{stop}等。通过选择，确定滤波器的参数为$f_{pass}=30$ Hz，$f_{stop}=10\ 000$ Hz，$A_{pass}=1$ dB，$A_{stop}=80$ dB。

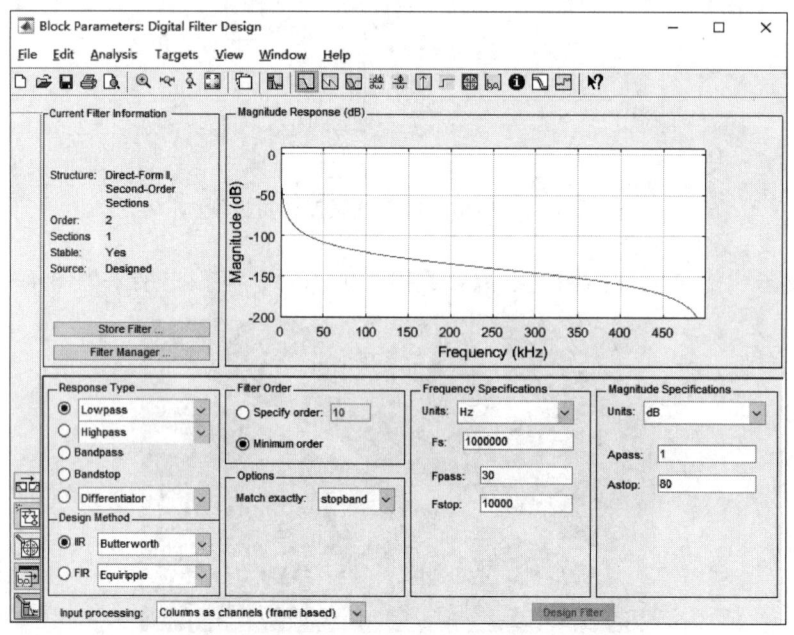

图4-11 利用FDATool设计IIR低通滤波器

二次谐波信号提取仿真模型的输入参数：透射光强 $I(t)$；二倍频的正弦参考信号；二倍频的余弦参考信号。

二次谐波信号提取仿真模型的输出参数：二次谐波信号，其输出结果如图 4-12 所示。

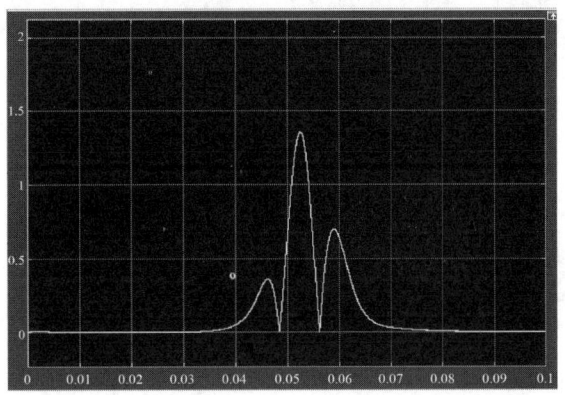

图 4-12　二次谐波信号提取仿真模型输出结果

4.1.4　系统仿真结果

本节建立的仿真模型已具备模拟 TDLAS 技术的基本条件。接下来将以 CO₂ 在气体吸收谱线中心频率 $v_0 = 6\,983.045\,1\,\text{cm}^{-1}$ 处为例，初始光强根据实验室现有激光器光强设置为 1.05 mW，对谐波信号进行仿真，并讨论气体浓度、温度、压强对谐波信号的影响。

利用上述仿真模型，模拟常温常压（$T = 296\,\text{K}$，$p = 1\,\text{atm}$）下不同浓度 CO₂ 二次谐波信号，如图 4-13 所示，随着浓度的增加信号峰值也在增加。将得到的不同浓度 CO₂ 的二次谐波信号峰值与对应气体浓度进行拟合，如图 4-14 所示。由图可知，拟合后的 CO₂ 二次谐波信号峰值与气体浓度具有一定的线性关系，因此可以通过拟合关系式与测量所得光谱信号反演气体浓度信息。

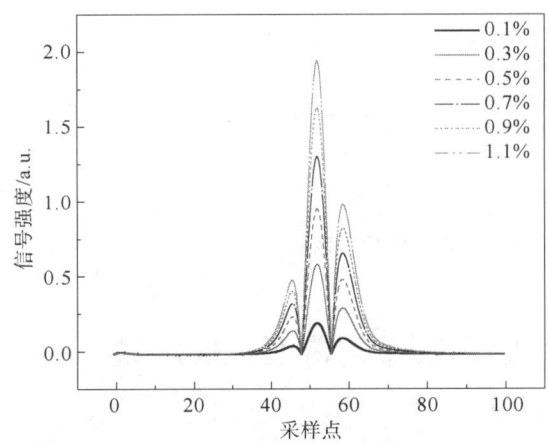

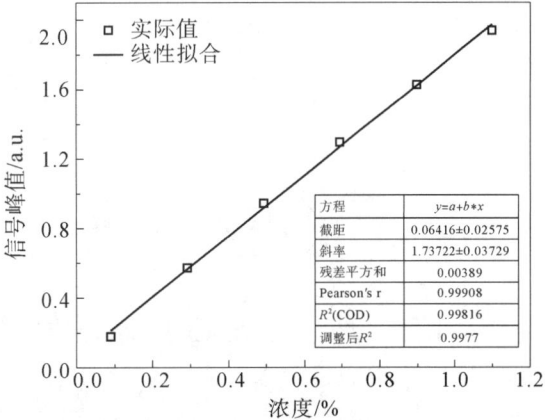

图 4-13　不同浓度下 CO₂ 二次谐波信号　　　　图 4-14　二次谐波信号峰值随浓度的变化曲线
　　　　仿真（书后附彩插）

在常压下模拟 1% CO₂ 二次谐波信号随温度变化的情况，如图 4-15 所示。从图中可以看出，随着温度升高，二次谐波信号峰值降低。图 4-16 为二次谐波峰值随温度变化的三次多项式拟合曲线，可利用其拟合曲线关系式消除温度变化对气体浓度测量的影响。

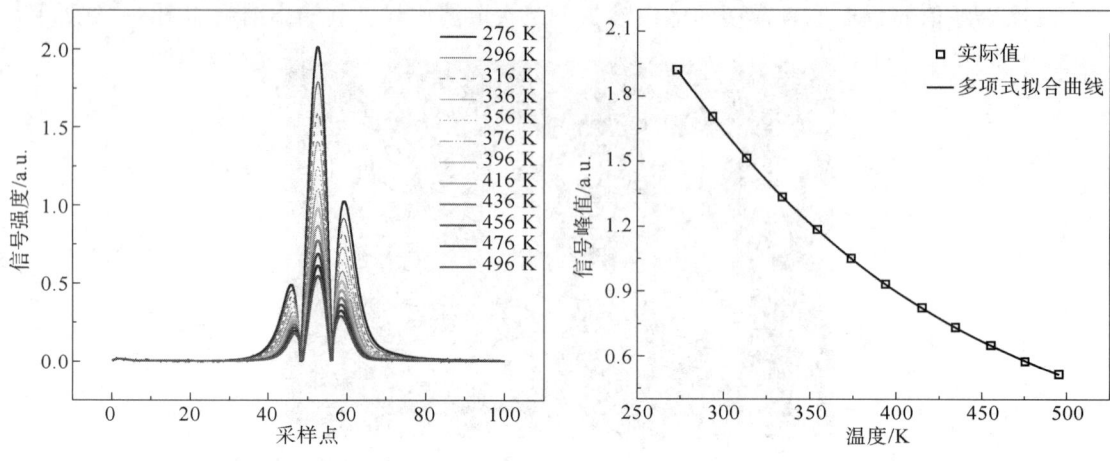

图 4-15　不同温度下 CO_2 谐波
信号仿真（书后附彩插）

图 4-16　二次谐波信号峰值随温度的变化曲线

在常温下模拟 1% CO_2 二次谐波信号随压强变化的情况，如图 4-17 所示。随着压强增大，二次谐波信号峰值减小，信号峰宽也发生了变化，随着压强增大，信号峰宽变大。

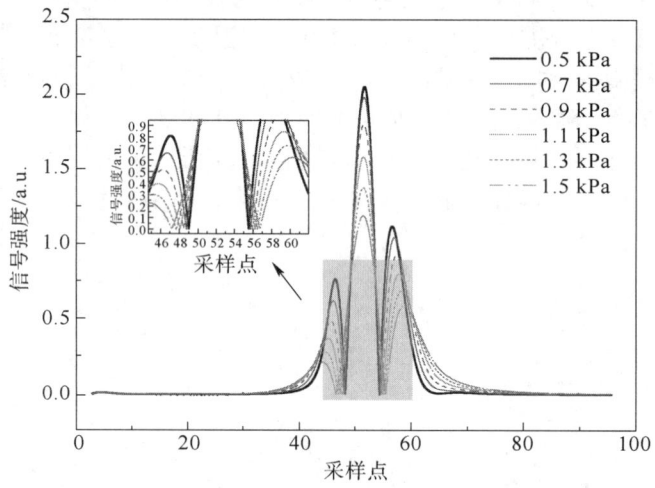

图 4-17　不同压强下 CO_2 谐波信号仿真（书后附彩插）

4.2　基于 TDLAS 技术的气体传感系统 CO_2 浓度在线测量

4.2.1　气体吸收谱线的选择与分析

选择合适的气体吸收谱线是能否对待测气体进行准确测量的关键所在。气体吸收谱线的选择应考虑以下几点因素。

（1）应选择适合于本节所选用的激光器、光电探测器探测范围内的气体吸收谱线。虽然中红外波段比近红外波段的吸收强度强 1~2 个数量级，但考虑到近红外波段的激光器成本较低、技术相对较为成熟，因此选择性价比较高的近红外激光器作为光源进行测量。

（2）待测气体吸收谱线的选择需考虑谱线强度与干扰气体的吸收位置，应尽量选择气体吸收谱线强度较大的波段进行测量，以提高检测灵敏度与信噪比，与此同时应避开环境中可能存在的干扰气体的吸收。

本研究是在大气环境下进行的，大气环境中的干扰气体主要有两类：一类是空气中的主要气体，如 O_2（20.95%）、H_2O（4%）、O_3（0.1 ppm）；另一类是现代工业发展排放到空气中的有害气体，主要有 CH_4（1.82 ppm）、SO_2（1.14 ppm）、CO（0.10 ppm）、N_2O（0.27 ppm）等。HITRAN 数据库是使用较为广泛的光谱参数数据库，主要提供大气中气体成分的光谱参数，免去了光谱应用时光谱参数复杂的理论计算，在光谱领域的模拟和分析中作为标准存在。为研究大气中的干扰气体对 CO_2 吸收峰的影响，本节基于 HITRAN 数据库对温度 $T=296$ K、压力 $p=1$ atm、光程 $L=2\,600$ cm 的条件下的 5% CO_2 与干扰气体吸收光谱进行模拟，模拟结果如图 4-18、图 4-19 所示。

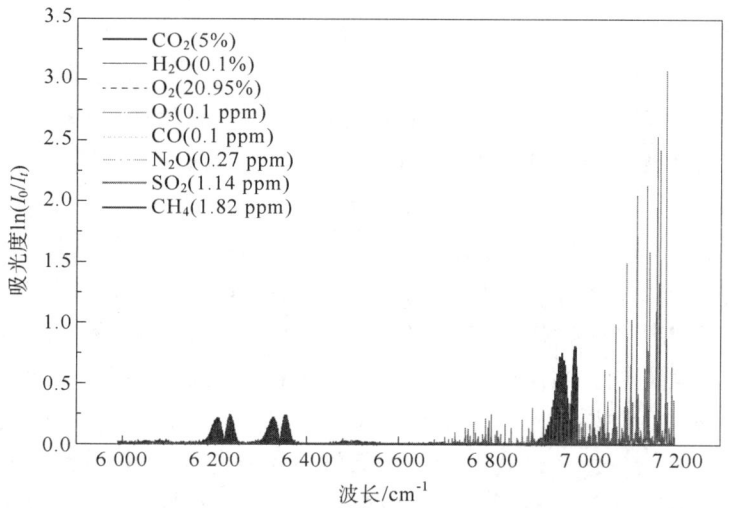

图 4-18　$T=296$ K、$p=1$ atm、$L=2\,600$ cm 下 5% CO_2 与干扰气体吸收光谱模拟（书后附彩插）

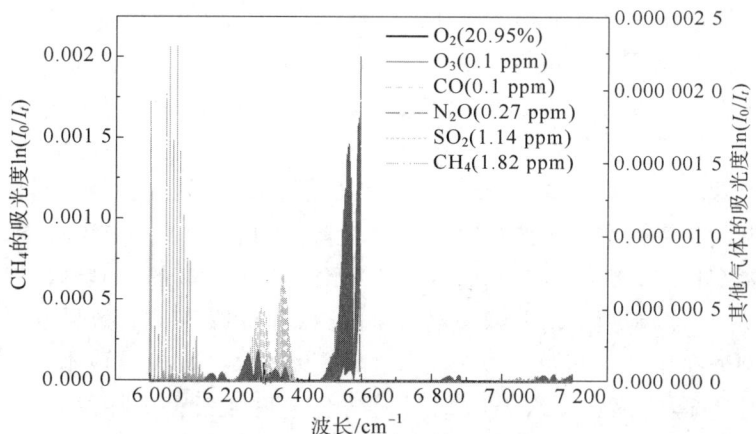

图 4-19　$T=296$ K、$p=1$ atm、$L=2\,600$ cm 时 O_2、O_3、CO、N_2O、SO_2、CH_4 气体吸收光谱模拟（书后附彩插）

由图 4-18 可知，CO_2 在 6 000~7 200 cm^{-1}（1 388.889~1 666.667 nm）共有三个较强的吸收峰，分别为：P_1 = 6 240.104 cm^{-1}（1 602.537 nm）、P_2 = 6 359.967 cm^{-1}（1 572.335 nm）、P_3 = 6 983.019 cm^{-1}（1 432.045 nm）。由图 4-19 可知，O_2、O_3、SO_2 在此范围内几乎没有吸收，CH_4、N_2O、CO 在 P_1、P_2 附近有不同程度的微弱吸收，相比之下 P_3 附近除 H_2O 吸收较强之外，受其他气体吸收峰的干扰较小，且 P_3 附近 CO_2 吸收峰相比 P_1、P_2 两处较强。由于在干燥的环境下进行测量，综合考虑选择 1 432 nm 处作为目标吸收峰对 CO_2 进行测量。

4.2.2 调制参数优化实验

调制参数对二次谐波信号影响复杂，包括调制幅度、调制频率、扫描幅度、扫描频率四个参数。为了提高测量准确度，并从理论角度验证实验中调制参数的影响，本节结合 Simulink 理论仿真与硬件实验系统两方面分析了二次谐波信号峰值、信噪比、峰宽、对称性以及信号完整性等性质与四个调制参数之间的关系，验证了硬件实验系统与理论模拟的信号变化规律具有相关性，并总结了各调制参数对二次谐波的影响以及优化选取方法。

用信号峰值与基线的差计算峰高；以谐波左右两侧峰谷值之比衡量信号对称性，比值越接近 1 表明信号对称性越好；将信号两个谷值间的距离作为衡量信号峰宽的指标；根据二次谐波信号峰值和无吸收处的标准差之比计算出系统二次谐波信噪比[84]。

1. 调制幅度

当调制幅度较小时，无法获得明显的谐波信号，随着调制幅度的增加，谐波线型逐渐趋于完整。保持其他参数不变，测得 180~500 mV 不同调制幅度在实验与 Simulink 仿真下的二次谐波信号变化情况。由图 4-20（a）、（b）可知，峰值随调制幅度增大而增大，信噪比与峰值变化趋势相同，当调制幅度增加到 400 mV 以后，峰值及信噪比上升趋势变缓。由图 4-20（c）可知，随调制幅度增加线型对称性逐渐变好，但调制幅度超过一定范围，谐波信号对称性反而会变差。这是由于奇次谐波分量和剩余幅度调制等干扰因素的存在，导致关于中心波长对称的偶次谐波信号两边峰谷值不完全相同，因而对称性可以评价被测信号受干扰的程度，在选择调制参数时应尽量保证信号有较好的对称性。由图 4-20（d）可知，峰宽随着调制幅度的增加单调递增，但在测量过程中峰宽过大会受相邻谱线的干扰。因此，应考虑到相邻谱线间的干扰选择合适的调制参数。Simulink 模拟结果变化趋势与实验结果基本吻合。综合上述因素，测量系统调制幅度在 300~350 mV 选取较为合理。

2. 调制频率

保持其他参数不变，观察调制频率在 7~50 kHz 二次谐波信号的变化情况。如图 4-21 所示，峰值随调制频率的增大单调递减，信噪比除 10 kHz 外整体趋势变差，信号对称性没有明显的单调变化趋势，峰宽单调递减。从理论上讲，较高的调制频率对噪声的抑制效果也较好。事实上，调制频率增大到一定值，检测器 $1/f$ 噪声抑制效果变缓，因而没有必要继续提高调制频率。另一方面，调制频率过高会增加系统的硬件成本，因此必须选择适当的调制频率才能得到较好二次谐波信号。结合上述因素，选择最佳调制频率为 10~40 kHz。

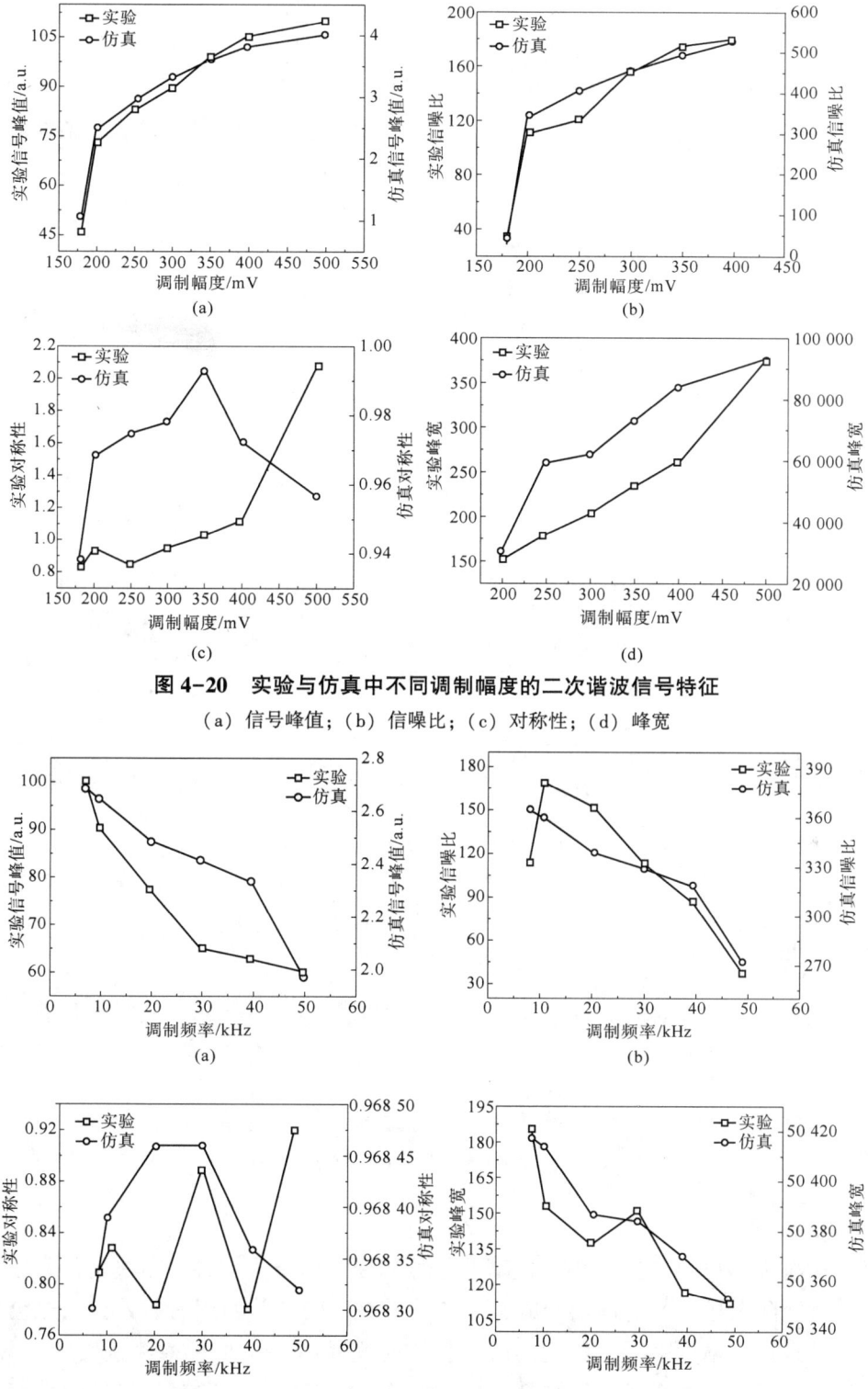

图 4-20 实验与仿真中不同调制幅度的二次谐波信号特征

（a）信号峰值；（b）信噪比；（c）对称性；（d）峰宽

图 4-21 实验与仿真中不同调制频率的二次谐波信号特征

（a）信号峰值；（b）信噪比；（c）对称性；（d）峰宽

3. 扫描幅度

选择 100~600 mV 的扫描幅度观察二次谐波信号变化情况。当扫描幅度较小时，无法显示完整的二次谐波线型；当其逐渐增大时，二次谐波信号开始趋于完整。由图 4-22（a）~（d）可知，扫描幅度对峰值与信噪比的影响较小，随着扫描幅度的逐渐增大，谐波对称性逐渐变好，但峰宽逐渐减小。当扫描幅度增大到一定范围时，由于激光器的波长扫描范围逐步变大，相邻吸收峰也会随之出现，因此在确定扫描幅度时应在保证谐波信号完整性的基础上再考虑信号特征[85]。Simulink 仿真变化趋势与实验结果基本吻合。综合上述分析对比可知，要想获得完整的二次谐波，扫描幅值范围应选取 300~500 mV 较为合理。

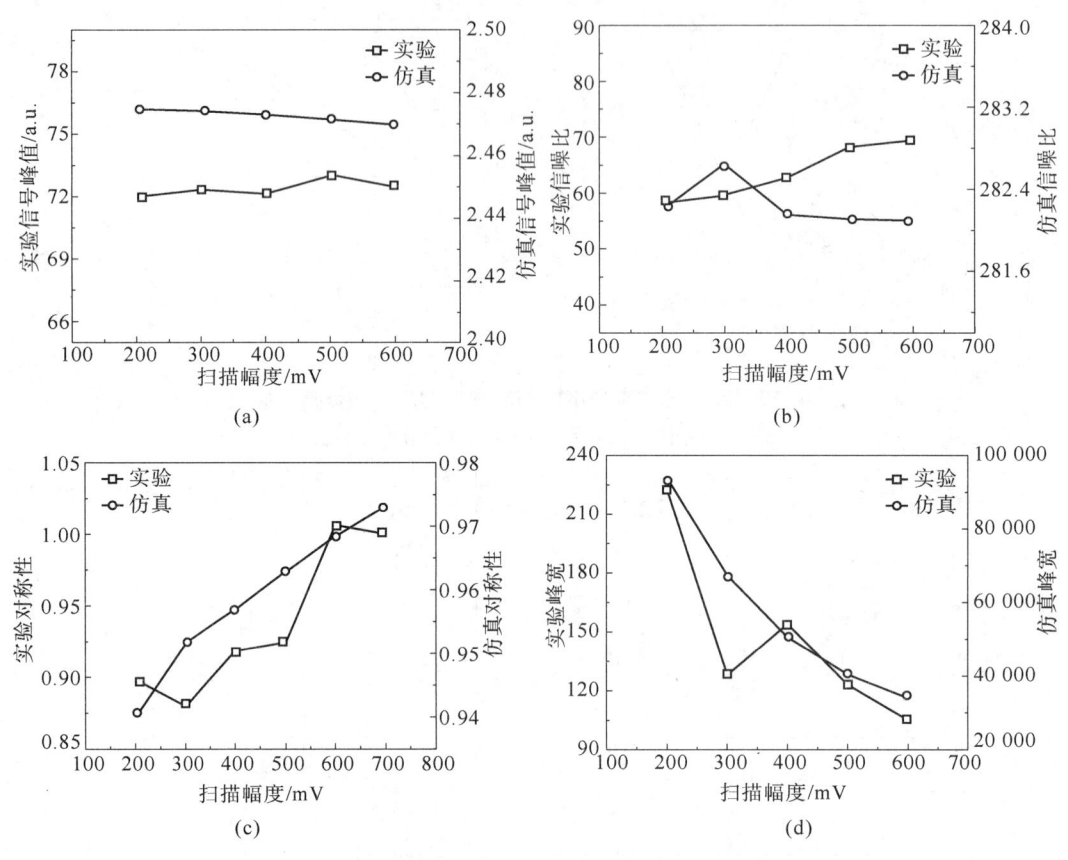

图 4-22 实验与仿真中不同扫描幅度的二次谐波信号特征
（a）信号峰值；（b）信噪比；（c）对称性；（d）峰宽

4. 扫描频率

观察扫描频率为 5~70 Hz 的二次谐波信号的变化情况。扫描频率决定信号频率，单周期扫描时间随扫描频率的增加而减少，若采样率不变，单周期内的采样点也会相应减少，从而导致信号精度降低。与此同时，扫描时间减少将会加快检测速度[86]。因此要根据具体检测环境选取合适的扫描频率，因本节属于气体环境监测，对检测精度要求更高，所以在保证信号特征较佳的前提下，应选择较小的扫描频率以保证测量精度准确。由图 4-23（a）~（d）可知，信号峰值、信噪比及峰宽均随扫描频率的增加而单调递减，对称性整体趋势逐渐变好，但扫描频率超过一定范围会导致对称性变差。综合上述分析，当扫描信号频率取 10 Hz 时，二次谐波信号波形最佳。

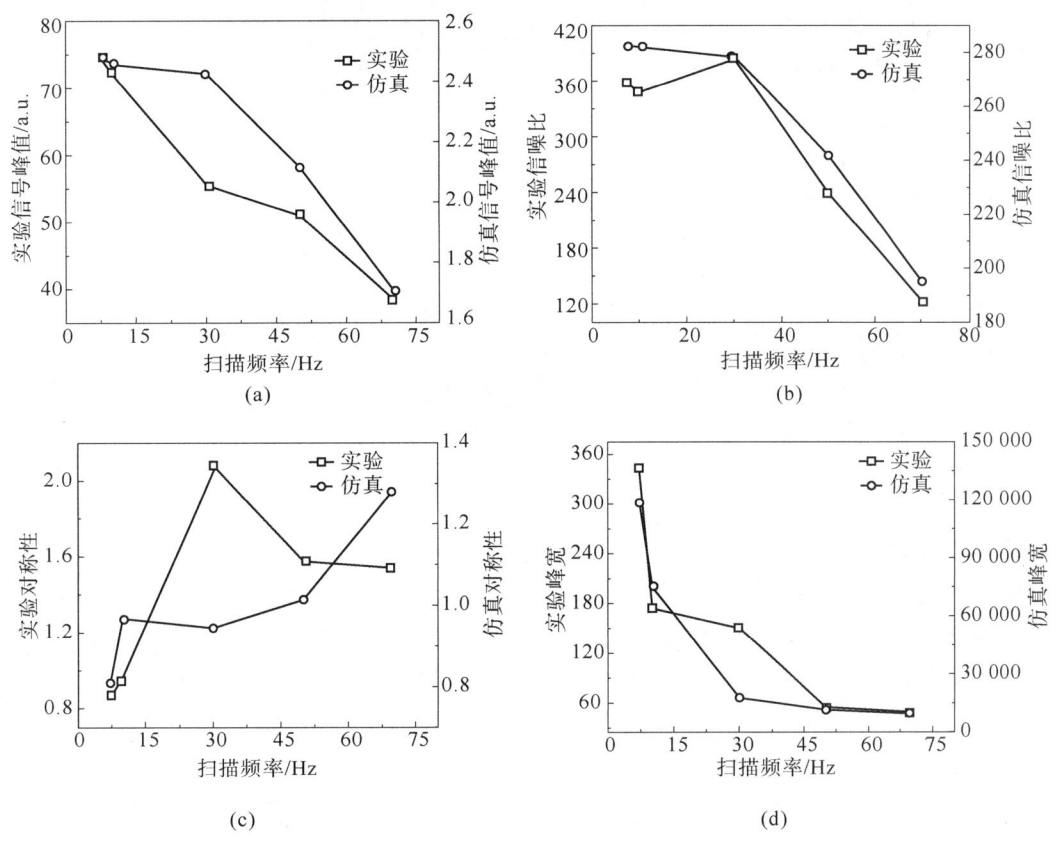

图 4-23　实验与仿真中不同扫描频率的二次谐波信号特征
（a）信号峰值；（b）信噪比；（c）对称性；（d）峰宽

由于实验在稳定大气环境下进行监测，大气湍流等瞬变过程对信号的影响较小可以忽略，因此可采用较小的扫描频率。结合以上参数优化原则与本节实验系统，确定系统最佳调制参数为调制幅值为 300 mV，调制频率为 10 kHz，扫描幅值为 400 mV，扫描频率为 10 Hz。

4.2.3　气体浓度实验

基于 TDLAS 的气体传感系统原理如图 4-24 所示，其工作原理为：调制信号发生器产生的扫描信号和调制信号叠加后，通过激光控制器将电压信号转变为电流信号，激光控制器向 DFB 激光器提供工作所需的电流和温度，使其输出一定波长范围的激光，而后经准直器准直进入气体池，被待测气体吸收后，光电探测器将光信号转换为电信号，再由数字锁相放大器对其进行解调输出谐波信号。在进行气体检测时，先由动态稀释校准仪配制一定浓度的待测气体，将其通入气体池中，待气体浓度稳定后进行测量。最后用数字示波器与 LabVIEW 采集程序对所测的信号进行数据采集[87]，并由 Origin 软件对所测信号进行分析处理。

保持气体池压强为 1 atm，温度为 296 K，根据确定的最佳调制参数进行 CO₂ 浓度测量实验。每测量一个浓度前，都将高纯 N₂ 通入气体池中，以保证残余气体尽量排出气体池外，使

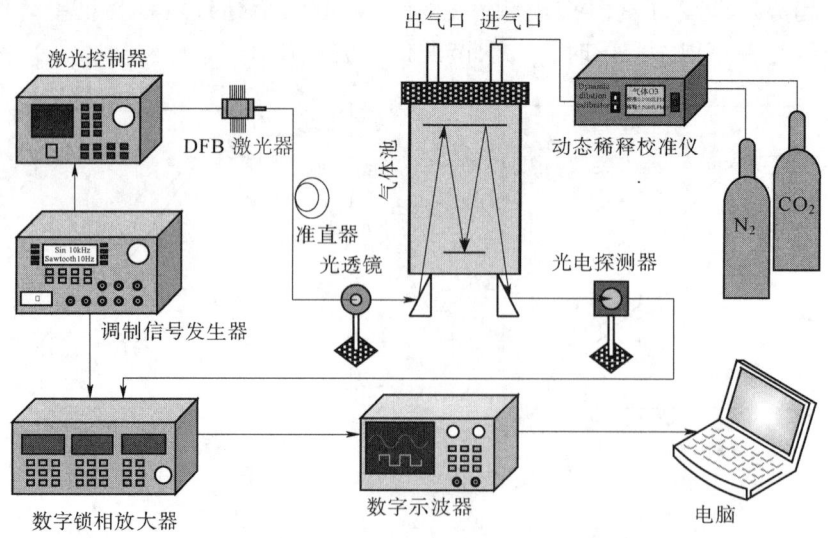

图 4-24　基于 TDLAS 的气体传感系统原理

实验结果尽可能准确。将预先配制好的体积分数为 1%、3%、5%、7%、8%、9%的 CO_2（背景气体为 N_2）依次通入气体池，待气体浓度稳定后进行测量。在对吸收信号进行采集时，应对每种浓度的 CO_2 进行 10 次测量，累加求取平均值以减小噪声的影响。将采集得到的吸收信号进行平滑滤波处理，得到不同浓度 CO_2 的二次谐波信号，如图 4-25 所示。

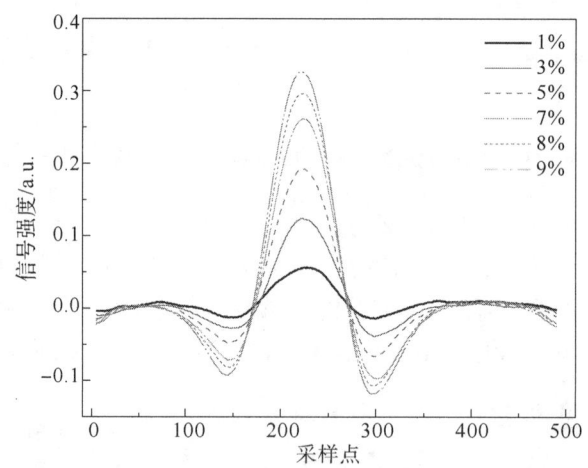

图 4-25　不同浓度下 CO_2 的二次谐波信号（书后附彩插）

4.3　系统性能分析

4.3.1　线性拟合系数

提取各组数据的最强吸收峰，对吸收峰与不同浓度 CO_2 进行拟合，如图 4-26 所示。二次谐波信号峰值与实验选取 CO_2 浓度具有很好的线性关系[88]，线性关系为 $y = 0.034\ 8x + 0.020\ 6$，线性拟合系数 R^2 为 $0.999\ 8$。

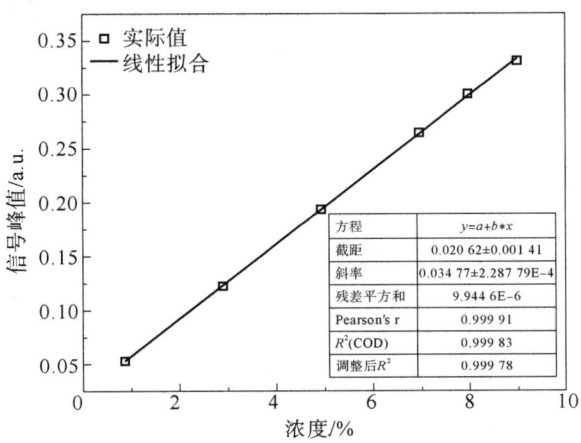

图 4-26　CO_2 浓度反演线性拟合结果

4.3.2　测量相对误差

气体测量相对误差是气体测量准确度的重要指标，一般定义为气体浓度测量值和实际值偏差的绝对值与实际值之比，其公式为

$$\gamma = \frac{\left| C_{测量} - C_{实际} \right|}{C_{实际}} \times 100\% \tag{4-5}$$

对二次谐波信号峰值进行气体浓度反演并求得其相对误差，结果如表 4-1 所示，测得的最大相对误差为 0.80%。

表 4-1　基于 TDLAS 系统的 CO_2 气体浓度测量及反演结果

CO_2 浓度	信号峰值	线性拟合反演浓度	反演相对误差/%
1%	0.055 3	0.997 7	0.23
3%	0.124 2	2.976 1	0.80
5%	0.194 9	5.008 3	0.17
7%	0.265 0	7.023 3	0.33
8%	0.300 6	8.045 4	0.57
9%	0.331 3	8.928 7	0.79

4.3.3　检测限

为测量系统检测限，测得浓度为 1% 的 CO_2 二次谐波信号，如图 4-27 所示。根据二次谐波信号峰值均值（SV = 0.055 3 V）和无吸收处的标准差（SD = 0.000 8 V）之比，计算出该系统二次谐波信噪比（SNR）[89] 约为 69.125 0，检测限[90] 计算公式为

$$D = 3Q \times N/I = 3Q/\text{SNR} \qquad (4\text{-}6)$$

其中，Q 为测量系统进样量；N 为测量过程中的噪声；I 为信号响应值；I/N 为该进样量下的信噪比 SNR。利用以上公式对气体浓度为 1% 时系统的检测限进行估算，其中进样量即气体浓度 = 1%，此时系统信噪比 SNR = 69.125 0，可获得系统检测限为 $D = 3 \times 1\%/69.125 = 0.043\ 4\%$。

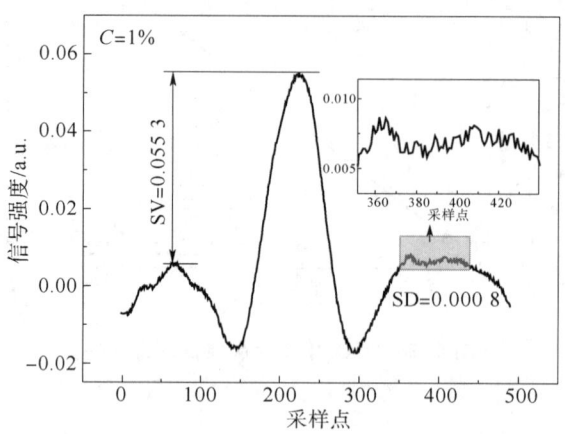

图 4-27　浓度为 1% 的 CO_2 二次谐波信号

4.3.4　系统重复性测量

系统重复性是指在相同测量条件下，对同一被测对象连续多次测量所得结果之间的偏差[91]。重复性需满足以下条件：相同的操作者、地点、仪器、被测对象以及操作流程；在尽量短的时间内完成重复测量。重复性是衡量测量结果稳定性的重要指标，可以用所得数据的标准偏差和平均值来表示，一般要求重复性小于 10%。重复性标准差的计算方法如下：

$$\sigma = \sqrt{\frac{\sum_{i=1}^{n}(x_i - \bar{x})^2}{n-1}} \qquad (4\text{-}7)$$

测量重复性为

$$\delta = \frac{\sigma}{\bar{x}} \times 100\% \qquad (4\text{-}8)$$

其中，n 为重复测量次数（一般 $n \geq 10$）；x_i 为每次测量的结果；$\bar{x}$ 为多次测量的平均值。

基于 TDLAS 气体监测系统，在常温常压下对浓度为 1% 的 CO_2 进行连续 10 次重复测量，并将测量光谱峰值数据记录在表 4-2 中。

表 4-2　浓度为 1% 的 CO_2 光谱峰值重复性测量数据

测量次数	1	2	3	4	5	6	7	8	9	10
n	0.055 1	0.054 7	0.056 2	0.054 3	0.055 8	0.056 5	0.057 1	0.053 9	0.054 5	0.055 9

根据上述公式计算测量数据，可得 CO$_2$ 浓度测量标准差为 0.105 4%，测量重复性为 1.902 7%，可以看出系统具有较好的重复性，可以满足测量需要。

4.3.5　误差与测量不确定度评定

测量结果实际上是一个近似于实际值的结果，实验测量过程中由于受到各种因素的影响，会存在一定的误差，测量不确定度可以表示近似值的误差范围。不确定度越小，系统的测量值就越接近实际值。

实验中测量不确定度的来源有以下几个方面：

（1）标准气体稀释产生的不确定度；

（2）激光控制器引入的不确定度；

（3）光电探测器引入的不确定度；

（4）数字锁相放大器引入的不确定度；

（5）数据示波器引入的不确定度；

（6）测量重复性引起的不确定度。

TDLAS 系统误差与测量不确定度评定总结如表 4-3 所示。前 5 个主要为系统自身具有的不确定度，属于 B 类不确定度，测量重复性引起的不确定度为 A 类不确定度。它们之间彼此独立，则合成不确定度为 $u_c = \sqrt{u_1^2 + u_2^2 + u_3^2 + u_4^2 + u_5^2 + u_6^2} = 0.3131$。

表 4-3　TDLAS 系统误差与测量不确定度评定总结

测量不确定度	不确定度来源		所选分布/公式	允许偏差/实验标准差	不确定度大小（%）	
B 类	标准气体稀释	出厂前 N$_2$ 生产偏差	均匀分布	0.100 0%	0.057 7	0.173 1
		出厂前 CO$_2$ 生产偏差		0.100 0%	0.057 7	
		流量计 1		0.100 0 L/min	0.057 7	
		流量计 2		0.010 0 L/min	0.005 8	
	激光控制器	电流驱动模块		0.200 0%	0.115 5	0.125 1
		温度驱动模块		0.170 0%	0.098 1	
	光电探测器			0.350 0%	0.202 1	0.202 1
	数字锁相放大器			0.200 0%	0.115 5	0.115 5
	数字示波器	测量幅度误差		0.454 9 V	0.262 6	0.262 8
		分辨率		0.023 2 V	0.013 4	
A 类	测量重复性		贝塞尔公式	0.105 4%	0.033 3	0.033 3

选取 $p = 95\%$，$v = 8$，查表得到包含因子 $k_p = 2.31$，则扩展不确定度为 $U_p = 2.31 \times u_c = 0.7233\%$。经系统不确定度分析可以看出，B 类不确定度评定中，u_4 数字锁相放大器引起的不确定度最小，u_5 数字示波器引起的不确定度最大，因此，减小 u_5 可显著减小系统整体的不确定度。

4.4 本章小结

本章首先基于 MATLAB 2018 中的动态仿真工具，采用层次化结构建立了 TDLAS 仿真模型，其由激光器输出仿真、气体吸收过程仿真、谐波信号提取仿真模块组成，TDLAS 仿真系统模型的相关参数均通过以温度、压强为变量的公式进行建模，不仅可对不同种类的气体进行虚拟监测，而且可以观察不同浓度、温度、压强及调制参数对气体吸收曲线的影响情况，可以避免实验过程的重复性，具有很强的通用性，达到了理论模拟指导实验的目的。基于搭建的 TDLAS 气体检测系统与仿真共同确定激光器最佳调制参数，根据选择的最佳调制参数对不同浓度的 CO_2 气体吸收谱线进行测量并进行气体浓度反演。最后通过拟合系数、相对误差、测量重复性以及检测限对模型进行评价，并对实验系统的噪声来源进行分析。

第 5 章

基于多波段加权组合模型的气体浓度测量研究

当气体浓度检测中存在吸收谱线相互干扰的现象时，会导致检测结果不准确，影响定量分析模型的预测精度。本章采用多波段加权组合预测方法，提出了基于 R^2 和 RMSE 的权重系数确定方法，对 CO_2 和 CH_4 的浓度进行了测量研究。

5.1 多波段加权组合预测方法

5.1.1 加权组合预测原理

通常在气体浓度检测过程中，针对测量结果会采用多种方法建立模型进行预测，并对比分析每个方法得出模型的预测效果。组合思想的原理是利用某种方法将多个单一模型建立联系，将每个单一模型的优点组合起来[92]。组合预测模型与单一模型相比，能提高预测精度、抗干扰性和稳定性。

常见的组合方法是权重系数加权组合方法，其基本原理是针对同一测量结果，建立 $n(n \geqslant 2)$ 个单一模型分别进行预测，假设第 i 个单一模型的预测结果为 Y_i，则加权组合模型 Z 为

$$Z = w_1 Y_1 + w_2 Y_2 + \cdots + w_i Y_i = \sum_{i=1}^{n} w_i Y_i \tag{5-1}$$

其中，w_i 为第 i 个模型的权重系数。权重系数满足归一化条件，即

$$\sum_{i=1}^{n} w_i = 1 \tag{5-2}$$

5.1.2 权重系数确定方法

权重系数是加权组合模型中的一个重要参数，代表了单一模型在组合模型中的相对重要程度[93]。权重越大，则说明该单一模型的重要性越高，对组合模型的影响就越大。加权组合模型最重要的一步就是确定各单一模型权重系数，不同的权重确定方法构成了不同的组合模型，也会得到不同的预测效果。确定权重系数的方法多种多样，每种方法都有各自的特点，具体采用哪种方式效果最好，需要用预测结果来证明。

下面介绍几种常见的加权方式。

1. 均值计算法

均值计算法的组合预测模型的预测结果等于 n 个单一模型预测值的算术平均值，计算

公式如下：

$$Z = \frac{1}{n}\sum_{i=1}^{n} y_i (i = 1, 2, \cdots, n) \qquad (5-3)$$

2. 基于决定系数（R^2）的赋权方法

通过 n 个单一模型的决定系数 R^2 确定组合模型的权重系数。该方法的基本原理是如果单一模型的决定系数 R^2 越大，则在组合模型中的权重系数越大，计算公式如下：

$$w_i = \frac{R_i^2}{\sum_{i}^{n} R_i^2} (i = 1, 2, \cdots, n) \qquad (5-4)$$

3. 基于均方根误差（RMSE）的赋权方法

通过 n 个单一模型的均方根误差以求得组合模型的权重系数。该方法的基本原理是模型的均方根误差越小，则在组合模型中的权重系数越大，计算公式如下：

$$w_i = \frac{1}{\mathrm{RMSE}_i \times \sum_{i=1}^{n} \frac{1}{\mathrm{RMSE}_i}} (i = 1, 2, \cdots, n) \qquad (5-5)$$

均值计算法原理较简单，对每一个单一模型同等对待，赋予相同的权重系数，这种方法可以保持模型的稳定性，但对于本章研究的气体测量模型不太适用。因此，采用基于 R^2 和 RMSE 的赋权方式建立加权组合模型。

5.1.3　组合模型评价指标

各个模型建立之后，模型的预测效果需要由评价指标进行评价。本节以决定系数 R^2、均方根误差 RMSE、误差平方和 SSE 为评价指标对各模型进行评估。

1. 决定系数 R^2

决定系数也称为拟合系数、拟合优度。决定系数越大，测量数据在回归直线附近越密集。R^2 越接近于 1，表明这个模型对数据的拟合也越好；越接近于 0，表明模型拟合的越差。公式如下：

$$R^2 = \frac{\mathrm{SSR}}{\mathrm{SST}} = 1 - \frac{\mathrm{SSE}}{\mathrm{SST}} \qquad (5-6)$$

总平方和 SST：
$$\mathrm{SST} = \sum_{i=1}^{n} (y_i - \bar{y})^2$$

回归平方和 SSR：
$$\mathrm{SSR} = \sum_{i=1}^{n} (\hat{y}_i - \bar{y})^2$$

误差平方和 SSE：
$$\mathrm{SSE} = \sum_{i=1}^{n} (y_i - \hat{y}_i)^2$$

2. 均方根误差 RMSE

均方根误差又叫标准误差，它是预测值与实际值偏差的平方和与样本数比值的平方根，计算公式如下：

$$\mathrm{RMSE} = \sqrt{\frac{1}{n}\sum_{i=1}^{n} (y_i - \hat{y}_i)^2} \qquad (5-7)$$

其中，n 为样本数；y_i 为第 i 个实际值；$\hat{y}_i$ 为第 i 个预测值。

3. 误差平方和 SSE

误差平方和反映每个数据各观测值的离散程度，计算公式如下：

$$SSE = \sum_{i=1}^{n} (y_i - \hat{y}_i)^2 \tag{5-8}$$

其中，n 为样本数；y_i 为第 i 个实际值；$\hat{y}_i$ 为第 i 个预测值。

5.2　气体谱线的选择及分析

待测气体的吸收谱线一般选择谱线强度较大的位置，选择高的谱线强度可以提高信噪比，降低检测限。同时，在对待测气体进行测量时，其他干扰气体会对测量结果造成影响，因此需要考虑待测气体吸收谱线附近是否存在干扰问题。本节选用的超连续谱激光器型号是 SC400-4，它的光谱为 400~2 400 nm，LLTF 滤波器滤波后的波长为 1 000~1 700 nm，因此选择近红外波段 1 000~1 700 nm 对 CO_2 和 CH_4 的吸收光谱进行研究。

图 5-1 所示是在 1 000~1 700 nm 波段不同气体吸收谱线强度。从图中可以看出，CO_2 谱线强度较强的波段是 1 420~1 450 nm、1 560~1 590 nm、1 590~1 620 nm，CH_4 谱线强度较强的波段是 1 300~1 350 nm 和 1 600~1 700 nm。为避免其他气体的较强吸收谱线对 CO_2 和 CH_4 产生干扰，分别选取 1 425~1 443 nm、1 565~1 587 nm、1 595~1 616 nm 三个波段对 CO_2 进行多波段浓度测量研究，选取 1 319~1 339 nm、1 656~1 676 nm 两个波段对 CH_4 气体进行双波段浓度测量研究。

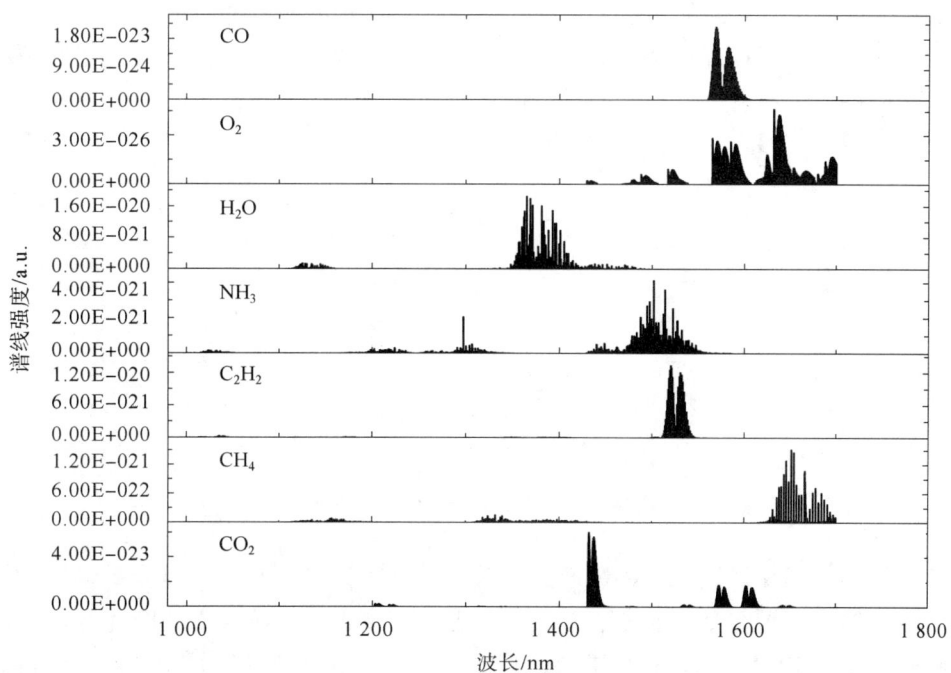

图 5-1　在 1 000~1 700 nm 波段不同气体吸收谱线强度

5.3 基于多波段加权组合模型的 CO_2 浓度测量研究

基于 SCLAS 技术的检测系统对待测气体进行测量，其原理如图 5-2 所示。实验在室温 298 K、压力 1 atm 的条件下进行，为提高光谱检测系统的灵敏度，气体吸收池选用怀特池结构，通过特殊结构的光学镜片使入射激光在样品池中多次反射增加光程，从而达到气体循环吸收的目的。

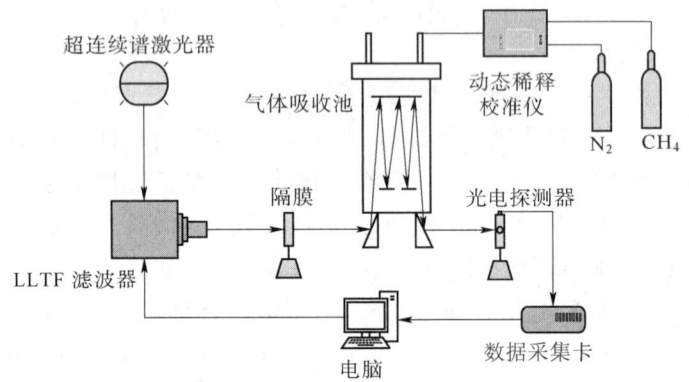

图 5-2　基于 SCLAS 技术的检测系统原理

怀特池包括 3 个球面凹面镜，且它们的曲率半径相同，M1 和 M2、M3 之间的距离等于其曲率半径。图 5-3 为激光在怀特池中反射路径。轻微地旋转调整 M2、M3，可以增加反射的次数，反射次数是 4 的倍数。怀特池的优点是结构简单，通过改变反射次数即可达到调整光程的目的，并且有较高的数值孔径。实验前应调整光路，保证激光能够顺利地从吸收池入射口进入、出射口射出，通过轻微地旋转调整 M2、M3，激光在吸收池中可来回多次反射，产生 21 个光点，光程达到 26.4 m。

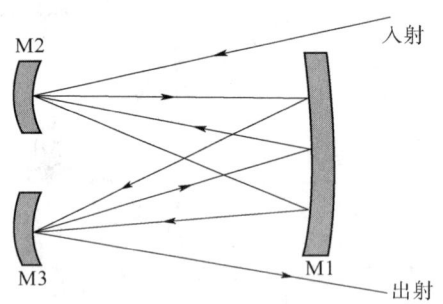

图 5-3　激光在怀特池中反射路径

实验中所用的高纯氮气既做稀释剂，又做背景气体，选择氮气是因为氮气是大气中含量最丰富的气体，而且在测量的光谱区域内几乎没有吸收。先通入高纯度的氮气采集背景信号，将 CO_2 和 N_2 通入动态稀释校准仪，配制所需浓度的待测气体并将其通入怀特型长光程吸收池中，由超连续谱激光器产生激光，经 LLTF 滤波器滤波。通过计算机设置其扫描的波长为 1 425～1 443 nm、1 565～1 587 nm、1 595～1 616 nm，激光通过光阑滤除杂光后从入射口进入吸收池，经过气体吸收后出射至光电探测器，光电探测器将接收的光信号转化为电信号并传输到数据采集卡，采集到的数据显示在计算机上。当吸收池内气体浓度稳定后开始采集吸收信号，每进行一个浓度的测量都要用氮气对吸收池吹扫，再通入下一浓度的气体，以保证测量的准确性。实验采集到浓度分别为 4.9%、5.4%、6.0%、6.4%、6.8%、7.4%、8.0%、8.4%、8.9%、9.5%、9.9% 的 CO_2 信号强度 I_t 与纯氮气背景信号强度 I_0，计算得到不同浓度的吸光度。

5.3.1　单一模型的建立

实验中对不同浓度的 CO_2 光谱数据进行 10 次测量并求得平均值，将得到的光谱信号进行平滑滤波处理。图 5-4（a）、（b）、（c）显示了在三个波段 1 425～1 443 nm、1 565～1 587 nm、1 595～1 616 nm 不同浓度 CO_2 的吸光度。实验结果显示，三个波段吸收峰位置分别为 1 431.86 nm、1 572.34 nm、1 602.54 nm。当浓度为 4.9%～9.9%，随着气体浓度的增加，CO_2 吸光度曲线峰值逐渐增加。

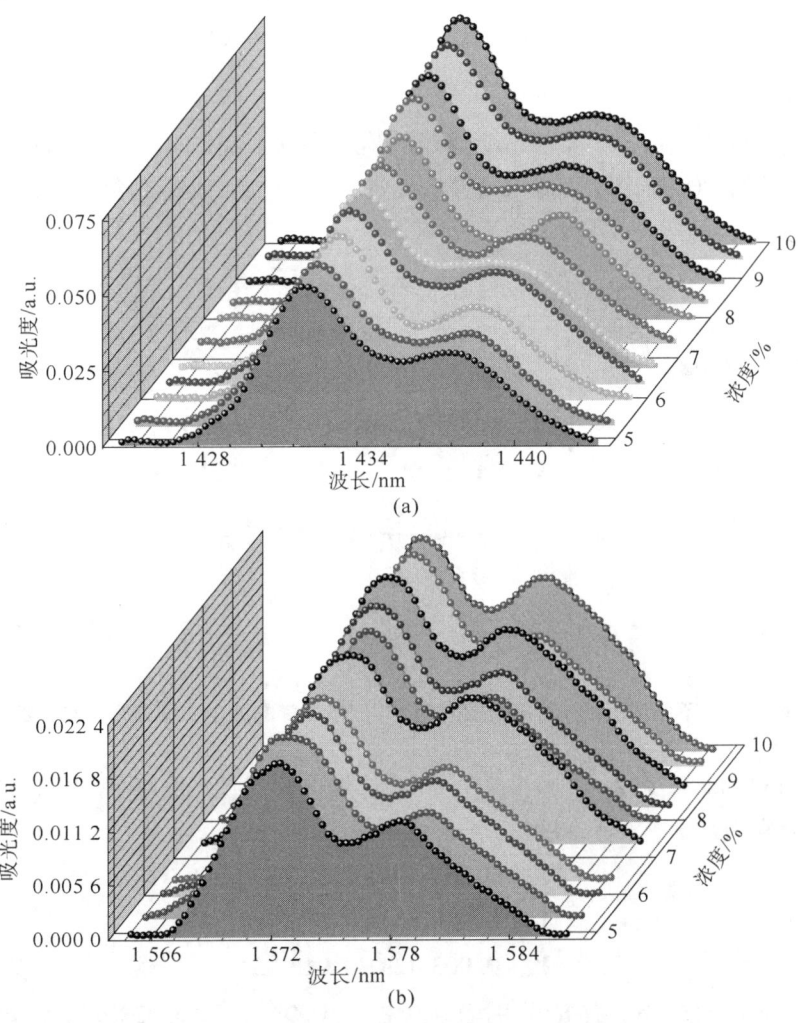

图 5-4　不同波段、不同浓度 CO_2 的吸光度

（a）1 425～1 443 nm；（b）1 565～1 587 nm

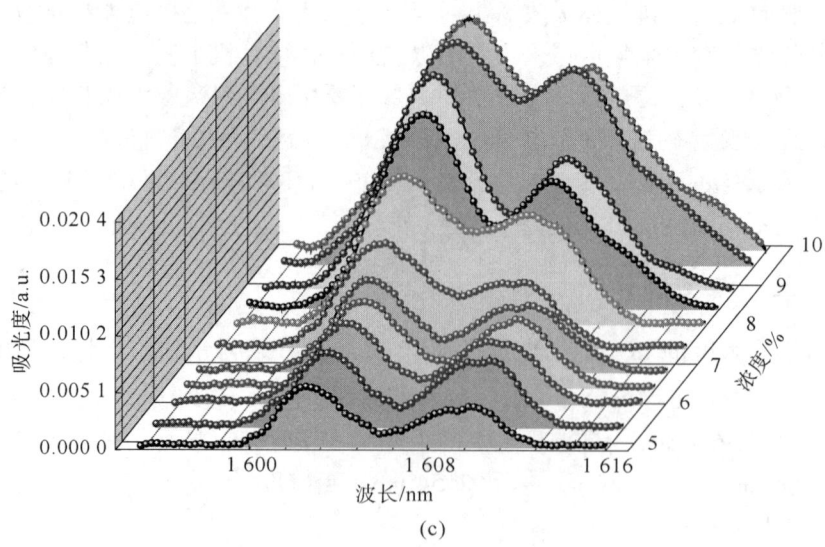

图 5-4 不同波段、不同浓度 CO_2 的吸光度（续）

（c）1 595~1 616 nm

从图 5-4 中可以看出，三个波段吸光度峰值分别在 1 432 nm、1 572 nm、1 603 nm 附近，将不同浓度的 CO_2 吸光度峰值与气体浓度进行最小二乘线性拟合，拟合曲线如图 5-5 所示。

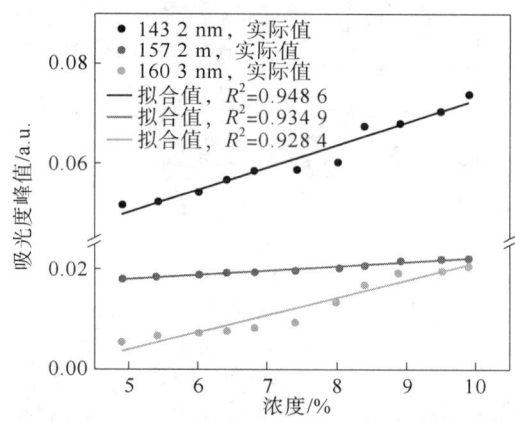

图 5-5 不同浓度的 CO_2 吸光度峰值与气体浓度的最小二乘线性拟合曲线

CO_2 在 1 432 nm、1 572 nm 和 1 603 nm 波长处得到的吸光度峰值和气体浓度拟合函数 Y_1、Y_2 和 Y_3 分别为

$$Y_1 = 0.004\ 50X + 0.027\ 81 \tag{5-9}$$

$$Y_2 = 0.000\ 86X + 0.013\ 79 \tag{5-10}$$

$$Y_3 = 0.003\ 42X - 0.013\ 13 \tag{5-11}$$

其中，Y_1、Y_2 和 Y_3 的拟合系数 R^2 分别为 0.948 6、0.934 9 和 0.928 4。从拟合系数来看，在 CO_2 气体测量实验研究中，拟合系数 R^2 均达到 0.9 以上，表明浓度与吸光度峰值具有良

好的线性关系。在实验或现场测量环境中，应用建立的分析数据模型，通过将浓度未知的气体吸光度代入测量模型中，得到确切的气体浓度值的大小。

为了验证实验得到的 CO_2 吸光度和浓度的测量模型，将吸光度峰值进行浓度反演，结果如表 5-1 所示。测量的准确性用相对偏差来表示，相对偏差 ΔC 为测量浓度反演值与实际值的差占实际值的百分比：

$$\Delta C = \frac{|C_1 - C_2|}{C_2} \times 100\% \tag{5-12}$$

从表 5-1 中可以看出，CO_2 气体浓度反演结果在 1 432 nm 波长处相对偏差最大为 9.80%，在 1 572 nm 波长处 CO_2 检测的浓度相对偏差最大为 9.89%，在 1 603 nm 波长处 CO_2 检测的浓度相对偏差最大为 11.05%。分析其原因是在 1 432 nm 波长处的谱线强度更强，由谱线的选取原则和实验结果可知，谱线强度较强的位置，信噪比更高，精度也更高。

表 5-1　CO_2 在三个波段峰值处浓度反演结果

气体浓度 /%	1 432 nm 处吸光度峰值	反演浓度 /%	相对偏差 /%	1 572 nm 处吸光度峰值	反演浓度 /%	相对偏差 /%	1 603 nm 处吸光度峰值	反演浓度 /%	相对偏差 %
4.9	0.051 81	5.333	8.84	0.018 12	5.059	3.24	0.005 41	5.421	10.63
5.4	0.052 48	5.482	1.52	0.018 33	5.889	9.06	0.006 65	5.784	7.11
6.0	0.053 94	5.807	3.22	0.019 06	6.157	2.62	0.007 15	5.930	1.17
6.4	0.056 85	6.453	0.83	0.019 11	6.216	2.88	0.007 71	6.094	4.78
6.8	0.058 53	6.827	0.40	0.019 33	6.473	4.81	0.008 22	6.243	8.19
7.4	0.058 64	6.851	7.42	0.019 67	6.870	7.16	0.009 38	6.582	11.05
8.0	0.060 28	7.216	9.80	0.019 96	7.209	9.89	0.013 22	7.705	3.69
8.4	0.067 54	8.829	5.11	0.020 94	8.354	0.55	0.017 34	8.909	6.06
8.9	0.068 30	8.998	1.10	0.022 03	9.628	8.18	0.019 11	9.427	5.92
9.5	0.070 40	9.464	0.38	0.022 15	9.768	2.82	0.019 89	9.655	1.63
9.9	0.074 17	10.302	4.06	0.022 29	9.931	0.31	0.020 56	9.851	0.49

5.3.2　加权组合模型的建立

为了提高模型的准确性和抗干扰性，选择三个不同的波段进行多模型组合预测分析。采用的组合预测法是对多个单一模型进行组合，得到比单一模型准确度更高、稳定性更好的组合模型，并且在建立组合模型过程中，并不是参与组合的单一模型越多越好，选择存在干扰气体较多的模型作为单一模型才可有效提高组合模型的性能，因此在组合前需要对单一模型进行选择。

针对 CO_2 在 1 425～1 443 nm、1 565～1 587 nm、1 595～1 616 nm 波段建立的单一模型，

采用权重系数分配方法对三个单一波段模型进行权重计算，实现了多波段加权组合预测。通过单一模型的拟合系数 R^2 以及均方根误差 RMSE 对三个模型分别进行了权重分配，R^2 越大，RMSE 越小，则模型所占的权重越大。通过对三个单一模型加权组合得到一个新的浓度反演模型，以此降低预测误差，提高数据反演精度。

1. 基于 R^2 确定权重

通过三个模型的拟合系数 R^2 确定组合模型的权重系数。模型的拟合系数 R^2 越大，则在组合模型中的权重系数越大。根据公式得出三个模型的权重系数 w_1、w_2、w_3 分别为 0.337 3、0.332 5、0.330 2，建立的组合模型为

$$Z_1 = \sum_i^n Y_i w_i (i = 1, 2, 3, \cdots) = 0.337\ 3Y_1 + 0.332\ 5Y_2 + 0.330\ 2Y_3$$

2. 基于 RMSE 确定权重

通过三个模型的均方根误差求得组合模型的权重系数。模型的均方根误差越小，则在组合模型中的权重越大。根据公式计算出三个模型的权重系数分别为 0.148 3、0.688 2、0.163 5，建立的组合模型为

$$Z_2 = \sum_i^n Y_i w_i (i = 1, 2, 3, \cdots) = 0.148\ 3Y_1 + 0.688\ 2Y_2 + 0.163\ 5Y_3$$

通过上述加权方法得到的两个加权组合模型拟合结果为

$$Z_1 = 0.002\ 93X + 0.009\ 63 \tag{5-13}$$
$$Z_2 = 0.001\ 82X + 0.011\ 47 \tag{5-14}$$

为了验证得到的组合模型预测效果，对其进行浓度反演，反演结果如表 5-2 所示。从表中可以看出，模型 Z_1 浓度反演的最大相对偏差为 10.16%，模型 Z_2 浓度反演的最大相对偏差为 8.69%，模型 Z_2 的最大相对偏差比单一模型有所降低。

表 5-2 组合模型浓度反演结果

气体浓度/%	模型 Z_1 反演浓度/%	相对偏差/%	模型 Z_2 反演浓度/%	相对偏差/%
4.9	5.398	10.16	5.257	7.29
5.4	5.696	5.48	5.692	5.41
6.0	5.946	0.90	5.943	0.95
6.4	6.350	0.78	6.249	2.36
6.8	6.626	2.56	6.515	4.19
7.4	6.808	8.00	6.757	8.69
8.0	7.422	7.23	7.345	8.19
8.4	8.874	5.64	8.677	3.30
8.9	9.284	4.31	9.310	4.61
9.5	9.627	1.34	9.597	1.02
9.9	10.153	2.56	10.017	1.18

5.3.3　不同模型预测效果对比

通过数据处理得到单一模型与组合模型预测性能评价如表 5-3 所示。

表 5-3　单一模型与组合模型预测性能评价

模型	浓度反演模型	R^2	RMSE	SSE
1 425~1 443 nm	$Y_1 = 0.004\ 50X + 0.027\ 81$	0.948 6	0.001 842	$3.050\ 4 \times 10^{-5}$
1 565~1 587 nm	$Y_2 = 0.000\ 86X + 0.013\ 79$	0.934 9	0.000 397	$1.421\ 0 \times 10^{-6}$
1 595~1 616 nm	$Y_3 = 0.003\ 42X - 0.013\ 13$	0.928 4	0.001 671	$2.511\ 4 \times 10^{-5}$
组合模型 1	$Z_1 = 0.002\ 93X + 0.009\ 63$	0.951 2	0.001 167	$1.225\ 8 \times 10^{-5}$
组合模型 2	$Z_2 = 0.001\ 82X + 0.011\ 47$	0.951 0	0.000 725	$4.723\ 6 \times 10^{-6}$

经过对比分析可以发现,基于 R^2 以及 RMSE 得到的加权组合模型与单一模型相比,拟合系数 R^2 有所提高,均方根误差 RMSE 与误差平方和 SSE 都比单一模型小,因此可得出,组合模型比单一模型拟合效果好,可有效提升气体测量精度。从两种组合模型对比来看,两种模型的 R^2 差别不大,但是对比 RMSE 和 SSE,组合模型 Z_2 的效果更好。综上所述,组合模型的预测效果优于其他单一模型,并且基于 RMSE 确定权重方法的加权组合模型效果更好。

5.4　基于双波段加权组合模型的 CH_4 浓度测量研究

所有的实验过程均在常温常压环境下进行,通过动态稀释校准仪控制标准气的流量,采用高纯氮气进行稀释,分别配制不同组合浓度的待测气体。将高纯氮气持续通入气体吸收池,以较大的流速对气室进行吹扫,目的在于排除气体吸收池的空气和杂质气体。实验过程同 5.3 节相同,通过计算机控制其输出的波长为 1 319~1 339 nm、1 656~1 676 nm,配比出浓度为 0.060%~0.100%、间隔为 0.005% 的 CH_4,然后开展测量实验。

5.4.1　单一模型的建立

图 5-6 是不同波段、不同浓度下经过扣除背景噪声并进行平滑滤波后 CH_4 的吸光度。实验结果显示,两个波段吸收峰位置分别位于 1 332 nm 和 1 666 nm 附近,与 HITRAN 数据库结果一致。随着 0.060%~0.100% 浓度的不断提高,光谱信号强度也随之增加。

图 5-7 是不同浓度的 CH_4 吸光度峰值与气体浓度的最小二乘线性拟合曲线,在 1 332 nm、1 666 nm 波长处得到的吸光度峰值和气体浓度拟合函数 Y_1 和 Y_2 分别为

$$Y_1 = 0.067\ 92X - 0.001\ 19 \tag{5-15}$$

$$Y_2 = 0.256\ 66X - 0.001\ 46 \tag{5-16}$$

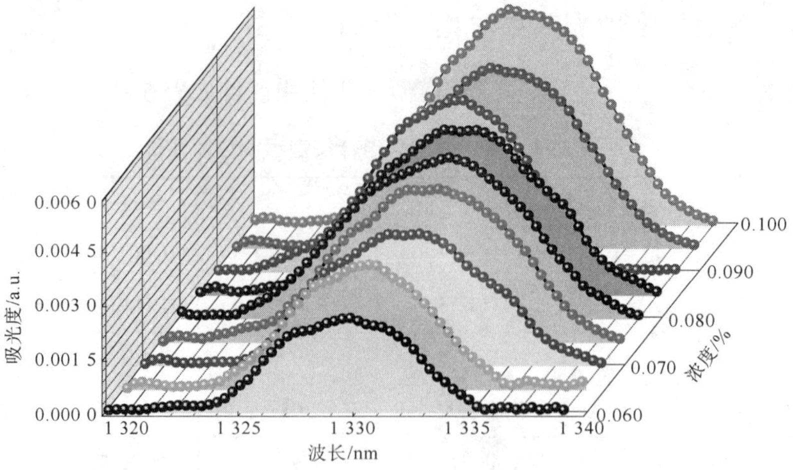

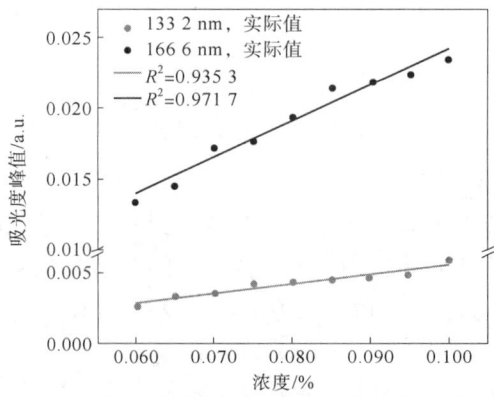

(a)

(b)

图 5-6 不同波段、不同浓度 CH_4的吸光度

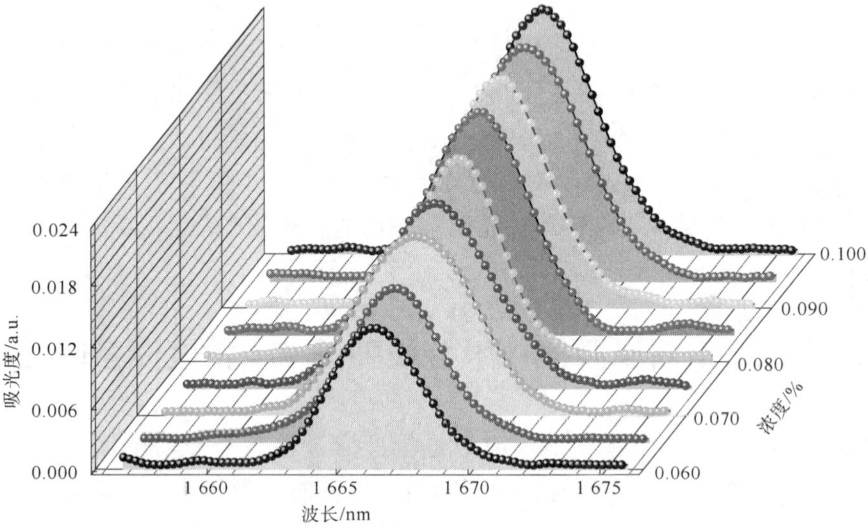

（a）1 319~1 339 nm；（b）1 656~1 676 nm

图 5-7 不同浓度的 CH_4 吸光度峰值与气体浓度的最小二乘线性拟合曲线

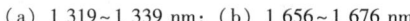

从拟合结果来看，当浓度为 0.060% ~ 0.100% 时，吸光度峰值与浓度呈线性关系，与 Lambert-Beer 定律相符。Y_1 和 Y_2 的拟合系数 R^2 分别为 0.935 3 和 0.971 7。从拟合系数来看，在 CH_4 浓度测量实验研究中，拟合系数 R^2 也均达到 0.9 以上，表明浓度与吸光度峰值具有很好的线性关系。在实验或现场测量环境中，应用建立的分析数据模型，通过将浓度未知的气体吸光度代入测量模型中，就可以得到确切的气体浓度值的大小。为了验证实验得到的 CH_4 吸光度峰值和浓度的测量模型，将吸光度峰值进行浓度反演，结果如表 5-4 所示。

表 5-4　CH_4 在两个波段峰值处浓度反演结果

浓度/%	模型 Y_1 反演浓度/%	相对偏差/%	模型 Y_2 反演浓度/%	相对偏差/%
0.060	0.055 4	7.67	0.058 0	3.33
0.065	0.067 6	4.00	0.062 8	3.38
0.070	0.070 4	0.57	0.072 3	3.29
0.075	0.079 1	5.47	0.074 8	0.27
0.080	0.082 2	2.75	0.081 5	1.88
0.085	0.084 1	1.06	0.089 0	4.71
0.090	0.086 6	3.78	0.091 0	1.11
0.095	0.090 0	5.26	0.093 0	2.11
0.100	0.104 2	4.20	0.097 4	2.60

从表 5-4 中可以看出，CH_4 气体浓度反演结果在 1 332 nm 波长处检测的浓度相对偏差最大为 7.67%，在 1 666 nm 波长处 CH_4 检测的浓度相对偏差最大为 4.71%。

5.4.2　加权组合模型的建立

针对 CH_4 在 1 319 ~ 1 339 nm 和 1 656 ~ 1 676 nm 波段建立的单一模型，采用权重系数分配方法对两个单一模型进行权重计算，实现了双波段加权组合模型的建立。

1. 基于 R^2 确定权重

通过两个单一波段模型的拟合系数 R^2 确定组合模型的权重系数。根据公式得出两个模型的权重系数 w_1、w_2 分别为 0.490 5、0.509 5，建立的组合模型为

$$Z_1 = \sum_i^n Y_i w_i (i = 1, 2, 3, \cdots) = 0.490\ 5Y_1 + 0.509\ 5Y_2$$

2. 基于 RMSE 确定权重

通过两个模型的均方根误差 RMSE 以求得组合模型的权重系数。根据公式计算出两个模型的权重系数分别为 0.721 3、0.278 7，建立的组合模型为

$$Z_2 = \sum_i^n Y_i w_i (i = 1, 2, 3, \cdots) = 0.721\ 3Y_1 + 0.278\ 7Y_2$$

两个加权组合模型拟合结果为

$$Z_1 = 0.164\ 14X - 0.001\ 34 \tag{5-17}$$
$$Z_2 = 0.120\ 56X - 0.001\ 27 \tag{5-18}$$

为了验证得到的组合模型预测效果，对其进行浓度反演，反演结果如表 5-5 所示。从表中可以看出，模型 Z_1 浓度反演的最大相对偏差为 4.17%，模型 Z_2 浓度反演的最大相对偏差为 5.17%，两个组合模型的最大相对偏差都比单一模型有所降低。研究结果表明，采用双波段加权组合模型方法在 CH_4 浓度检测方面具有较好的预测效果。

表 5-5 组合模型浓度反演结果

浓度/%	模型 Z_1 反演浓度/%	相对偏差/%	模型 Z_2 反演浓度/%	相对偏差/%
0.060	0.057 5	4.17	0.056 9	5.17
0.065	0.063 8	1.85	0.064 8	0.31
0.070	0.072 0	2.86	0.071 5	2.14
0.075	0.075 8	1.07	0.076 6	2.13
0.080	0.081 7	2.13	0.081 8	2.25
0.085	0.088 0	3.53	0.087 0	2.35
0.090	0.090 2	0.22	0.089 2	0.89
0.095	0.092 5	2.63	0.091 8	3.37
0.100	0.098 9	1.10	0.100 2	0.20

5.4.3 不同模型预测效果对比

通过数据处理得到单一模型与组合模型预测性能评价如表 5-6 所示。经过对比分析可以发现，利用 R^2 以及 RMSE 得到的加权组合模型与单一模型相比，拟合系数 R^2 有所提高，因此组合模型比单一模型拟合效果好，可有效提升气体测量精度。从两种组合模型对比来看，两种模型的 R^2 差别不大，但是对比 RMSE 和 SSE，组合模型 Z_2 的效果更好。综上所述，组合模型的预测效果优于其他单一模型，并且基于 RMSE 确定权重方法的加权组合模型效果更好。

表 5-6 单一模型与组合模型预测性能评价

模型	浓度反演模型	R^2	RMSE	SSE
1 319~1 339 nm	$Y_1 = 0.067\ 92X - 0.001\ 19$	0.935 3	$2.614\ 7 \times 10^{-4}$	$4.785\ 6 \times 10^{-7}$
1 656~1 676 nm	$Y_2 = 0.256\ 66X - 0.001\ 46$	0.971 7	$6.406\ 7 \times 10^{-4}$	$3.044\ 4 \times 10^{-6}$
组合模型 1	$Z_1 = 0.164\ 14X - 0.001\ 34$	0.979 3	$3.498\ 0 \times 10^{-4}$	$8.565\ 1 \times 10^{-7}$
组合模型 2	$Z_2 = 0.120\ 56X - 0.001\ 27$	0.978 9	$2.591\ 0 \times 10^{-4}$	$4.699\ 1 \times 10^{-7}$

5.5　本章小结

本章介绍了加权组合模型预测理论以及模型的评价指标，利用搭建的实验系统进行浓度测量实验：

（1）基于 SCLAS 技术对 1 425~1 443 nm、1 565~1 587 nm、1 595~1 616 nm 三个波段不同浓度的 CO_2 进行测量，建立浓度与吸光度峰值的单一测量模型，采用多波段加权组合模型预测方法建立组合模型，通过对比得出组合模型预测效果优于单一模型，并且基于 RMSE 确定权重方法的加权组合模型效果更好。

（2）基于 SCLAS 技术对 1 319~1 339 nm、1 656~1 676 nm 两个波段不同浓度的 CH_4 进行测量，建立浓度与吸光度峰值的单一波段模型，采用权重确定方法得到单一波段模型的权重并建立加权组合模型，通过对比得出组合模型预测效果优于单一模型，并且基于 RMSE 确定权重方法的加权组合模型效果更好。

第 6 章

基于偏最小二乘法的加权组合测量研究

本章将多波段加权组合模型与偏最小二乘法（PLS）、移动窗口偏最小二乘法（MW-PLS）结合应用于 CO_2 和 CH_4 浓度测量研究。基于 PLS 和 MWPLS 分别建立单一浓度测量模型，采用加权组合算法建立组合模型，将单一波段建立的 PLS 模型和 MWPLS 模型分别与基于 R^2 建立的组合模型、基于 RMSE 建立的组合模型进行预测性能评价。

6.1 基于偏最小二乘法的 CO_2 加权组合测量研究

6.1.1 全波段光谱 PLS 模型

图 5-4（a）、（b）、（c）显示了在三个波段 1 425~1 443 nm、1 565~1 587 nm、1 595~1 616 nm 不同浓度下 CO_2 的吸光度。本节将采用这三个波段的光谱数据进行后续的分析处理。

1. 单一波段 PLS 模型

将三个波段 CO_2 气体的光谱数据与浓度数据进行偏最小二乘回归建模。计算在 1 425~1 443 nm 波段选取不同因子数时的预测残差平方和 PRESS，根据 PRESS 值的增减趋势确定最佳因子数并建立 PLS 模型。一般情况下，当 PRESS 值最低时，对应的即为最佳因子数。

在 1 425~1 443 nm 波段不同因子数的 PRESS 变化趋势如图 6-1 所示。从图中可以看出，PRESS 在因子数为 0~3 时呈现迅速下降的趋势，在因子数为 4 时有短暂的增加，之后逐渐减小直到趋于平缓。当因子数为 7 时，PRESS 值达到最低，但主成分因子数越大，会导致建立的模型越复杂。根据最佳因子数的选取原则，确定最佳因子数为 3，这样既可以保证建立模型的预测精度，又可以避免模型复杂化。利用偏最小二乘回归建立因子数为 3 时的模型 Y_1，得到的浓度预测效果图和残差图如图 6-2 所示，预测结果如表 6-1 所示。

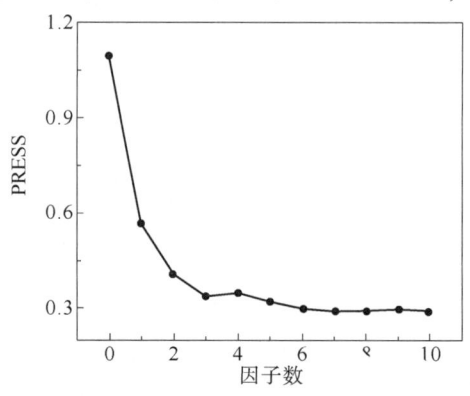

图 6-1 在 1 425~1 443 nm 波段不同因子数的 PRESS 变化趋势

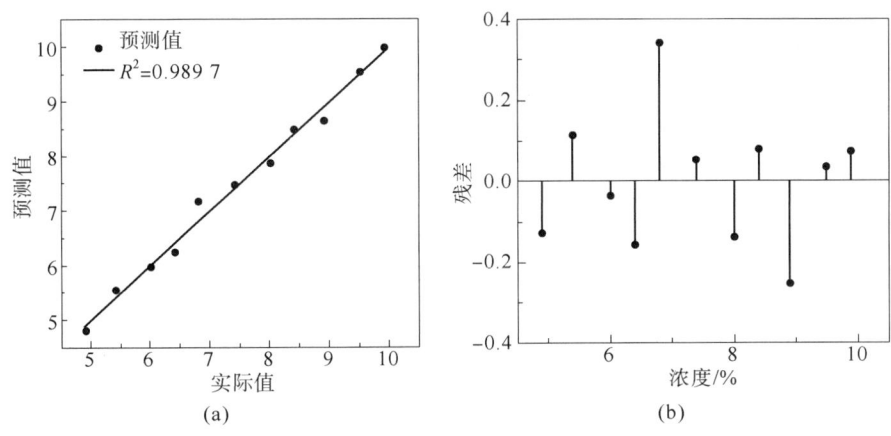

图 6-2　浓度预测效果图和残差图

（a）效果图；（b）残差图

表 6-1　在 1 425~1 443 nm PLS 模型预测结果

算法	因子数	R^2	RMSE	SSE
PLS	3	0.989 7	0.177 4	0.283 29

从图 6-2 的效果图和残差图看，回归模型的 R^2 为 0.989 7，残差最大不超过 0.4；从表 6-1 可以看出，RMSE 为 0.177 4，SSE 为 0.283 29。结果表明，采用偏最小二乘法建立定量模型的预测效果优于基于最小二乘法建立的模型。

计算在 1 565 ~ 1 587 nm 波段选取不同因子数时的预测残差平方和 PRESS，根据 PRESS 值的增减趋势确定最佳因子数并建立 PLS 模型。

在 1 565~1 587 nm 波段不同因子数的 PRESS 变化趋势如图 6-3 所示。从图中可以看出，PRESS 在因子数为 0~3 时呈现迅速下降的趋势，当因子数为 3 时，PRESS 值达到最低，当因子数大于 3 时，PRESS 值开始逐渐增加。根据最佳因子数的选取原则，确定最佳因子数为 3。利用偏最小二乘回归建立因子数为 3 时的模型 Y_2，得到的浓度预测效果图和残差图如图 6-4 所示，预测结果如表 6-2 所示。

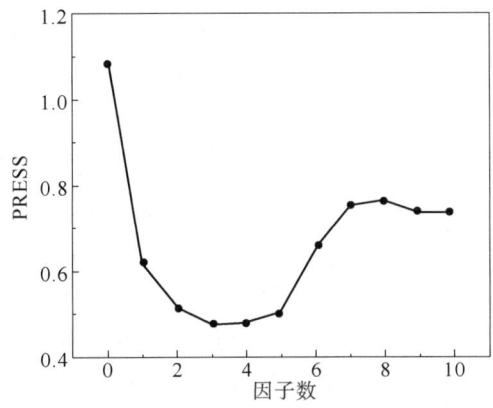

图 6-3　在 1 565~1 587 nm 波段不同因子数的 PRESS 变化趋势

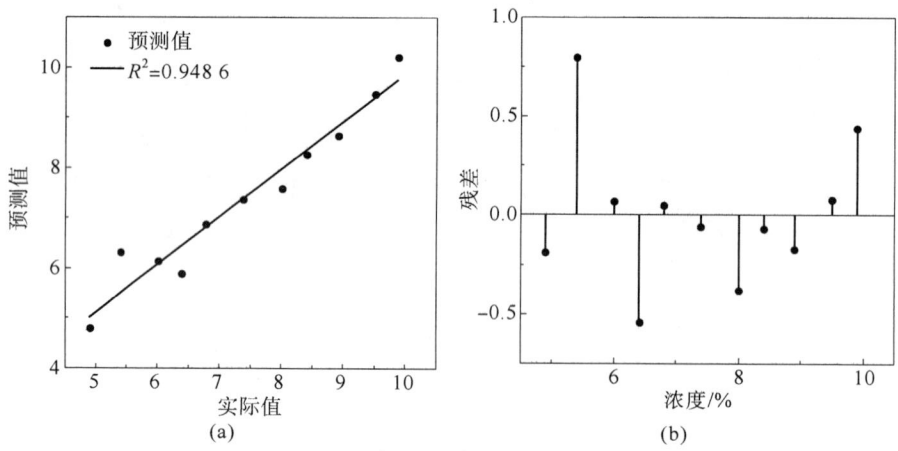

图 6-4　浓度预测效果图和残差图

（a）效果图；（b）残差图

表 6-2　在 1 565~1 587 nm PLS 模型预测结果

算法	因子数	R^2	RMSE	SSE
PLS	3	0.948 6	0.388 3	1.356 98

　　从图 6-4 的效果图和残差图看，回归模型的 R^2 为 0.948 6，残差最大不超过 1.0，可知偏最小二乘回归模型具有较好的回归效果。从表 6-2 可以看出，RMSE 为 0.388 3，SSE 为 1.356 98。结果表明，采用偏最小二乘法建立定量模型的预测效果优于基于最小二乘法建立的模型。

　　计算在 1 595~1 616 nm 波段选取不同因子数时的预测残差平方和 PRESS，根据 PRESS 值的增减趋势确定最佳因子数并建立 PLS 模型。

　　在 1 595~1616 nm 波段不同因子数的 PRESS 变化趋势如图 6-5 所示。从图中可以看出，PRESS 在因子数为 0~2 时呈现迅速下降的趋势，当因子数为 2 时，PRESS 值达到一个局部最低值，当因子数大于等于 3 时，PRESS 值开始呈现先增加后减小的趋势，之后 PRESS 值一直减小，但是为了不让 PLS 模型变得复杂化，选择一个 PRESS 值较低同时也保证选取的主成分因子数较小的位置。根据最佳因子数的选取原则，确定最佳因子数为 2。利用偏最小二乘回归建立因子数为 2 时的模型 Y_3，得到的浓度预测效果图和残差图如图 6-6 所示，预测结果如表 6-3 所示。

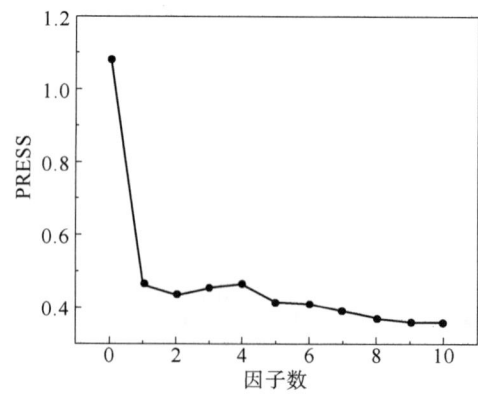

图 6-5　在 1 595~1 616 nm 波段不同因子数的 PRESS 变化趋势

　　从图 6-6 的效果图和残差图看，回归模型的 R^2 为 0.949 7，残差最大为 0.5 左右，可知偏最小二乘回归模型具有较好的回归效果。从

表 6-3 可以看出，RMSE 为 0.384 3，SSE 为 1.329 16。结果表明，采用偏最小二乘法建立定量模型的预测效果优于基于最小二乘法建立的模型。

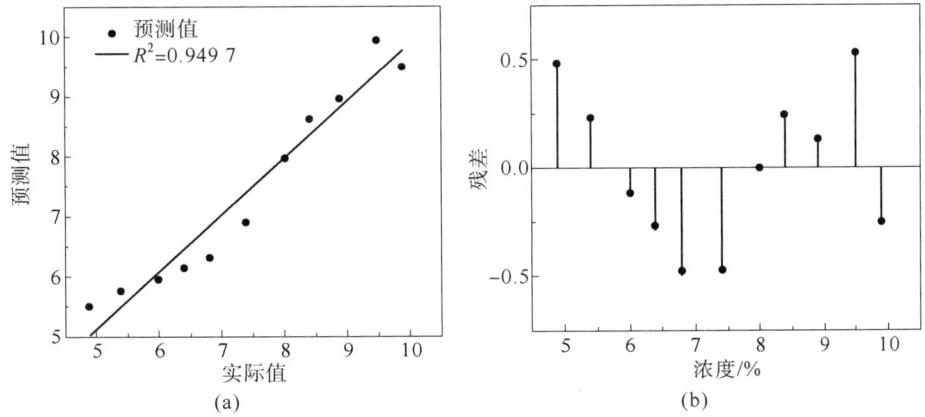

图 6-6 浓度预测效果图和残差图

（a）效果图；（b）残差图

表 6-3 在 1 595~1 616 nm PLS 模型预测结果

算法	因子数	R^2	RMSE	SSE
PLS	2	0.949 7	0.384 3	1.329 16

2. 基于 PLS 的加权组合模型

针对 CO_2 在 1 425~1 443 nm、1 565~1 587 nm、1 595~1 616 nm 波段建立的单一 PLS 模型 Y_1、Y_2 和 Y_3，采用第 5 章提出的权重系数分配方法进行权重计算，实现了多波段加权组合预测。通过建立 PLS 模型的决定系数 R^2 以及均方根误差 RMSE 对三个模型分别进行了权重分配，表 6-4 为权重分配结果。对三个波段建立的 PLS 模型加权组合得到一个新的浓度反演模型，以此减小其他气体的干扰，提高数据反演精度。

表 6-4 权重分配结果

波段/nm	因子数	R^2	基于 R^2 分配权重	RMSE	基于 RMSE 分配权重
1 425~1 443	3	0.989 7	0.342 7	0.177 4	0.521 3
1 565~1 587	3	0.948 6	0.328 5	0.388 3	0.238 1
1 595~1 616	2	0.949 7	0.328 8	0.384 3	0.240 6

建立的组合模型结果如图 6-7 所示，图（a）是基于 R^2 确定权重得到的组合模型 P_1，图（b）是基于 RMSE 确定权重得到的组合模型 P_2。为了验证得到的组合模型预测效果，对其进行误差计算，结果如表 6-5 所示。从表中可以看出，模型 P_1 的最大相对误差为 8.44%，模型 P_2 的最大相对误差为 6.85%，模型 P_2 的最大相对误差比单一模型有所降低。

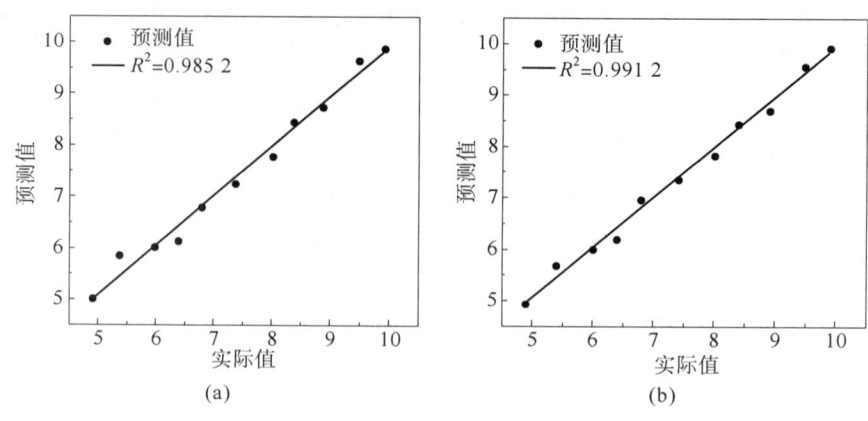

图 6-7　组合模型结果

（a）组合模型 P_1；（b）组合模型 P_2

表 6-5　组合模型浓度反演结果

气体浓度/%	模型 P_1 反演浓度/%	相对误差/%	模型 P_2 反演浓度/%	相对误差/%
4.9	5.047	3.00	4.979	1.61
5.4	5.856	8.44	5.770	6.85
6.0	6.020	0.33	6.007	0.12
6.4	6.107	4.57	6.146	3.97
6.8	6.793	0.10	6.890	1.3
7.4	7.241	2.15	7.299	1.36
8.0	7.803	2.46	7.817	2.29
8.4	8.451	0.61	8.457	0.68
8.9	8.746	1.73	8.715	2.08
9.5	9.643	1.51	9.610	1.16
9.9	9.893	0.07	9.908	0.08

　　将 CO_2 在三个波段 1 425~1 443 nm、1 565~1 587 nm、1 595~1 616 nm 建立的三个单一波段 PLS 模型（Y_1、Y_2、Y_3）与基于 R^2 建立的组合模型（P_1）、基于 RMSE 建立的组合模型（P_2）预测性能评价列于表 6-6 中。经过对比，组合模型 P_1 的 R^2 比单一模型 Y_1 要小，且 RMSE 和 SSE 也比单一模型要大，因此组合模型 P_1 没有对单一模型 Y_1 起到优化的效果，但是相对于单一模型 Y_2 和 Y_3，组合模型 P_1 的 R^2 更大，而且 RMSE 和 SSE 也有降低。而组合模型 P_2 不管从 R^2 还是从 RMSE 和 SSE 的角度来看，相对于三个单一波段模型都有明显的优化。综上所述，两种组合模型都比单一模型有所优化，基于 RMSE 建立的组合模型的预测效果比基于 R^2 建立的组合模型效果要好。

表 6-6　单一波段 PLS 模型与组合模型预测性能评价

模型	R^2	RMSE	SSE
单一模型 Y_1	0.989 7	0.177 4	0.283 29
单一模型 Y_2	0.948 6	0.388 3	1.356 98
单一模型 Y_3	0.949 7	0.384 3	1.329 17
组合模型 P_1	0.985 2	0.207 8	0.388 6
组合模型 P_2	0.991 2	0.162 2	0.236 8

6.1.2　特征波段光谱 PLS 模型

特征波长的选择是提高定量分析预测精度的一种方法[94]。采用移动窗口偏最小二乘（MWPLS）特征提取方法在全波段内对特征光谱进行提取，建立偏最小二乘回归模型。基本步骤是将光谱数据中相邻波长点的 N 个数据点划入一个窗口中，采用交叉验证均方根误差来寻找该窗口中的最优 PLS 模型。窗口依次后移一个数据点并重新计算最优 PLS 模型，确定最佳的光谱区域及其对应的最优模型。

1. 单一波段 MWPLS 模型

采用 MWPLS 对 CO_2 在三个波段 1 425~1 443 nm、1 565~1 587 nm、1 595~1 616 nm 的光谱数据进行特征提取，得到不同窗口宽度下的最优波段及对应的 PLS 模型预测效果，如表 6-7、表 6-8 和表 6-9 所示。由于每个波长范围内数据点都不一致，选择合适的窗口宽度既能充分表达光谱信息，也能避免冗余信息。

表 6-7　1 425~1 443 nm 波段光谱在不同窗口宽度下的最优波段及对应的 PLS 模型预测效果

窗口宽度	波段/nm	R^2	RMSE	SSE
100	1 431.200 2~1 432.170 2	0.945 1	0.400 44	1.443 15
150	1 432.199 3~1 433.654 3	0.986 7	0.201 51	0.365 45
200	1 431.927 7~1 433.867 7	0.983 6	0.223 57	0.449 86
250	1 430.181 7~1 432.606 7	0.999 7	0.032 14	0.009 30
300	1 429.832 5~1 432.742 5	0.937 8	0.424 84	1.624 42
350	1 429.434 8~1 432.829 8	0.934 3	0.435 69	1.708 44
400	1 429.037 1~1 432.917 1	0.927 2	0.456 78	1.877 80

表 6-8　1 565~1 587 nm 波段光谱在不同窗口宽度下的最优波段及对应的 PLS 模型预测效果

窗口宽度	波段/nm	R^2	RMSE	SSE
150	1 572.600~1 573.500	0.933 1	0.439 44	1.738 01
200	1 572.240~1 573.440	0.938 9	0.421 18	1.596 50
250	1 572.204~1 573.704	0.933 5	0.438 29	1.758 87
300	1 572.900~1 574.700	0.983 5	0.223 85	0.450 97
350	1 572.660~1 574.760	0.983 1	0.226 86	0.463 19
400	1 572.660~1 575.060	0.955 2	0.363 96	1.192 22
450	1 572.072~1 574.772	0.983 2	0.226 39	0.461 25
500	1 573.170~1 576.170	0.982 4	0.231 12	0.480 74

表 6-9　1 595~1 616 nm 波段光谱在不同窗口宽度下的最优波段及对应的 PLS 模型预测效果

窗口宽度	波段/nm	R^2	RMSE	SSE
200	1 603.110~1 604.110	0.927 6	0.455 78	1.859 66
250	1 602.290~1 603.540	0.957 9	0.353 36	1.123 78
300	1 602.180~1 603.680	0.938 1	0.423 77	1.616 20
350	1 601.915~1 603.665	0.957 0	0.356 67	1.144 94
400	1 601.765~1 603.765	0.956 5	0.358 85	1.158 96
450	1 601.865~1 604.115	0.931 6	0.443 89	1.773 31
500	1 601.705~1 604.205	0.933 3	0.438 88	1.733 51
550	1 601.680~1 604.430	0.935 1	0.433 37	1.690 29
600	1 598.345~1 604.345	0.936 4	0.429 05	1.656 76

在 1 425~1 443 nm 的光谱数据有 1 848 个数据点，选择窗口宽度为 100、150、200、250、300、350、400 确定最佳模型。从表 6-7 中可以看出，当窗口宽度为 250 时，R^2 最大，RMSE 和 SSE 最小。此时所选的最优波段为 1 430.181 7~1 432.606 7 nm，R^2 为 0.999 7，RMSE 为 0.032 14，SSE 为 0.009 30。

在 1 565~1 587 nm 的光谱数据有 3 666 个数据点，选择窗口宽度为 150、200、250、300、350、400、450、500 确定最佳模型。从表 6-8 中可以看出，当窗口宽度为 300 时，R^2 最大，RMSE 和 SSE 最小。此时所选的最优波段为 1 572.900~1 574.700 nm，R^2 为 0.983 5，RMSE 为 0.223 85，SSE 为 0.450 97。

在 1 595~1 616 nm 的光谱数据有 4 200 个数据点，选择窗口宽度为 200、250、300、350、400、450、500、550、600 确定最佳模型。从表 6-9 中可以看出，当窗口宽度为 250

时，R^2 最大，RMSE 和 SSE 最小。此时所选的最优波段为 1 602. 290 ~ 1 603. 540 nm，R^2 为 0. 957 9，RMSE 为 0. 353 36，SSE 为 1. 123 78。

2. 基于 MWPLS 的加权组合模型

针对 CO_2 在 1 425 ~ 1 443 nm、1 565 ~ 1 587 nm、1 595 ~ 1 616 nm 三个波段建立的单一 MWPLS 模型，采用第 5 章提出的权重系数分配方法对三个波段的 MWPLS 模型进行权重计算，实现了多波段加权组合预测。通过 PLS 模型的决定系数 R^2 以及均方根误差 RMSE 对三个模型分别进行了权重分配，权重分配结果如表 6-10 所示，通过对三个 MWPLS 模型加权组合得到一个新的浓度反演模型。

表 6-10　权重分配结果

波段/nm	R^2	基于 R^2 分配权重	RMSE	基于 RMSE 分配权重
1 430. 181 7 ~ 1 432. 606 7	0. 999 7	0. 339 9	0. 032 14	0. 810 0
1 572. 900 ~ 1 574. 700	0. 983 5	0. 334 4	0. 223 85	0. 116 3
1 602. 290 ~ 1 603. 540	0. 957 9	0. 325 7	0. 353 36	0. 073 7

建立的组合模型结果如图 6-8 所示，图（a）是基于 R^2 确定权重得到的组合模型 P_1，图（b）是基于 RMSE 确定权重得到的组合模型 P_2。为了验证得到的组合模型预测效果，对其进行误差计算，结果如表 6-11 所示。从表中可以看出，模型 P_1 的最大相对误差为 6. 51%，模型 P_2 的最大相对误差为 1. 31%，模型 P_2 的最大相对误差比单一模型有所降低。

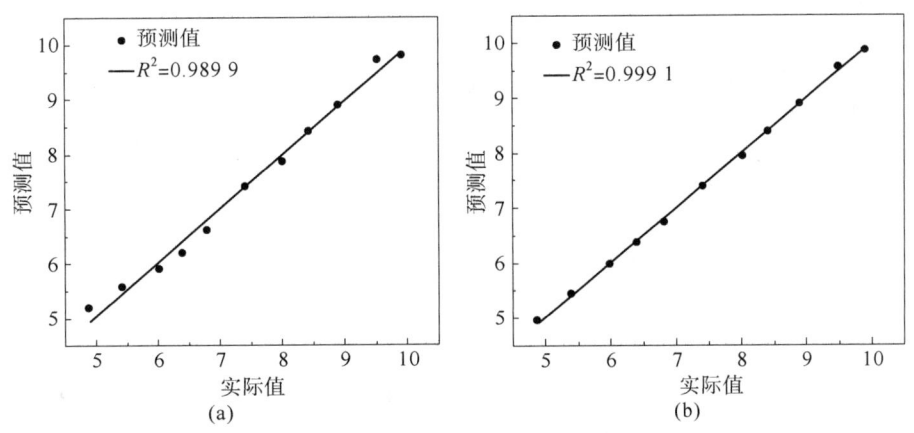

图 6-8　组合模型结果

（a）组合模型 P_1；（b）组合模型 P_2

表 6-11　组合模型浓度反演结果

浓度/%	模型 P_1 预测浓度/%	相对误差/%	模型 P_2 预测浓度/%	相对误差/%
4. 9	5. 219	6. 51	4. 962	1. 27
5. 4	5. 564	3. 04	5. 471	1. 31
6. 0	5. 894	1. 77	5. 977	0. 38

续表

浓度/%	模型 P_1 预测浓度/%	相对误差/%	模型 P_2 预测浓度/%	相对误差/%
6.4	6.207	3.02	6.366	0.53
6.8	6.618	2.68	6.735	0.96
7.4	7.419	0.26	7.380	0.27
8.0	7.847	1.91	7.960	0.50
8.4	8.408	0.10	8.417	0.20
8.9	8.910	0.11	8.899	0.01
9.5	9.703	2.14	9.581	0.85
9.9	9.812	0.89	9.853	0.47

将 CO_2 在三个波段 1 425~1 443 nm、1 565~1 587 nm、1 595~1 616 nm 建立的三个单一波段 MWPLS 模型（Y_1、Y_2、Y_3）与基于 R^2 建立的组合模型（P_1）、基于 RMSE 建立的组合模型（P_2）预测性能评价列于表 6-12 中。经过对比，组合模型 P_1 与 P_2 的 R^2 比单一模型 Y_1 要小，且 RMSE 和 SSE 也比单一模型 Y_1 要大，因此组合模型 P_1 与 P_2 对单一模型 Y_1 的优化效果不明显。但是相对于单一模型 Y_2 和 Y_3，组合模型 P_1 的 R^2 要大，而且 RMSE 和 SSE 也有降低，同时组合模型 P_2 相对于单一模型 Y_2 和 Y_3 也有明显的优化。综上所述，两种组合模型都比单一模型有所优化，并且基于 RMSE 建立的组合模型的预测效果比基于 R^2 建立的组合模型效果要好。此外，对比表 6-12 和表 6-6 可知，基于特征波段建立的 MWPLS 模型不论是从 R^2 还是从 RMSE 和 SSE 来看，都要比基于全波段建立的 PLS 模型预测效果要好。

表 6-12　单一波段 MWPLS 模型与组合模型预测性能评价

模型	R^2	RMSE	SSE
单一模型 Y_1	0.999 7	0.032 14	0.009 30
单一模型 Y_2	0.983 5	0.223 85	0.450 97
单一模型 Y_3	0.957 9	0.353 36	1.123 78
组合模型 P_1	0.989 9	0.174 02	0.272 54
组合模型 P_2	0.999 1	0.052 84	0.025 13

6.2　基于偏最小二乘法的 CH_4 加权组合测量研究

6.2.1　全波段光谱 PLS 模型

图 5-6（a）、（b）显示了在两个波段 1 319~1 339 nm、1 656~1 676 nm 不同浓度下

CH_4 的吸光度。本节将采用这两个波段的光谱数据进行后续的分析处理。

1. 单一波段 PLS 模型

将两个波段 CH_4 气体的光谱数据与浓度数据进行偏最小二乘回归建模。计算在 1 319~1 339 nm 波段选取不同因子数时的预测残差平方和 PRESS，根据 PRESS 值的增减趋势确定最佳因子数并建立 PLS 模型。

在 1 319~1 339 nm 波段不同因子数的 PRESS 变化趋势如图 6-9 所示。从图中可以看出，因子数为 3 时，PRESS 值达到最低，因此根据最佳因子数的选取原则，确定最佳因子数为 3。利用偏最小二乘回归建立因子数为 3 时的模型 Y_1，得到的浓度预测效果图和残差图如图 6-10 所示，预测结果如表 6-13 所示。

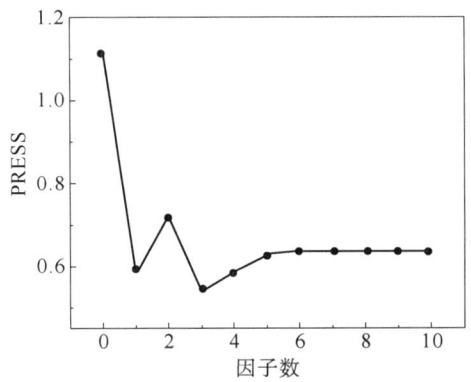

图 6-9　在 1 319~1 339 nm 波段不同因子数的 PRESS 变化趋势

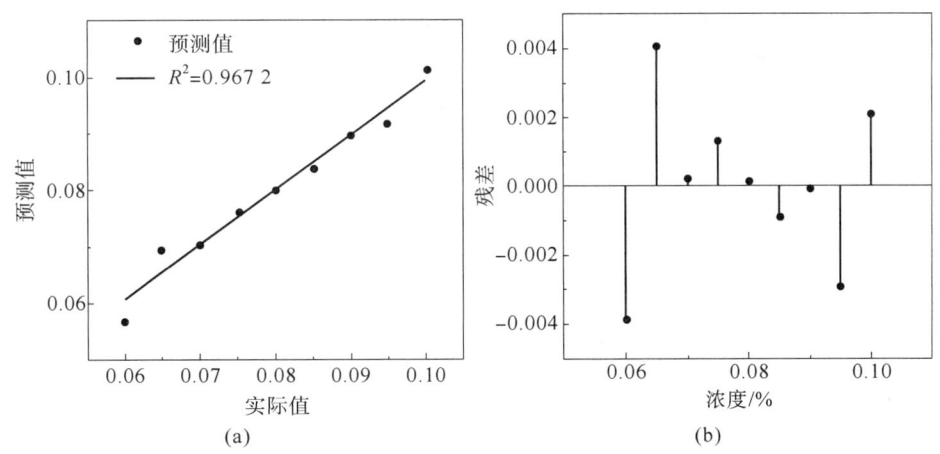

图 6-10　浓度预测效果图和残差图

（a）效果图；（b）残差图

表 6-13　在 1 319~1 339 nm PLS 模型预测结果

算法	因子数	R^2	RMSE	SSE
PLS	3	0.967 2	0.002 61	$4.764\ 0\times10^{-5}$

从图 6-10 的效果图和残差图看，回归模型的 R^2 为 0.967 2，残差最大不超过 0.004；从表 6-13 可以看出，RMSE 为 0.002 61，SSE 为 $4.764\ 0\times10^{-5}$。结果表明，采用偏最小二乘法建立模型的预测效果优于基于最小二乘法建立的模型。

计算在 1 656~1 676 nm 波段选取不同因子数时的 PRESS，根据 PRESS 值的增减趋势确定最佳因子数并建立 PLS 模型。

在 1 656~1 676 nm 波段不同因子数的 PRESS 变化趋势如图 6-11 所示。从图中可以看出，PRESS 在因子数为 0~4 时呈现逐渐下降的趋势，当因子数为 4 时，PRESS 值达到最低，当因子数大于 4 时，PRESS 值开始小幅度增加最后不变。根据最佳因子数的选取原则，可以确定最佳因子数为 4。利用偏最小二乘回归建立因子数为 4 时的模型 Y_2，得到的浓度预测效果图和残差图如图 6-12 所示，预测结果如表 6-14 所示。

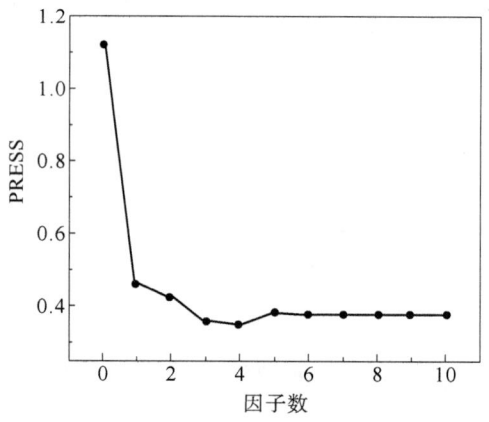

图 6-11　在 1 656~1 676 nm 波段不同因子数的 PRESS 变化趋势

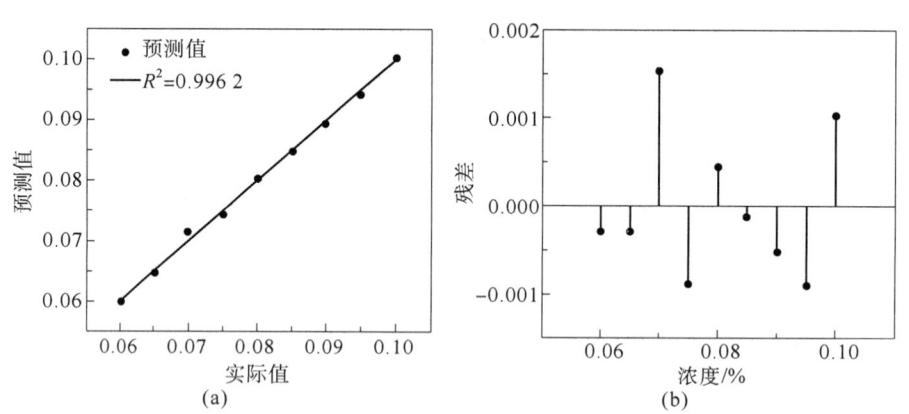

图 6-12　浓度预测效果图和残差图

（a）效果图；（b）残差图

表 6-14　在 1 656~1 676 nm PLS 模型预测结果

算法	因子数	R^2	RMSE	SSE
PLS	4	0.996 2	$9.048\ 3\times10^{-4}$	$5.731\ 0\times10^{-6}$

从图 6-12 的效果图和残差图看，回归模型的 R^2 为 0.996 2，残差最大不超过 0.002；从表 6-14 可以看出，RMSE 为 $9.048\ 3\times10^{-4}$，SSE 为 $5.731\ 0\times10^{-6}$。结果表明，采用偏最小二乘法建立模型的预测效果优于基于最小二乘法建立的模型。

2. 基于 PLS 的加权组合模型

针对 CH_4 在 1 319～1 339 nm、1 656～1 676 nm 波段建立的单一 PLS 模型 Y_1 和 Y_2，采用权重系数分配方法对单一 PLS 模型进行权重计算，实现了双波段加权组合预测。基于 PLS 模型的决定系数 R^2 以及均方根误差 RMSE 对两个模型分别进行了权重分配，权重分配结果如表 6-15 所示，对两个 PLS 模型加权组合得到一个新的浓度反演模型。

表 6-15　权重分配结果

波段/nm	因子数	R^2	基于 R^2 分配权重	RMSE	基于 RMSE 分配权重
1 319～1 339	3	0.967 2	0.492 6	0.002 61	0.257 4
1 565～1 587	4	0.996 2	0.507 4	$9.048\ 3\times10^{-4}$	0.742 6

基于 PLS 建立的组合模型结果如图 6-13 所示，图（a）是基于 R^2 确定权重得到的组合模型 P_1，图（b）是基于 RMSE 确定权重得到的组合模型 P_2。为了验证得到的组合模型预测效果，对其进行误差计算，结果如表 6-16 所示。从表中可以看出，模型 P_1 的最大相对误差为 3.23%，模型 P_2 的最大相对误差为 1.86%。

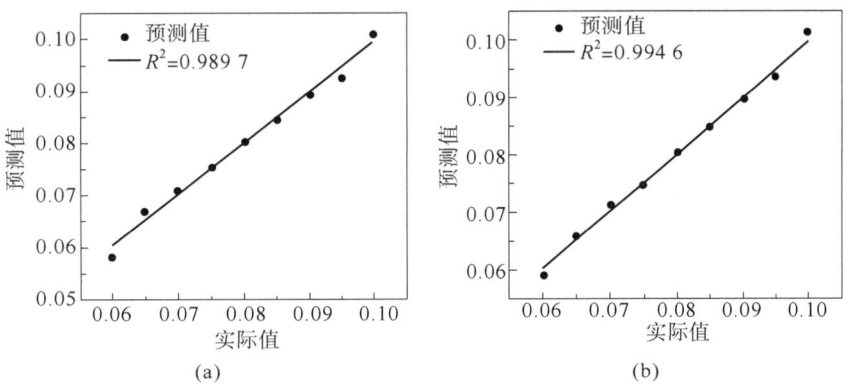

图 6-13　组合模型结果

（a）组合模型 P_1；（b）组合模型 P_2

表 6-16　组合模型浓度反演结果

浓度/%	模型 P_1 预测浓度/%	相对误差/%	模型 P_2 预测浓度/%	相对误差/%
0.060	0.058 3	2.83	0.059 0	1.67
0.065	0.067 1	3.23	0.066 0	1.54
0.070	0.071 1	1.57	0.071 3	1.86
0.075	0.075 3	0.40	0.074 7	0.40
0.080	0.080 3	0.38	0.080 4	0.50

续表

浓度/%	模型 P_1 预测浓度/%	相对误差/%	模型 P_2 预测浓度/%	相对误差/%
0.085	0.084 4	0.71	0.084 6	0.47
0.090	0.089 5	0.56	0.089 4	0.67
0.095	0.092 8	2.32	0.093 4	1.68
0.100	0.101 2	1.20	0.101 1	1.10

将 CH_4 在两个波段 1 319~1 339 nm、1 656~1 676 nm 建立的两个单一波段 PLS 模型（Y_1、Y_2）与基于 R^2 建立的组合模型（P_1）、基于 RMSE 建立的组合模型（P_2）预测性能评价列于表 6-17 中。经过对比，组合模型 P_1 和 P_2 的 R^2 比单一模型 Y_1 要大，且 RMSE 和 SSE 也比单一模型 Y_1 要小，因此组合模型 P_1 和 P_2 对单一模型 Y_1 均起到优化的效果。但是相对于单一模型 Y_2 来看，并没有起到优化的效果。综上所述，基于 RMSE 建立的组合模型的预测效果比基于 R^2 建立的组合模型效果要好。

表 6-17　单一 PLS 模型与组合模型预测性能评价

模型	R^2	RMSE	SSE
单一模型 Y_1	0.967 2	0.002 61	$4.764\ 0\times10^{-5}$
单一模型 Y_2	0.996 2	$9.048\ 3\times10^{-4}$	$5.731\ 0\times10^{-6}$
组合模型 P_1	0.989 7	0.001 47	$1.512\ 0\times10^{-5}$
组合模型 P_2	0.994 6	0.001 06	$7.918\ 9\times10^{-6}$

6.2.2　特征波段光谱 PLS 模型

1. 单一 MWPLS 模型

CH_4 在波段 1 319~1 339 nm、1 656~1 676 nm 的光谱数据在不同窗口宽度下的最优波段及对应的 PLS 模型预测效果如表 6-18 和表 6-19 所示。

表 6-18　1 319~1 339 nm 波段光谱在不同窗口宽度下的最优波段及对应的 PLS 模型预测效果

窗口宽度	光谱范围/nm	R^2	RMSE	SSE
100	1 329.154 5~1 330.304 5	0.937 6	0.003 54	$8.777\ 0\times10^{-5}$
150	1 331.857 0~1 333.582 0	0.938 0	0.003 53	$8.723\ 1\times10^{-5}$
200	1 332.064 0~1 334.364 0	0.966 8	0.002 62	$4.809\ 9\times10^{-5}$
250	1 327.901 0~1 330.787 5	0.942 1	0.003 42	$8.184\ 1\times10^{-5}$
300	1 331.466 0~1 334.916 0	0.966 3	0.002 64	$4.884\ 8\times10^{-5}$
350	1 331.132 5~1 335.157 5	0.963 4	0.002 75	$5.286\ 6\times10^{-5}$
400	1 329.925 0~1 334.525 0	0.949 8	0.003 20	$7.147\ 3\times10^{-5}$

表 6-19 1 656~1 676 nm 波段光谱在不同窗口宽度下的最优波段及对应的 PLS 模型预测效果

窗口宽度	光谱范围/nm	R^2	RMSE	SSE
150	1 664.874 0~1 665.554 0	0.993 3	0.001 19	$4.298\ 0\times10^{-6}$
200	1 663.276 0~1 664.636 0	0.969 7	0.002 51	$9.989\ 2\times10^{-6}$
250	1 663.663 6~1 665.363 6	0.968 8	0.002 54	$4.403\ 2\times10^{-5}$
300	1 663.643 2~1 665.683 2	0.969 0	0.002 54	$4.531\ 4\times10^{-5}$
350	1 667.675 6~1 670.055 6	0.991 8	0.001 32	$4.509\ 9\times10^{-5}$
400	1 667.553 2~1 670.273 2	0.992 6	0.001 26	$1.214\ 7\times10^{-5}$
450	1 667.396 8~1 670.456 8	0.992 7	0.001 25	$1.108\ 4\times10^{-5}$
500	1 667.186 0~1 670.586 0	0.993 0	0.001 22	$1.087\ 5\times10^{-5}$

在 1 319~1 339 nm 的光谱数据有 1 750 个数据点，选择窗口宽度为 100、150、200、250、300、350、400 进行最佳模型选取。从表 6-18 可以看出，当窗口宽度为 200 时，R^2 最大，RMSE 和 SSE 最小。此时所选的最优波段为 1 332.064 0~1 334.364 0 nm，R^2 为 0.966 8，RMSE 为 0.002 62，SSE 为 $4.809\ 9\times10^{-5}$。

在 1 616~1 676 nm 的光谱数据有 2 832 个数据点，选择窗口宽度为 150、200、250、300、350、400、450、500 进行最佳模型选取。从表 6-19 可以看出，当窗口宽度为 150 时，R^2 最大，RMSE 和 SSE 最小。此时所选的最优波段为 1 664.874 0~1 665.554 0 nm，R^2 为 0.993 3，RMSE 为 0.001 19，SSE 为 $4.298\ 0\times10^{-6}$。

2. 基于 MWPLS 的加权组合模型

针对 CH_4 在 1 319~1 339 nm、1 656~1 676 nm 波段建立的单一 MWPLS 模型，采用权重系数分配方法对两个 MWPLS 模型进行权重计算，实现了双波段加权组合预测。基于 MWPLS 模型的决定系数 R^2 以及均方根误差 RMSE 对模型进行了权重分配，权重分配结果如表 6-20 所示，通过对两个 MWPLS 模型加权组合得到一个新的浓度反演模型。

表 6-20 权重分配结果

波段/nm	R^2	基于 R^2 分配权重	RMSE	基于 RMSE 分配权重
1 332.064 0~1 334.364 0	0.966 8	0.493 2	0.002 62	0.312 3
1 664.874 0~1 665.554 0	0.993 3	0.506 8	0.001 19	0.687 7

基于 MWPLS 建立的组合模型结果如图 4-14 所示，图（a）是基于 R^2 确定权重得到的组合模型 P_1，图（b）是基于 RMSE 确定权重得到的组合模型 P_2。将 CH_4 在两个波段 1 319~1 339 nm、1 656~1 676 nm 建立的两个单一波段 MWPLS 模型（Y_1、Y_2）与基于 R^2 建立的组合模型（P_1）、基于 RMSE 建立的组合模型（P_2）预测性能评价列于表 6-21 中。经过对比，组合模型 P_1 的 R^2 比单一模型 Y_1 要大，且 RMSE 和 SSE 也比单一模型 Y_1 要小，因此组合模型 P_1 对单一模型 Y_1 起到优化的效果。但是相对于单一模型 Y_2，组合模型 P_1 的 R^2 有所降低，而且 RMSE 和 SSE 也有增加，说明组合模型 P_1 对单一模型 Y_2 起到的优化效

果不大。组合模型 P_2 相对于单一模型 Y_1 和 Y_2 都有明显的优化。综上所述，两种组合模型都比单一模型有所优化，并且基于 RMSE 建立的组合模型的预测效果比基于 R^2 建立的组合模型效果要好。此外，对比表 6-21 和表 6-17 可知，基于特征波段建立的 MWPLS 模型要比基于全波段建立的 PLS 模型效果要好。

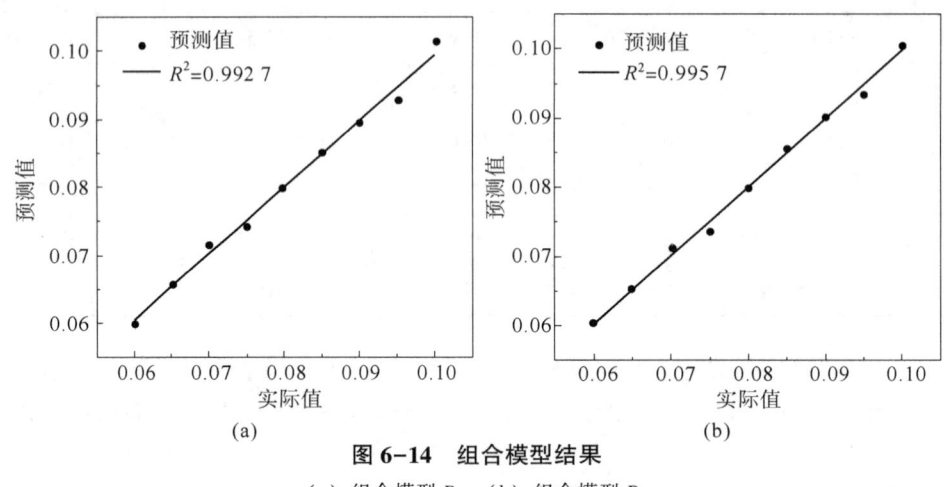

图 6-14 组合模型结果

（a）组合模型 P_1；（b）组合模型 P_2

表 6-21 单一波段 MWPLS 模型与组合模型预测性能评价

模型	R^2	RMSE	SSE
单一模型 Y_1	0.966 8	0.002 62	$4.809\ 9 \times 10^{-5}$
单一模型 Y_2	0.993 3	0.001 19	$4.298\ 0 \times 10^{-6}$
组合模型 P_1	0.992 7	0.001 24	$1.067\ 7 \times 10^{-5}$
组合模型 P_2	0.995 7	$9.502\ 6 \times 10^{-4}$	$6.320\ 92 \times 10^{-6}$

6.3 本章小结

本章基于偏最小二乘法（PLS）对 CO_2 和 CH_4 进行加权组合测量研究，根据第 5 章得到的全波段光谱数据建立偏最小二乘回归模型，采用基于 R^2 和 RMSE 的权重系数分配方法得到单一 PLS 模型的权重并建立加权组合模型，采用移动窗口偏最小二乘（MWPLS）特征提取方法，在全波段内对特征光谱进行提取并建立单一 MWPLS 模型，利用权重系数分配方法得到 MWPLS 模型的权重并建立加权组合模型，将单一波段建立的 PLS 模型和 MWPLS 模型分别与基于 R^2 建立的组合模型、基于 RMSE 建立的组合模型进行预测性能评价。实验结果显示：根据 CO_2 光谱数据建立的 PLS 模型的 R^2 从单一模型的 0.948 6 提升到组合模型的 0.991 2，建立的 MWPLS 模型的 R^2 从单一模型的 0.957 9 提升到组合模型的 0.999 1；根据 CH_4 光谱数据建立的 PLS 模型的 R^2 从单一模型的 0.967 2 提升到组合模型的 0.994 6，建立的 MWPLS 模型的 R^2 从单一模型的 0.966 8 提升到组合模型的 0.995 7。

第 7 章

基于 SCLAS 技术的多组分气体测量研究

为了实现多组分气体浓度的测量，本章提出一种多组分气体最佳波长选择方法，建立了多组分气体的吸光度数学模型，从几何意义的角度分析了多组分气体最佳波长的选取条件。利用该方法确定了 CO_2、CH_4 和 C_2H_2 多组分气体的最佳波长，进行了多组分气体浓度测量实验，基于最小二乘法和偏最小二乘法分别建立了定量分析模型。

7.1 多组分气体最佳波长选择

7.1.1 双波长的双组分气体测量分析

针对双组分气体中各气体浓度的测量，最佳波长的确定方法如下：

根据 Lambert-Beer 定律写出双组分气体测量公式，即

$$A(\lambda_1) = k_1(\lambda_1)C_1L + k_2(\lambda_1)C_2L \tag{7-1}$$

其中，$A(\lambda_1)$ 为在波长 λ_1 处测得的吸光度；$k_1(\lambda_1)$ 为第一种气体在波长 λ_1 处的吸收系数；L 为待测气体的光路长度，简称光程；C_1 为第一种气体的测量浓度；$k_2(\lambda_1)$ 为第二种气体在波长 λ_1 处的吸收系数；C_2 为第二种气体的测量浓度。

在式（7-1）中，有两种气体的浓度需要测量，即 C_1 和 C_2 需要两个方程求解。因此，在两个不同的波长处测量双组分气体的吸光度，可得到一个方程组：

$$\begin{cases} A(\lambda_1) = k_1(\lambda_1)C_1L + k_2(\lambda_1)C_2L \\ A(\lambda_2) = k_1(\lambda_2)C_1L + k_2(\lambda_2)C_2L \end{cases} \tag{7-2}$$

为了方便进一步讨论，令

$$A_1 = \frac{A(\lambda_1)}{L}, A_2 = \frac{A(\lambda_2)}{L}, k_1(\lambda_1) = k_{11}, k_1(\lambda_2) = k_{12}, k_2(\lambda_1) = k_{21}, k_2(\lambda_2) = k_{22} \tag{7-3}$$

式（7-2）可改写成更简便的形式，即

$$\begin{cases} A_1 = k_{11}C_1 + k_{21}C_2 \\ A_2 = k_{12}C_1 + k_{22}C_2 \end{cases} \tag{7-4}$$

或

$$\begin{cases} C_2 = -\dfrac{k_{11}}{k_{21}}C_1 + \dfrac{A_1}{k_{21}} \\ C_2 = -\dfrac{k_{12}}{k_{22}}C_1 + \dfrac{A_2}{k_{22}} \end{cases} \tag{7-5}$$

在吸收光谱测量中，A_1、A_2、k_{11}、k_{21}、k_{12}、k_{22} 都是大于 0 的数，在几何图上表示的一定是斜率为负的两条直线，两条直线的交点即为方程组的解。因此式（7-4）的几何意义可以表示为图 7-1。

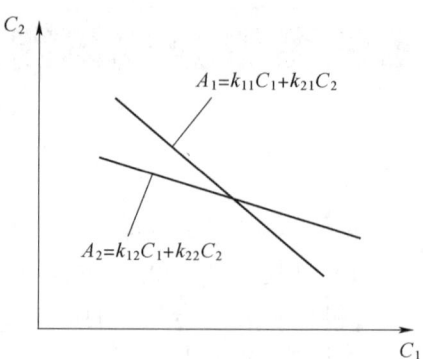

图 7-1　式（7-4）的几何意义

在光谱测量中，吸光度会存在一定的误差，当吸光度存在误差时，选取最佳测量波长 λ_1 和 λ_2 的分析如下：

当吸光度分别存在误差 ΔA_1 和 ΔA_2 时，式（7-4）可改写成

$$\begin{cases} A_1 \pm \Delta A_1 = k_{11}C_1 + k_{21}C_2 \\ A_2 \pm \Delta A_2 = k_{12}C_1 + k_{22}C_2 \end{cases} \tag{7-6}$$

因此，图 7-1 可以改成图 7-2。

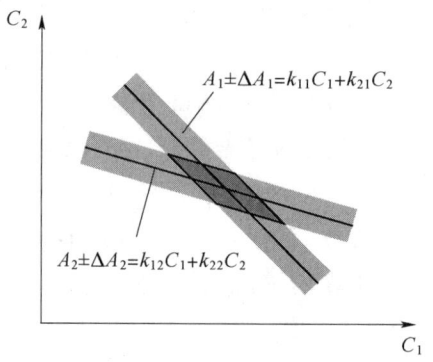

图 7-2　吸光度存在误差时式（7-4）的几何意义

从图 7-2 可以得出，在两个波长处得到的吸光度结果分别是两条阴影区域内的两条直线，因此式（7-6）得到的结果是中间菱形区域内交集的一点。从几何意义的角度讨论三种情况如下：

（1）如果两条阴影区域平行且没有交集，则方程组无解，说明在两个波长处两种气体的吸收系数成比例关系，无法得到有意义的结果。

（2）如果两条阴影区域平行且有交集，则方程组的解不精确，说明在两个波长处两种气体的吸收系数接近成比例关系，此时测量误差很大。

（3）如果两条阴影区域相互垂直，则方程组的解最精确，在实际测量中不可能做到相互垂直，只能接近相互垂直，那么此时这两个波长的选择可以使测量两种气体组分浓度的精确度最高。

对确定第三种情况的最佳结果讨论如下：

若两条直线接近相互垂直，则有

$$|k_{11}k_{12}+k_{21}k_{22}|=0 \tag{7-7}$$

有下列四种组合能使上式接近于 0，即

①k_{11}，$k_{21}\to 0$　②k_{11}，$k_{22}\to 0$　③k_{12}，$k_{21}\to 0$　④k_{12}，$k_{22}\to 0$

若组合①或④成立，则在同一波长下两种气体的吸收系数都很小，系统可能检测不到吸收信号，测量结果没有意义；若组合②或③成立，则波长应该满足两个波长中任一波长处两种气体的吸收系数互为峰谷值。分析得出的波长优选结论：对仅有两种组分组成的混合气体，选择双组分气体的吸收系数差别很大或接近成反比的两处波长。

7.1.2　多波长的多组分气体测量分析

针对多组分气体中各气体浓度的测量，最佳波长的确定方法如下：

根据 Lambert-Beer 定律写出多组分气体测量公式，即

$$A(\lambda_1)=k_1(\lambda_1)C_1L+k_2(\lambda_1)C_2L+k_3(\lambda_1)C_3L \tag{7-8}$$

其中，$A(\lambda_1)$ 为在波长 λ_1 处测得的吸光度；$k_1(\lambda_1)$ 为第一种气体在波长 λ_1 处的吸收系数；L 为待测气体的光路长度，简称光程；C_1 为第一种气体的测量浓度；$k_2(\lambda_1)$ 为第二种气体在波长 λ_1 处的吸收系数；C_2 为第二种气体的测量浓度；$k_3(\lambda_1)$ 为第三种气体在波长 λ_1 处的吸收系数；C_3 为第三种气体的测量浓度。

在式（7-8）中，有三种组分气体的浓度需要测量，则需要建立三个方程进行求解。因此，在三个不同的波长处测量三种气体的吸光度，可得到一个方程组：

$$\begin{cases} A(\lambda_1)=k_1(\lambda_1)C_1L+k_2(\lambda_1)C_2L+k_3(\lambda_1)C_3L \\ A(\lambda_2)=k_1(\lambda_2)C_1L+k_2(\lambda_2)C_2L+k_3(\lambda_2)C_3L \\ A(\lambda_3)=k_1(\lambda_3)C_1L+k_2(\lambda_3)C_2L+k_3(\lambda_3)C_3L \end{cases} \tag{7-9}$$

将式（7-9）改写为更简便的形式，令

$$A_1=\frac{A(\lambda_1)}{L},A_2=\frac{A(\lambda_2)}{L},A_3=\frac{A(\lambda_3)}{L},k_1(\lambda_1)=k_{11},k_1(\lambda_2)=k_{12},k_1(\lambda_3)=k_{13},$$

$$k_2(\lambda_1)=k_{21},k_2(\lambda_2)=k_{22},k_2(\lambda_3)=k_{23},k_3(\lambda_1)=k_{31},k_3(\lambda_2)=k_{32},k_3(\lambda_3)=k_{33}$$

$$\tag{7-10}$$

则式（7-9）可改写为

$$\begin{cases} A_1=k_{11}C_1+k_{21}C_2+k_{31}C_3 \\ A_2=k_{12}C_1+k_{22}C_2+k_{32}C_3 \\ A_3=k_{13}C_1+k_{23}C_2+k_{33}C_3 \end{cases} \tag{7-11}$$

表示成矩阵形式，即

$$A=KC \tag{7-12}$$

其中，

$$\boldsymbol{A} = \begin{pmatrix} A_1 \\ A_2 \\ A_3 \end{pmatrix} \quad \boldsymbol{K} = \begin{pmatrix} k_{11} & k_{21} & k_{31} \\ k_{12} & k_{22} & k_{32} \\ k_{13} & k_{23} & k_{33} \end{pmatrix} \quad \boldsymbol{C} = \begin{pmatrix} C_1 \\ C_2 \\ C_3 \end{pmatrix} \tag{7-13}$$

计算式（7-11）的解为

$$\begin{cases} C_1 = \dfrac{A_1 k_{22} k_{33} - A_1 k_{23} k_{32} - A_2 k_{21} k_{33} + A_2 k_{23} k_{31} + A_3 k_{21} k_{32} - A_3 k_{22} k_{31}}{k_{11} k_{22} k_{33} - k_{11} k_{23} k_{32} - k_{12} k_{21} k_{33} + k_{12} k_{23} k_{31} + k_{13} k_{21} k_{32} - k_{13} k_{22} k_{31}} \\[3mm] C_2 = -\dfrac{A_1 k_{12} k_{33} - A_1 k_{13} k_{32} - A_2 k_{11} k_{33} + A_2 k_{13} k_{31} + A_3 k_{11} k_{32} - A_3 k_{12} k_{31}}{k_{11} k_{22} k_{33} - k_{11} k_{23} k_{32} - k_{12} k_{21} k_{33} + k_{12} k_{23} k_{31} + k_{13} k_{21} k_{32} - k_{13} k_{22} k_{31}} \\[3mm] C_3 = \dfrac{A_1 k_{12} k_{23} - A_1 k_{13} k_{22} - A_2 k_{11} k_{23} + A_2 k_{13} k_{21} + A_3 k_{11} k_{22} - A_3 k_{12} k_{21}}{k_{11} k_{22} k_{33} - k_{11} k_{23} k_{32} - k_{12} k_{21} k_{33} + k_{12} k_{23} k_{31} + k_{13} k_{21} k_{32} - k_{13} k_{22} k_{31}} \end{cases} \tag{7-14}$$

式（7-11）在几何意义上表示的是空间上的三个平面，三个平面的交点即为方程组的解。选取三个最优波长的方法如下：当三个平面接近相互垂直时，三个波长的选择可以使三种气体组分浓度的精度最高。基于三个平面相互垂直的分析如下：

当三个平面相互垂直时，三个平面的法向量两两相互垂直。写出如下表达式

$$\begin{cases} k_{11} k_{12} + k_{21} k_{22} + k_{31} k_{32} = 0 & ① \\ k_{11} k_{13} + k_{21} k_{23} + k_{31} k_{33} = 0 & ② \\ k_{12} k_{13} + k_{22} k_{23} + k_{32} k_{33} = 0 & ③ \end{cases} \tag{7-15}$$

且由于 k_{ij} 为非负数，则有如下组合使上式成立，即

$$\text{（1）} \quad k_{11} = 0 \begin{cases} k_{21} = 0 \begin{cases} k_{31} = 0 \\ k_{32} = 0 \end{cases} \\ k_{22} = 0 \begin{cases} k_{31} = 0 \\ k_{32} = 0 \end{cases} \end{cases} \text{或} \ k_{12} = 0 \begin{cases} k_{21} = 0 \begin{cases} k_{31} = 0 \\ k_{32} = 0 \end{cases} \\ k_{22} = 0 \begin{cases} k_{31} = 0 \\ k_{32} = 0 \end{cases} \end{cases}$$

$$\text{（2）} \quad k_{11} = 0 \begin{cases} k_{21} = 0 \begin{cases} k_{31} = 0 \\ k_{33} = 0 \end{cases} \\ k_{23} = 0 \begin{cases} k_{31} = 0 \\ k_{33} = 0 \end{cases} \end{cases} \text{或} \ k_{13} = 0 \begin{cases} k_{21} = 0 \begin{cases} k_{31} = 0 \\ k_{33} = 0 \end{cases} \\ k_{23} = 0 \begin{cases} k_{31} = 0 \\ k_{33} = 0 \end{cases} \end{cases} \tag{7-16}$$

$$\text{（3）} \quad k_{12} = 0 \begin{cases} k_{22} = 0 \begin{cases} k_{32} = 0 \\ k_{33} = 0 \end{cases} \\ k_{23} = 0 \begin{cases} k_{32} = 0 \\ k_{33} = 0 \end{cases} \end{cases} \text{或} \ k_{13} = 0 \begin{cases} k_{22} = 0 \begin{cases} k_{32} = 0 \\ k_{33} = 0 \end{cases} \\ k_{23} = 0 \begin{cases} k_{32} = 0 \\ k_{33} = 0 \end{cases} \end{cases}$$

在以下条件下分析：①任一波长处三种气体的吸收系数不能全为 0；②任何一种气体在三个波长处的吸收系数不能全为 0 或吸收系数很小，避免测量系统检测不到吸收信号。

以组合（1）中某一种情况为例进行分析，当 $k_{11} = 0$，$k_{21} = 0$ 时，$k_{31} \neq 0$，从①得出 k_{32} 只能等于 0，同时从②中得出 k_{33} 也只能等于 0。对③进行分析时分两种情况讨论，第一种：当 $k_{12} = 0$ 时，由于 $k_{11} = 0$，则 $k_{13} \neq 0$。由于 $k_{12} = 0$，$k_{32} = 0$，则 $k_{22} \neq 0$，因此从③可以推出 k_{23} 只能等于 0。第二种：当 $k_{13} = 0$ 时，由于 $k_{11} = 0$，则 $k_{12} \neq 0$。由于 $k_{13} = 0$，$k_{33} = 0$，

则$k_{23} \neq 0$，因此从③可以推出k_{22}只能等于 0。至此已经满足式（7-15）。

综上所述，需要满足的条件为$k_{11} = 0$，$k_{12} = 0$，$k_{13} \neq 0$，$k_{21} = 0$，$k_{22} \neq 0$，$k_{23} = 0$，$k_{31} \neq 0$，$k_{32} = 0$，$k_{33} = 0$。上述分析的是相互垂直的情况，实际上应该是吸收系数趋于 0 但不为 0。任何一种气体在三个波长处需要满足的条件是在某一波长处吸收系数不为 0，在其他两个波长处吸收系数很小，即对于仅有三种组分组成的混合气体，每一种气体需要满足在某一波长处吸收系数与其他两个波长处吸收系数差别较大，且这三种气体选择的吸收系数较大的波长位置不能相同。

类比到具有n种组分气体的情况下采用n个波长位置进行吸光度测量，即

$$\begin{cases} A_1 = k_{11}C_1 + k_{21}C_2 + \cdots + k_{n1}C_3 \\ A_2 = k_{12}C_1 + k_{22}C_2 + \cdots + k_{n2}C_3 \\ \cdots \\ A_n = k_{1n}C_1 + k_{2n}C_2 + \cdots + k_{3n}C_3 \end{cases} \tag{7-17}$$

其中，

$$\boldsymbol{A} = \begin{pmatrix} A_1 \\ A_2 \\ \vdots \\ A_n \end{pmatrix} \quad \boldsymbol{K} = \begin{pmatrix} k_{11} & k_{21} & \cdots & k_{n1} \\ k_{12} & k_{22} & \cdots & k_{n2} \\ \vdots & \vdots & & \vdots \\ k_{1n} & k_{2n} & \cdots & k_{nn} \end{pmatrix} \quad \boldsymbol{C} = \begin{pmatrix} C_1 \\ C_2 \\ \vdots \\ C_n \end{pmatrix} \tag{7-18}$$

根据克拉默法则：若线性方程组的系数行列式不等于零，即

$$D = \begin{vmatrix} k_{11} & k_{21} & \cdots & k_{n1} \\ k_{12} & k_{22} & \cdots & k_{n2} \\ \vdots & \vdots & & \vdots \\ k_{1n} & k_{2n} & \cdots & k_{nn} \end{vmatrix} \neq 0 \tag{7-19}$$

则方程组有唯一解，即

$$C_1 = \frac{D_1}{D}, C_2 = \frac{D_2}{D}, \cdots, C_n = \frac{D_n}{D} \tag{7-20}$$

其中，

$$D_j = \begin{vmatrix} k_{11} & \cdots & k_{j-1,1} & C_1 & k_{j+1,1} & \cdots & k_{n1} \\ k_{12} & \cdots & k_{j-1,2} & C_2 & k_{j+1,2} & \cdots & k_{n2} \\ \vdots & & \vdots & \vdots & \vdots & & \vdots \\ k_{1n} & \cdots & k_{j-1,n} & C_n & k_{j+1,n} & \cdots & k_{nn} \end{vmatrix} \tag{7-21}$$

若系数矩阵的行向量或列向量线性无关，则系数行列式D不等于 0。分析两种气体与三种气体时，得出最优波长的选择是在系数矩阵中行向量两两相互垂直的情况下，且得出的结论相同。因此类比到n种组分气体组成的混合气中波长的选择应满足：任何一种气体需要满足在某一波长处吸收系数与其他$n-1$个波长处吸收系数差别较大，且这n种气体选择的吸收系数较大的波长位置只能有一个且与其他气体不相同。

7.2　气体谱线的选择与分析

通过 HITRAN 数据库得到 CH_4、C_2H_2 和 CO_2 在波段 1 280~1 700 nm（5 882~7 813 cm^{-1}）的吸收光谱，如图 7-3 所示。上一节得出的结论为在选择待测气体时，任何一种气体需要满足在某一波长处吸收系数与其他 $n-1$ 个波长处吸收系数差别较大，且这 n 种气体选择的吸收系数较大的波长位置只能有一个且与其他气体不相同。从图中可以看出，CH_4 在 1 620~1 700 nm 具有较强的吸收谱线，C_2H_2 在 1 500~1 550 nm 具有较强的吸收谱线，CO_2 在 1 420~1 620 nm 具有三个较强的吸收峰，但相对于 CH_4 和 C_2H_2 而言谱线强度较低。可以看出，这三种气体具有强吸收谱线的波段彼此独立互不干扰，也满足多组分气体的最佳波长的选择条件。

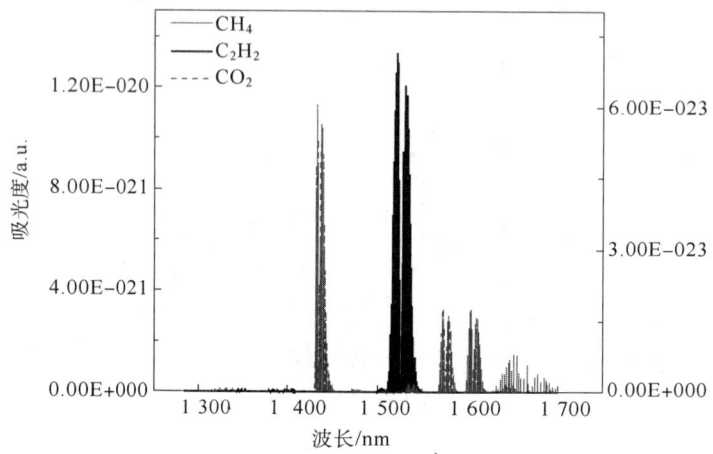

图 7-3　CH_4、C_2H_2 和 CO_2 在 1 280~1 700 nm 波段的吸收光谱（书后附彩插）

7.3　CO_2 和 CH_4 混合气体测量研究

7.3.1　实验过程

实验中，通过动态稀释校准仪控制标准气的流量，分别配制不同浓度的混合气体样本。将 1% CH_4 和 99.9% CO_2 标准气体通入配气系统，得到 11 组不同浓度的混合气体样品，每组浓度保存 10 个数据。本次实验中，CH_4 浓度保持恒定为 1%，加入不同浓度的 CO_2，CO_2 浓度配比为 5.0%、5.4%、5.9%、6.5%、6.9%、7.4%、7.9%、8.4%、9.0%、9.4%、10.0%。实验过程中，通过软件 PHySpecV2 设置参数在 1 420~1 700 nm 扫描，在不同波长处对混合气体测量，实现混合气体检测的定性分析，根据建立的吸光度峰值与浓度的测量模型可得到混合气体检测的定量分析。

7.3.2　CO_2 定量分析

图 7-4 显示了在 1 421~1 678 nm 波段浓度为 5%~10% CO_2 和浓度为 1% CH_4 混合气体的吸收光谱。从图中可以看出，1 421~1 450 nm、1 560~1 620 nm 是 CO_2 的强吸收光

谱，在此波段内 CO_2 吸收峰较多，主吸收峰分别在 1 432 nm、1 573 nm 和 1 603 nm 附近；1 620~1 677 nm 是 CH_4 的吸收峰，且最大的吸收峰位置在 1 667 nm 附近。当浓度为 5%~10%，随着 CO_2 浓度的增加，吸光度曲线峰值逐渐增加。

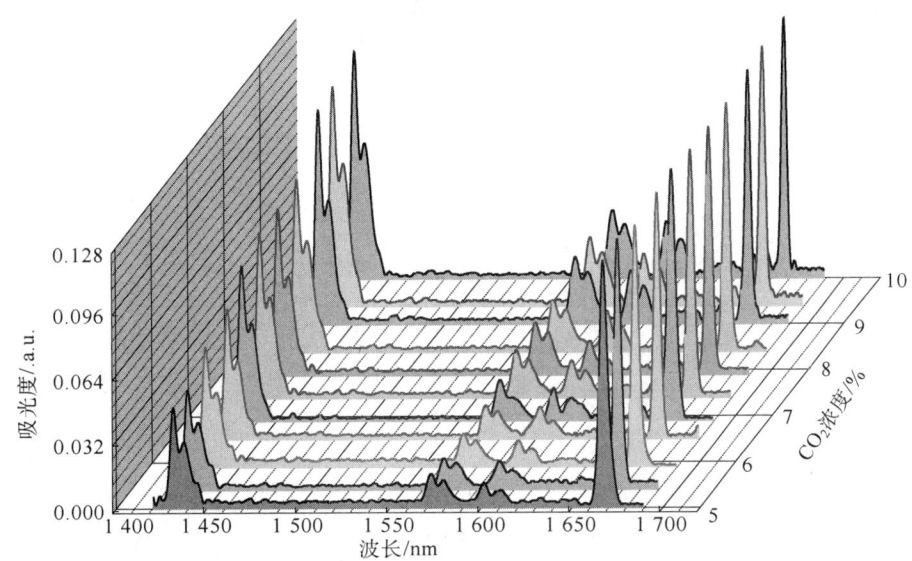

图 7-4　在 1 421~1 678 nm 波段 CO_2 和 CH_4 混合气体的吸收光谱

1. 最小二乘法

由于实验条件是在 CH_4 的浓度保持恒定的情况下进行的，因此将 CO_2 浓度与三个波段主吸收峰吸光度峰值进行最小二乘线性拟合，拟合结果如图 7-5 所示。CO_2 在 1 432 nm、1 572 nm 和 1 603 nm 波长处得到的吸光度峰值和气体浓度拟合函数 Y_1、Y_2 和 Y_3 分别为

$$Y_1 = 0.013\ 29X - 0.020\ 84 \tag{7-22}$$

$$Y_2 = 0.004\ 21X - 0.008\ 86 \tag{7-23}$$

$$Y_3 = 0.003\ 20X - 0.006\ 28 \tag{7-24}$$

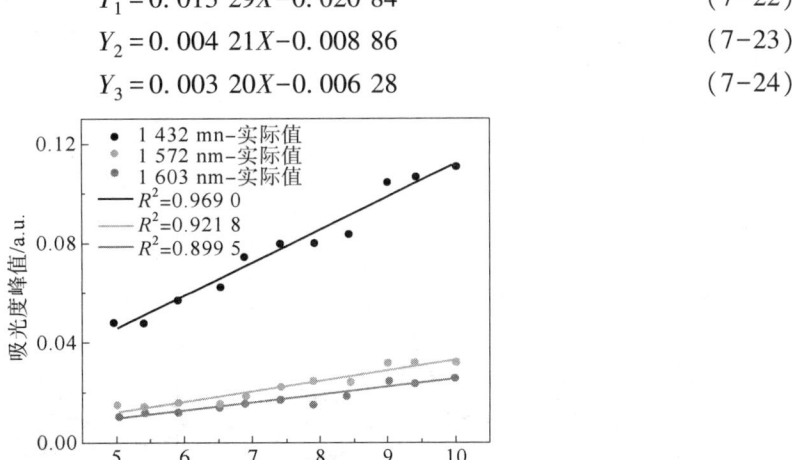

图 7-5　CO_2 在 1 432 nm、1 572 nm 和 1 603 nm 波长处得到的吸光度峰值和浓度拟合结果

Y_1、Y_2 和 Y_3 的拟合系数 R^2 分别为 0.969 0、0.921 8、0.899 5。从拟合系数来看，在混合气体测量实验研究中，拟合系数 R^2 较好，表明该套检测系统在混合气体浓度测量方

面也具有较好的线性关系。为了验证实验得到的 CO_2 吸光度峰值和浓度的测量模型，将吸光度峰值进行浓度反演，结果如表 7-1 所示。

表 7-1　混合气体中 CO_2 浓度反演结果

气体浓度/%	143 2 nm		1 572 nm		1 603 nm	
	反演浓度/%	相对误差/%	反演浓度/%	相对误差/%	反演浓度/%	相对误差/%
5.0	5.216	4.32	5.803	16.06	5.434	8.68
5.4	5.188	3.92	5.463	1.17	5.931	9.83
5.9	5.904	0.07	5.710	3.22	5.603	5.03
6.5	6.286	3.29	5.760	11.38	6.563	0.97
6.9	7.221	4.65	6.600	4.35	6.619	4.07
7.4	7.591	2.58	7.387	0.18	7.284	1.57
7.9	7.618	3.57	7.891	0.11	6.778	14.20
8.4	7.855	6.49	7.884	6.14	7.863	6.39
9.0	9.419	4.66	9.720	8.00	9.847	9.41
9.4	9.597	2.10	9.846	4.74	9.606	2.19
10.0	9.877	1.23	9.791	2.09	10.363	3.63

从表 7-1 中可以看出，混合气体中 CO_2 浓度反演结果在 1 432 nm 波长处 CO_2 检测的浓度相对误差最大为 6.49%，在 1 572 nm 波长处 CO_2 检测的浓度相对误差最大为 16.06%，在 1 603 nm 波长处 CO_2 检测的浓度相对误差最大为 14.20%。为了探究峰值法与积分面积法对定量分析的影响结果，在 1 432 nm、1 572 nm、1 603 nm 附近峰值处选取左右两侧波长分别为 2 nm、4 nm 和 6 nm 的吸光度数据，分别求取它们的积分面积。将峰值和积分面积与 CO_2 浓度进行线性拟合，结果如图 7-6 所示。通过对比 R^2，对峰值法和积分面积法进行分析，选出实验中最优积分面积。

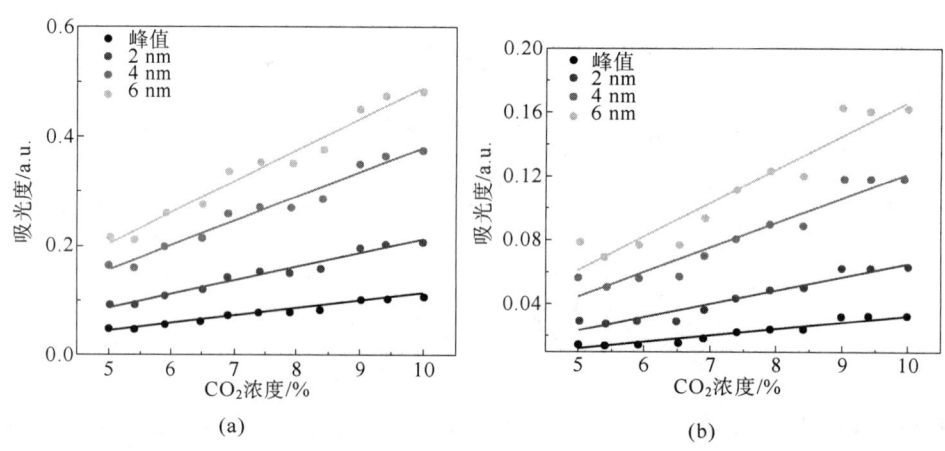

图 7-6　峰值和积分面积与 CO_2 浓度线性拟合结果（书后附彩插）

(a) 1 432 nm；(b) 1 572 nm

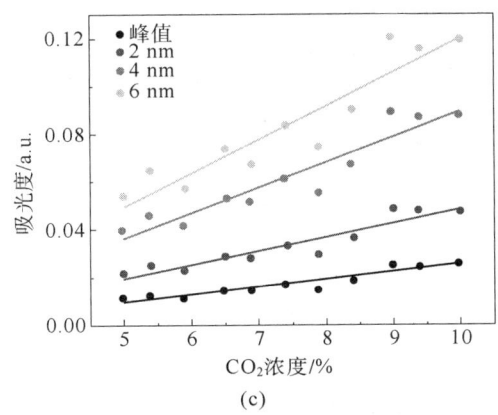

图 7-6　峰值和积分面积与 CO₂ 浓度线性拟合结果（书后附彩插）（续）

（c）1 603 nm

从表 7-2 中可以看出，在 1 432 nm 附近时所建立的模型 R^2 最大为 0.970 9，此时拟合效果最好，选取的是中心波长两侧波长为 4 nm 处的吸光度数据；在 1 572 nm 附近时所建立的模型 R^2 最大为 0.934 5，此时拟合效果最好，选取的是中心波长两侧波长为 2 nm 处的吸光度数据；在 1 603 nm 附近时所建立的模型 R^2 最大为 0.899 5，此时拟合效果最好，选取的是峰值处的吸光度数据。

表 7-2　两种方法的 R^2 对比分析

R^2 中心波长/nm	峰值	2 nm	4 nm	6 nm
1 432	0.969 0	0.969 9	0.970 9	0.970 7
1 572	0.921 8	0.934 5	0.920 4	0.915 2
1 603	0.899 5	0.893 4	0.887 5	0.876 7

2. 偏最小二乘回归

以 CO_2 和 CH_4 的混合气数据建模，将光谱数据与浓度数据进行偏最小二乘回归建模。计算选取不同因子数时的预测残差平方和 PRESS，根据 PRESS 值的增减趋势确定最佳因子数并建立 PLS 模型。当 PRESS 值最低时，对应的即为最佳因子数。

本实验中的不同因子数的 PRESS 变化趋势如图 7-7 所示。从图中可以看出，当因子数为 4 时，PRESS 值达到很低，当因子数再增加时 PRESS 值已经趋于平缓，并没有明显降低。根据最佳因子数的选取原则，可以确定最佳因子数为 4。利用偏最小二乘回归建立因子数为 4 时的模型，得到的浓度预测效果图和残差图如图 7-8 所示，预测结果如表 7-3 所示。

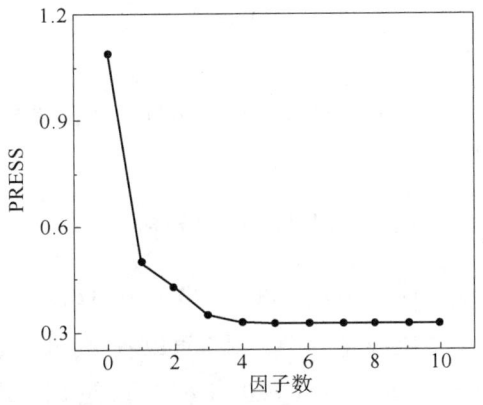

图 7-7　不同因子数的 PRESS 变化趋势

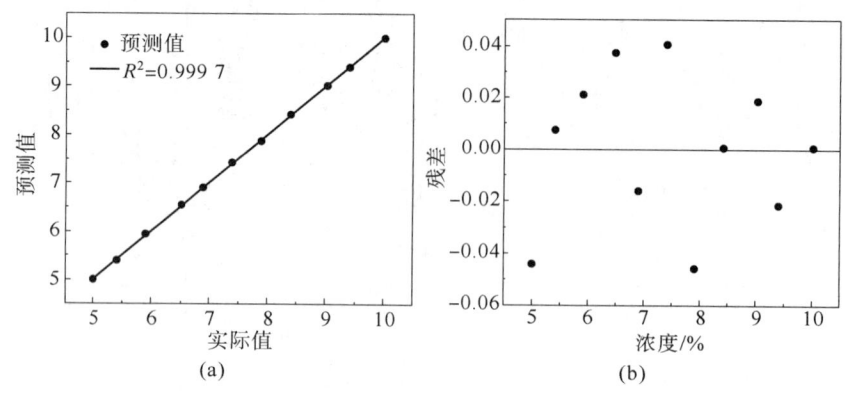

图 7-8 浓度预测效果图和残差图

（a）效果图；（b）残差图

表 7-3 回归模型预测结果

算法	因子数	R^2	RMSE	SSE
PLS	4	0.999 7	0.030 86	0.008 57

从图 7-8 的效果图和残差图看，残差最大不超过 0.05，可知偏最小二乘回归模型具有很好的回归效果和预测能力；从表 7-3 可以看出，回归模型的 R^2 为 0.999 7，RMSE 为 0.030 86，SSE 为 0.008 57。

7.4 C_2H_2 和 CH_4 混合气体测量研究

实验中，通过动态稀释校准仪控制标准气的流量，分别配制不同浓度的混合气体样本。将 1% CH_4 和 1 000 ppm C_2H_2 标准气体通入配气系统，分别进行两组实验，第一组是 CH_4 浓度保持恒定为 1%，并通入不同浓度的 C_2H_2，C_2H_2 浓度配比为 50~275 ppm，间隔为 25 ppm，通过电脑端参数设置波长为 1 490~1 690 nm；第二组是 C_2H_2 浓度保持恒定为 1 000 ppm，并通入浓度为 500~1 000 ppm、间隔为 50 ppm 的 CH_4，实验过程中，通过软件 PHySpecV2 设置参数在 1 500~1 680 nm 扫描。在不同波长处对混合气体测量，实现混合气体检测的定性分析，根据建立的吸光度峰值与浓度的测量模型可得到混合气体检测的定量分析。

7.4.1 C_2H_2 定量分析

图 7-9 显示了在 1 490~1 690 nm 波段浓度为 50~275 ppm C_2H_2 和浓度为 1% CH_4 混合气体的吸收光谱。从图中可以看出，1 500~1 550 nm 是 C_2H_2 的强吸收光谱，主吸收峰大约在 1 520 nm；1 620~1 675 nm 是 CH_4 的吸收峰，且最大的吸收峰位置在 1 667 nm 处。当浓度为 50~275 ppm，随着 C_2H_2 浓度的增加，吸光度曲线峰值逐渐增加。

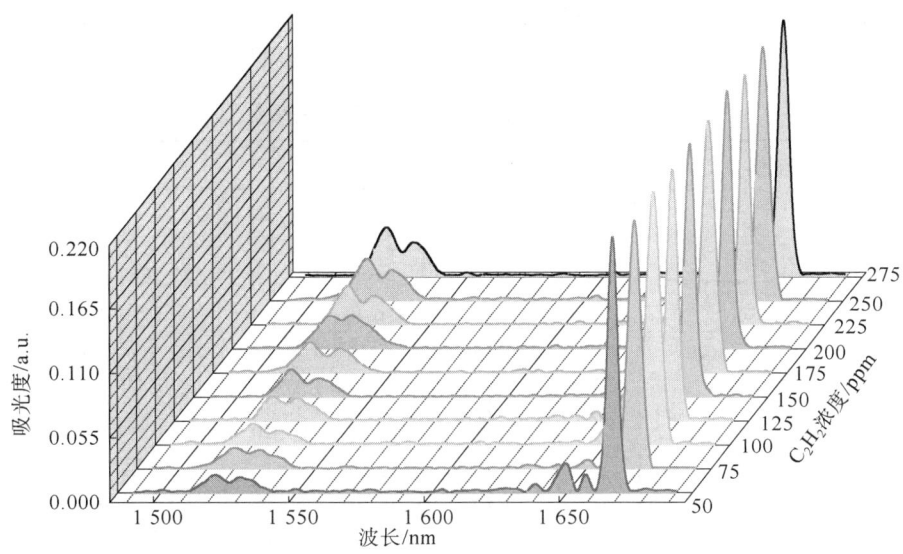

图 7-9 在 1 490~1 690 nm 波段 C₂H₂ 和 CH₄ 混合气体的吸收光谱

1. 最小二乘法

由于实验条件是在 CH₄ 的浓度保持恒定的情况下进行的，因此将 C₂H₂ 浓度与主吸收峰吸光度峰值进行最小二乘法线性拟合，拟合结果如图 7-10 所示。C₂H₂ 在 1 520 nm 波长处得到的吸光度峰值和气体浓度拟合函数为

$$Y_1 = 1.039\ 38 \times 10^{-4} X + 0.008\ 72 \qquad (7-25)$$

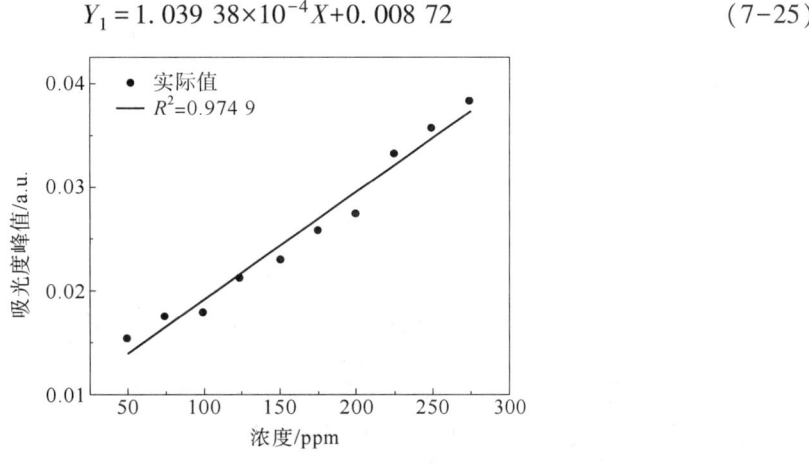

图 7-10 C₂H₂ 在 1 520 nm 波长处得到的吸光度峰值和浓度拟合结果

Y_1 的拟合系数 R^2 为 0.974 9。从拟合系数来看，在混合气体测量实验研究中，拟合系数 R^2 大于 0.97，表明该套检测系统在混合气体浓度测量方面也具有较好的线性关系。为了验证实验得到的 C₂H₂ 吸光度峰值和浓度的测量模型，将吸光度峰值进行浓度反演，结果如表 7-4 所示。

从表 7-4 中可以看出，混合气体中 C₂H₂ 浓度反演结果相对误差最大为 28.15%。为了探究峰值法与积分面积法对定量分析的影响结果，在 1 520 nm 附近峰值处选取左右两侧波长分别为 2 nm、4 nm、6 nm、8 nm、10 nm 的吸光度数据，分别求取它们的积分面积。将

峰值和积分面积与 C_2H_2 浓度进行线性拟合，结果如图 7-11 所示。以 R^2 为评价指标，对峰值法和积分面积法进行比较分析，选出实验中最优积分面积。

表 7-4 混合气体中 C_2H_2 浓度反演结果

气体浓度/ppm	反演浓度/ppm	相对误差/%
50	64.077	28.15
75	86.494	15.33
100	90.054	9.95
125	119.975	4.02
150	139.795	6.80
175	165.387	5.49
200	187.131	6.43
225	235.236	4.55
250	259.674	3.87
275	317.978	15.63

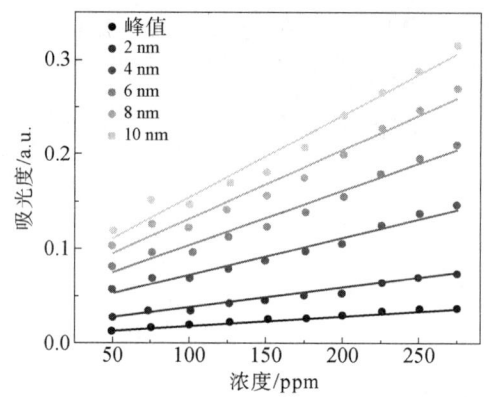

图 7-11 峰值和积分面积与 C_2H_2 浓度线性拟合结果（书后附彩插）

从表 7-5 中可以看出，在 1 520 nm 附近时采用两种方法所建立的模型 R^2 最大为 0.977 5，此时拟合结果最好，选取的是中心波长两侧波长为 4 nm 处的吸光度数据。

表 7-5 两种方法的 R^2 对比分析

R^2 中心波长/nm	峰值	2 nm	4 nm	6 nm	8 nm	10 nm
1 520	0.974 9	0.976 7	0.977 5	0.976 9	0.974 7	0.970 7

2. 偏最小二乘回归

将 50~275 ppm C_2H_2 和浓度为 1% CH_4 混合气体的光谱数据与浓度数据进行偏最小二乘回归建模。计算选取不同因子数时的预测残差平方和 PRESS，根据 PRESS 值的增减趋势确定最佳因子数并建立 PLS 模型。当 PRESS 值最低时，对应的即为最佳因子数。

　　本实验中的不同因子数的 PRESS 变化趋势如图 7-12 所示。从图中可以看出，当因子数为 2 时，PRESS 值达到最低，且之后因子数增加 PRESS 值呈现先增加后降低的趋势。根据最佳因子数的选取原则，可以确定最佳因子数为 2。利用偏最小二乘回归建立因子数为 2 时的模型，得到的浓度预测效果图和残差图如图 7-13 所示。

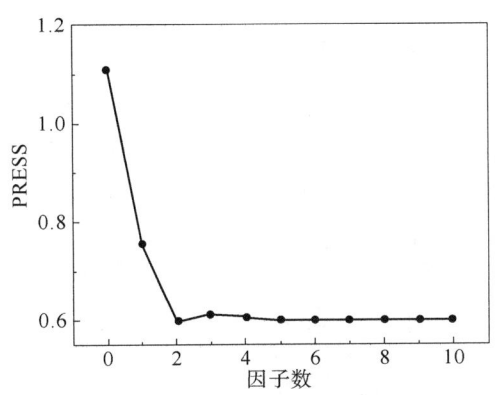

图 7-12　不同因子数的 PRESS 变化趋势

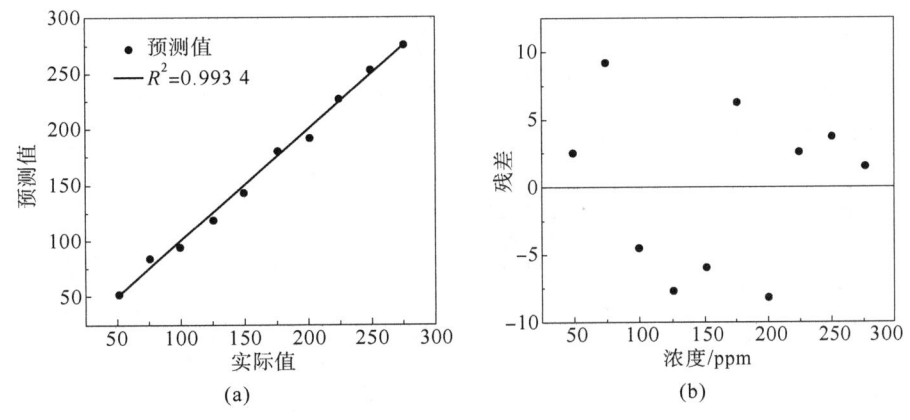

图 7-13　浓度预测效果图和残差图

（a）效果图；（b）残差图

　　从图 7-13 的效果图来看，回归模型的 R^2 为 0.993 4；从残差图看，残差最大不超过 10 ppm。实验结果表明，在 CH_4 浓度恒定，C_2H_2 浓度变化的情况下，采用偏最小二乘法建立定量模型具有很好的预测效果。

7.4.2　CH_4 定量分析

　　图 7-14 显示了在 1 500~1 680 nm 波段浓度为 500~1 000 ppm 的 CH_4 和浓度为 1 000 ppm 的 C_2H_2 混合气体的吸收光谱。从图中可以看出，1 500~1 550 nm 是 C_2H_2 的强吸收光谱，主吸收峰大约在 1 520 nm 处；1 620~1 675 nm 是 CH_4 的吸收光谱，且最大的吸收峰位

置在 1 667 nm 处。当浓度为 500~1 000 ppm，随着 CH$_4$ 浓度的增加，吸光度曲线峰值逐渐增加。

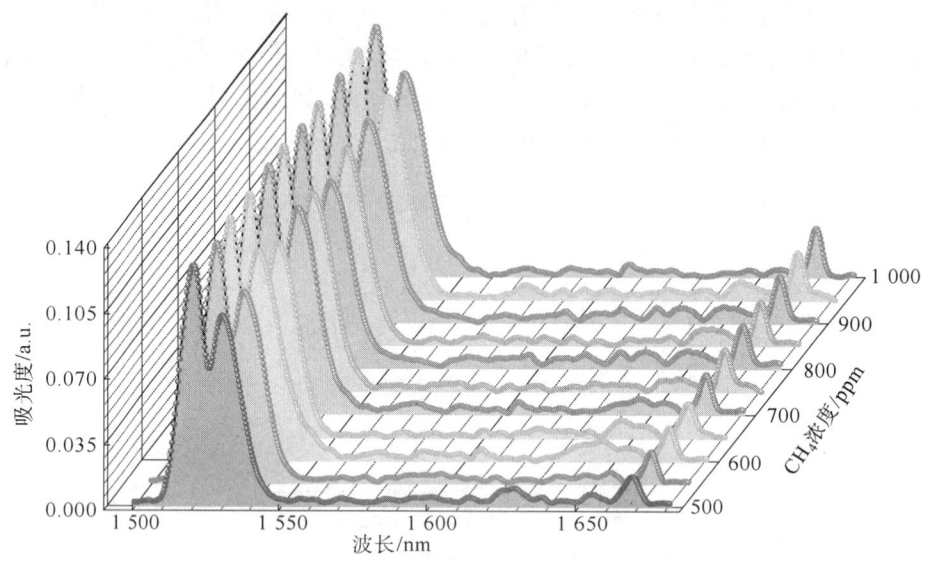

图 7-14 在 1 500~1 680 nm 波段 CH$_4$ 和 C$_2$H$_2$ 混合气体的吸收光谱

1. 最小二乘法

由于实验条件是在 C$_2$H$_2$ 的浓度保持恒定的情况下进行的，因此将 CH$_4$ 浓度与主吸收峰吸光度峰值进行最小二乘法线性拟合，拟合结果如图 7-15 所示。CH$_4$ 在 1 667 nm 波长处得到的吸光度峰值和气体浓度拟合函数为

$$Y_1 = 2.083\ 46 \times 10^{-5} X + 0.005\ 86 \tag{7-26}$$

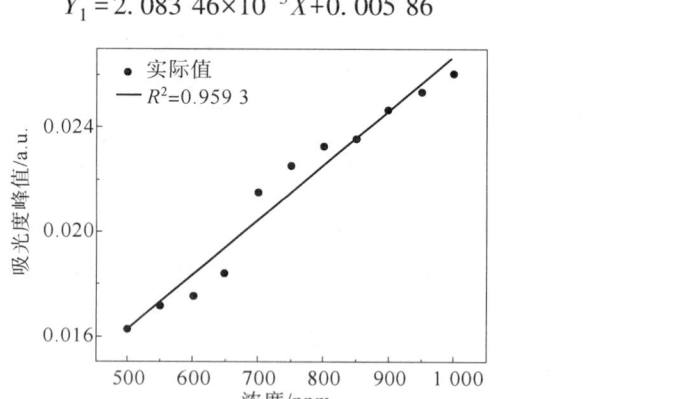

图 7-15 CH$_4$ 在 1 667 nm 波长处得到的吸光度峰值和浓度拟合结果

Y_1 的拟合系数 R^2 为 0.959 3。从拟合系数来看，在混合气体测量实验研究中，拟合系数 R^2 较好，表明该套检测系统在混合气体浓度测量方面也具有较好的线性关系。为了验证实验得到的 CH$_4$ 吸光度峰值和浓度的测量模型，将吸光度峰值进行浓度反演，结果如表 7-6 所示。

表 7-6　混合气体中 CH$_4$ 浓度反演结果

气体浓度/ppm	反演浓度/ppm	相对误差/%
500	501.090	0.22
550	544.767	0.95
600	559.166	6.81
650	602.363	7.33
700	753.074	7.58
750	799.151	6.55
800	834.189	4.27
850	849.068	0.11
900	904.745	0.53
950	934.503	1.63
1000	967.141	3.29

从表 7-6 中可以看出，混合气体中 CH$_4$ 浓度反演结果相对误差最大为 7.58%。为了探究峰值法与积分面积法对定量分析的影响结果，在 1 667 nm 附近峰值处选取左右两侧波长分别为 2 nm、4 nm、6 nm、8 nm 和 10 nm 的吸光度数据，分别求取它们的积分面积。将峰值和积分面积与 CH$_4$ 浓度进行线性拟合，结果如图 7-16 所示。通过对比 R^2，对峰值法和积分面积法进行比较分析，选出实验中最优积分面积。

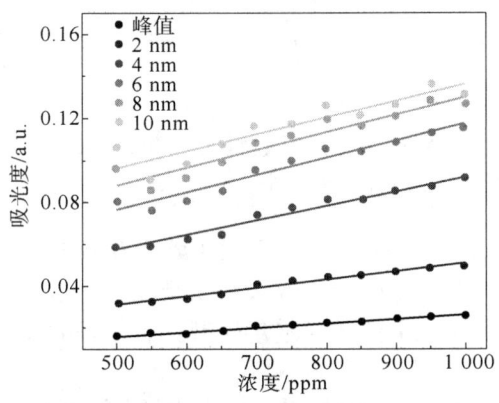

图 7-16　峰值和积分面积与 CH$_4$ 浓度线性拟合结果 （书后附彩插）

从表 7-7 中可以看出，在 1 667 nm 附近时采用两种方法所建立的模型 R^2 最大为 0.964 3，此时拟合结果最好，选取的是中心波长两侧波长为 2 nm 处的吸光度数据。

表 7-7　两种方法的 R^2 对比分析

R^2 中心波长/nm	峰值	2 nm	4 nm	6 nm	8 nm	10 nm
1 667	0.959 3	0.964 3	0.963 1	0.948 9	0.906 9	0.836 3

2. 偏最小二乘回归

将 500~1 000 ppm 的 CH_4 和浓度为 1 000 ppm 的 C_2H_2 的光谱数据与浓度数据进行偏最小二乘回归建模。计算选取不同因子数时的预测残差平方和 PRESS，根据 PRESS 值的增减趋势确定最佳因子数并建立 PLS 模型。当 PRESS 值最低时，对应的即为最佳因子数。

本实验中的不同因子数的 PRESS 变化趋势如图 7-17 所示。从图中可以看出，PRESS 在因子数为 1 的时候达到最大，之后快速下降。当因子数为 3 时，PRESS 值达到最低，之后因子数增加 PRESS 值呈现先增加后减小的趋势。根据最佳因子数的选取原则，可以确定最佳因子数为 3。利用偏最小二乘回归建立因子数为 3 时的模型，得到的浓度预测效果图和残差图如图 7-18 所示。

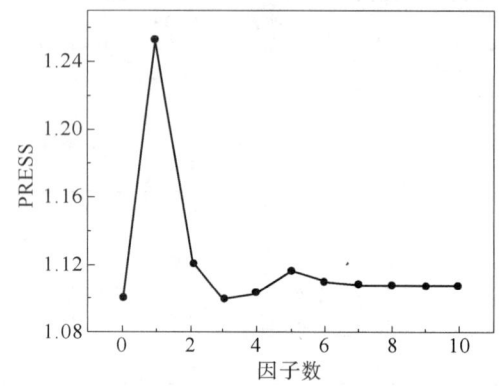

图 7-17　不同因子数的 PRESS 变化趋势

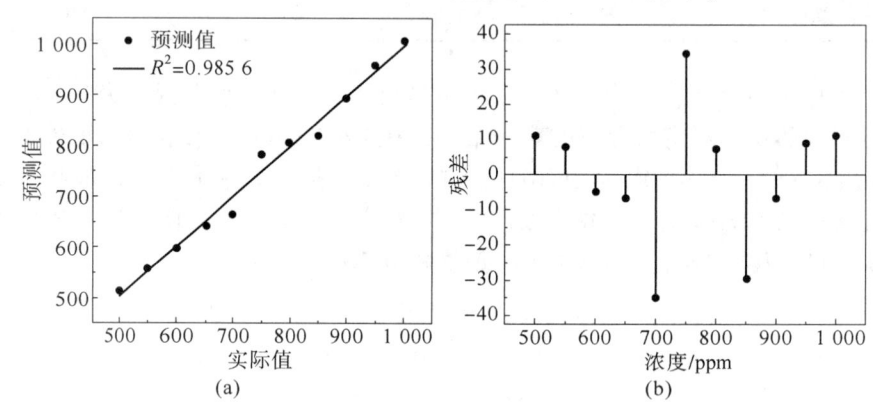

图 7-18　浓度预测效果图和残差图
（a）效果图；（b）残差图

从图 7-18 的效果图和残差图看，回归模型的 R^2 为 0.985 6，残差最大不超过 40 ppm，可知偏最小二乘回归模型具有很好的回归效果和预测能力。这说明，在 CO_2 和 CH_4 混合气浓度测量研究中，采用偏最小二乘法建立定量模型具有很好的预测效果。

7.5　多组分气体测量研究

实验中，将 20% CO_2、1% CH_4 和 1 000 ppm 的 C_2H_2 标准气体通入配气系统，通过动态稀释校准仪控制标准气体的流量，分别配制 24 组不同浓度的混合气体样本。实验过程中通过软件 PHySpecV2 设置参数在 1 419~1 699 nm 扫描。

本次实验中，C_2H_2 浓度保持恒定为 1 000 ppm，加入不同浓度的 CO_2 和 CH_4，浓度配比如表 7-8 所示。图 7-19 显示了 CO_2、CH_4 和 C_2H_2 混合气体的吸收光谱。将 24 个浓度梯度样本划分为校正集和测试集，划分方法如下：将所有样本按照浓度从小到大顺序排列，划分为 8 个区间，每个区间有三个样本，选择每个区间的中间样本作为预测集，可使校正集与预测集的浓度分布均匀，选择的校正集样本为 16 个，预测集样本为 8 个。

表 7-8　CO_2 和 CH_4 浓度配比

气体组分	浓度配比/%							
CO_2	1.0	1.1	1.2	1.3	1.4	1.5	1.6	1.7
CH_4	0.050	0.055	0.060	0.065	0.070	0.075	0.080	0.085
CO_2	1.8	1.9	2.0	2.1	2.2	2.3	2.4	2.5
CH_4	0.090	0.095	0.100	0.105	0.110	0.115	0.120	0.125
CO_2	2.6	2.7	2.8	2.9	3.0	3.1	3.2	3.3
CH_4	0.130	0.135	0.140	0.145	0.150	0.155	0.160	0.165

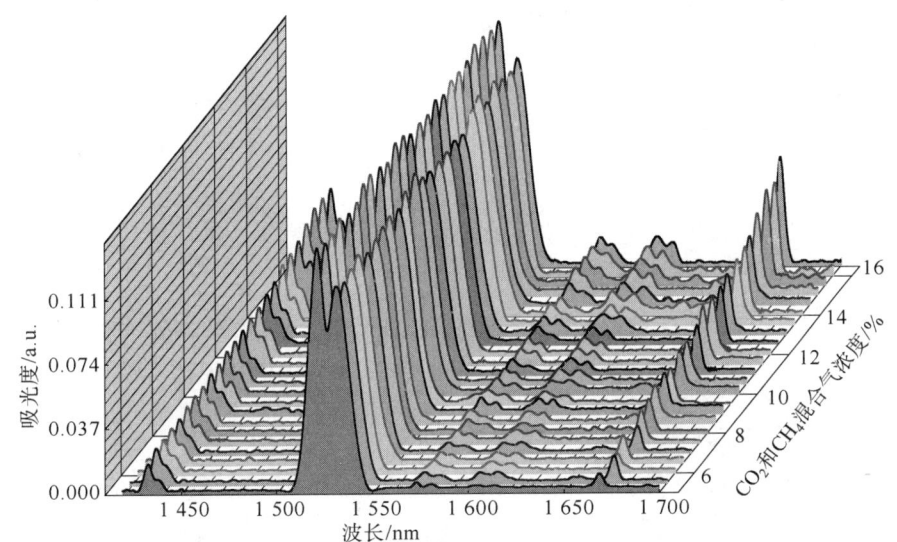

图 7-19　CO_2、CH_4 和 C_2H_2 混合气体的吸收光谱

在 PLS 方法建模中，利用"留一交叉验证法"，实验通过计算预测残差平方和 PRESS 求取最佳的因子数，PLS 建模中不同因子数与 PRESS 的关系如图 7-20 所示。根据图中 PRESS 值随因子数增加的变化趋势，当 PLS 的因子数为 3 时，PRESS 达到最小且增加因子数也不能提高预测效果。因此选取 PLS 的最佳因子数为 3。

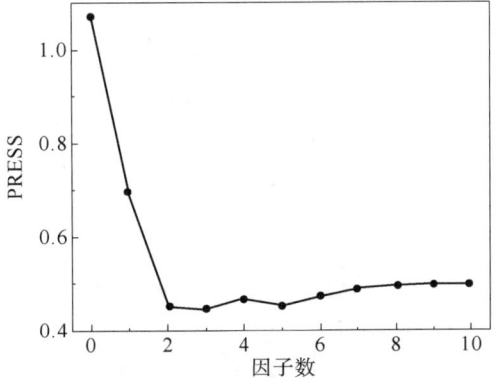

图 7-20　不同因子数与 PRESS 的关系

利用校正集光谱数据建立的 PLS 回归模型对校正集的 16 个样本和预测集的 8 个样本进行预测，CO_2 和 CH_4 浓度预测效果图和残差图如图 7-21 和图 7-22 所示。本节利用校正集决定系数（R_c^2）、校正集均方根误差（RMSEC）、预测集决定系数（R_p^2）和预测集均方根误差（RMSEP）来评价建立模型的优劣。

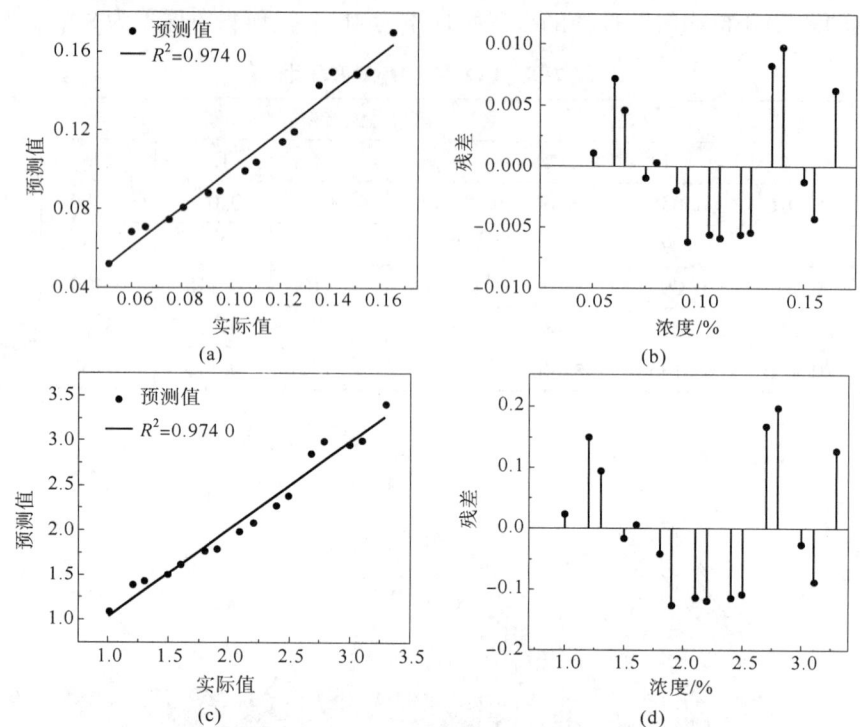

图 7-21　校正集 CO_2 浓度预测效果图和残差图与 CH_4 浓度预测效果图和残差图

（a）CO_2 效果图；（b）CO_2 残差图；（c）CH_4 效果图；（d）CH_4 残差图

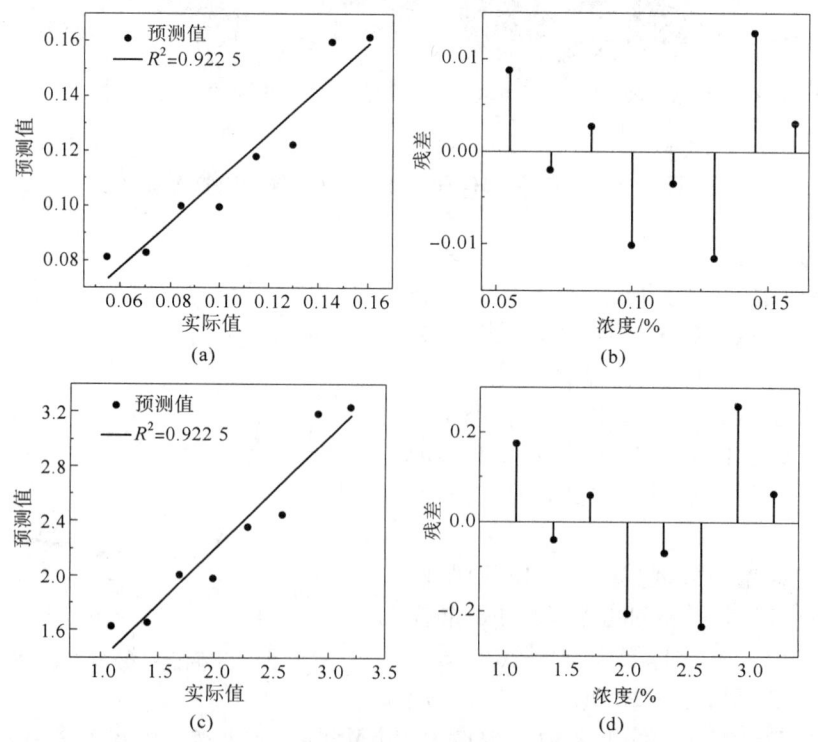

图 7-22　预测集 CO_2 浓度预测效果图和残差图与 CH_4 浓度预测效果图与残差图

（a）CO_2 效果图；（b）CO_2 残差图；（c）CH_4 效果图；（d）CH_4 残差图

从图 7-21（a）和（c）的效果图和表 7-9 可以看出，R_c^2 均为 0.974 0；从图 7-21（b）和（d）中可以看出，CO_2 浓度预测残差最大不超过 0.010，CH_4 浓度预测残差最大不超过 0.2。从图 7-22（a）和（c）的效果图和表 7-9 可以看出，R_p^2 均为 0.922 5；从图 7-22（b）和（d）中可以看出，CO_2 浓度预测残差最大不超过 0.015，CH_4 浓度预测残差最大不超过 0.25。从表 7-9 中得出 CO_2 和 CH_4 的 RMSEC 分别为 0.005 91、0.118 13，RMSEP 分别为 0.009 35、0.187 10，这说明校正模型和预测模型都具有较好的相关性，在多组分混合气浓度测量研究中采用偏最小二乘法建立定量模型具有较好的预测效果。

表 7-9　校正集和预测集的预测结果

气体组分	校正集		预测集	
	R_c^2	RMSEC	R_p^2	RMSEP
CO_2	0.974 0	0.005 91	0.922 5	0.009 35
CH_4	0.974 0	0.118 13	0.922 5	0.187 10

7.6　本章小结

本章提出了一种多组分气体最佳波长选择方法，建立了多组分气体的吸光度数学模型，从几何意义的角度分析了多组分气体最佳波长的选取条件。利用该方法选取 CO_2、CH_4 和 C_2H_2 的多组分气体最佳波长，进行了多组分气体浓度测量实验。

（1）进行了 CO_2 和 CH_4 混合气体测量实验并得到混合光谱数据，采用最小二乘法建立 CO_2 浓度和吸光度的定量分析模型，对比了峰值法和积分面积法对定量分析模型的影响并选取了最佳分析方法，利用偏最小二乘回归方法建立 PLS 模型，得出基于偏最小二乘算法建立的模型预测效果优于基于最小二乘法建立的模型。

（2）进行了 CH_4 和 C_2H_2 混合气体测量实验并得到混合气体光谱数据，采用最小二乘法分别建立 CH_4 和 C_2H_2 浓度和吸光度的定量分析模型，对比了峰值法和积分面积法对定量分析模型的影响，基于偏最小二乘法建立 PLS 模型，得出利用偏最小二乘法建立的模型预测效果优于采用最小二乘法建立的模型。

（3）进行了 CO_2、CH_4 和 C_2H_2 三种混合气体测量实验并得到混合光谱数据，将光谱数据划分为校正集和测试集，采用偏最小二乘回归方法建立 PLS 模型，并利用校正集决定系数（R_c^2）、校正集均方根误差（RMSEC）、预测集决定系数（R_p^2）和预测集均方根误差（RMSEP）来评价模型的优劣。

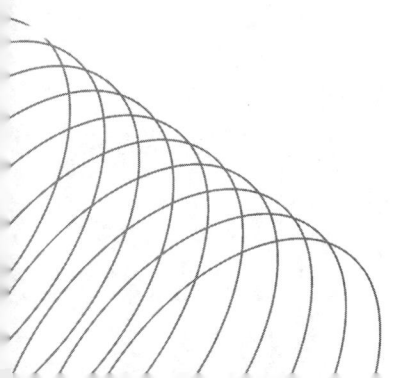

下 篇

激光诱导击穿光谱技术

第 8 章
激光诱导击穿光谱技术的介绍

8.1 激光诱导击穿光谱原理

激光诱导击穿光谱（LIBS）技术属于原子发射分析光谱法，当激光聚焦至靶材表面时，靶材表面会产生瞬态的等离子体，由激光诱导产生的高温等离子体会向外辐射具有特征的光子信号。通过对不同特征光谱信号进行分析，得到样品中物质的成分和含量，对分析样品进行定性和定量分析[95]。传统的 LIBS 系统主要由四部分组成，分别为光源、光路、光谱采集、计算机显示。主要涉及的仪器包括激光器、光纤、光谱仪、透镜组、计算机、三维平台等。激光器的作用是发射高能量激光，经过聚焦透镜激发样品，使样品产生等离子体。目前，常用激光器包括固体激光器和气体激光器，具体参数如表 8-1 所示。

表 8-1　激光器相关参数及特点

种类	波长/nm	频率/Hz	特点
固体激光器	266、532、1 064	<20	方向性、单向性、相干性、功率高、脉冲短
气体激光器	ArF：194 KrF：248 XeCl：308	<200	①输出波长短，主要在紫外到可见光波段； ②高重复喷率运转； ③稳定性较差

LIBS 技术的测量原理如图 8-1 所示，一束高能量激光经聚焦透镜作用于样品表面，

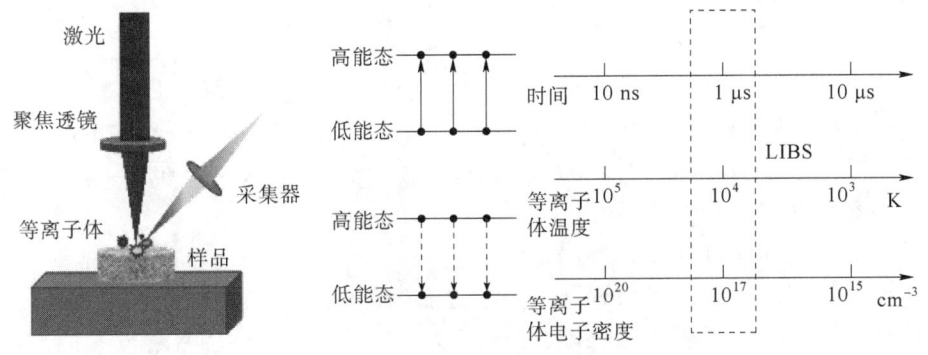

图 8-1　LIBS 技术的测量原理

只有当激光能量满足样品的击穿阈值时，样品表面才会瞬间蒸发，产生高温的等离子体，随后采用采集器对等离子体光谱信号进行采集。样品表面被激发出等离子体是粒子从低能级态跃迁至高能级态；当激光停止工作后，等离子体逐渐湮灭，产生的粒子便从高能级态落回到低能级态，同时会向外辐射具有特征信息的光子信号。通过对该光信号进行采集分析，进而得到各元素的光谱图。

8.1.1 等离子体形成过程

等离子体（Plasma）[96]是一个聚合状态，包括电子、中性原子、带电粒子等多种组成成分。当物质在一段时间内获得足够多的外界能量后，外层的电子挣脱束缚后进行自由运动，该过程称为电离，这样就形成了等离子体，其形成过程如图 8-2 所示。

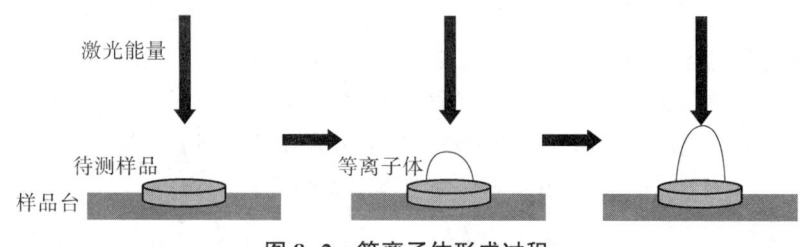

图 8-2　等离子体形成过程

LIBS 技术将激光打到待测样品表面后产生等离子体，等离子体产生过程可以分为激光烧蚀阶段、汽化和击穿阶段、辐射阶段。

（1）激光烧蚀阶段：脉冲激光器发射出的光束经平面镜反射到凸透镜的表面，然后聚焦到样品表面，形成激光烧蚀现象。

（2）汽化和击穿阶段：待测样品受到激光持续的击打，激光能量被样品吸收，超过一定的激光能量阈值后，会发生熔化、汽化的现象，这时电子可以自由地逸出，粒子之间的碰撞速率加快。

（3）辐射阶段：等离子体在经过反复的膨胀过程，直到完全消耗吸收的激光能量后，温度开始下降，并不断向外扩散和膨胀。

8.1.2 等离子体特征参数

等离子体的形成过程产生的光谱可分为连续辐射光谱、离子辐射光谱和原子辐射光谱[97]。图 8-3 为等离子体随延迟时间的辐射顺序，在等离子刚形成之时，产生的光谱信号主要分为黑体辐射和韧致辐射，随着时间推移，等离子体逐渐向外膨胀，等离子体便在短时间内湮灭，此时会存在短暂的连续光谱，随着等离子体逐渐湮灭，分立谱线便开始形成并出现，

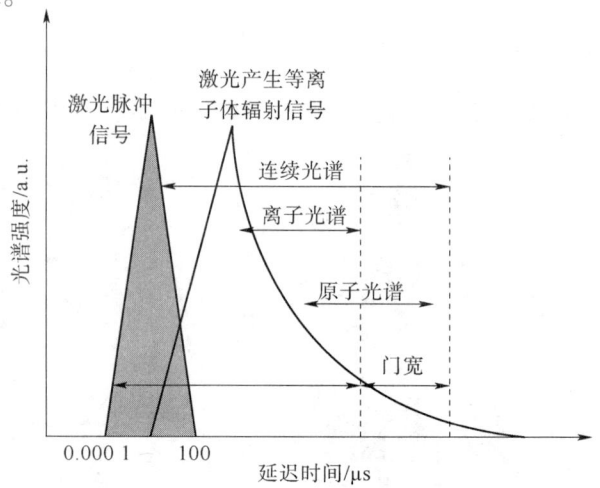

图 8-3　等离子体随延迟时间的辐射顺序

该过程主要是原子和离子的辐射[98-99]。影响发射光谱信号的主要参数分别为等离子体温度和等离子体电子密度。

1. 等离子体温度

等离子体温度是等离子体特性的重要参数，通常采用 Boltzmann 图法进行求解。Boltzmann 图解法是求解等离子体温度最为常见的一种方法，除此之外还有双线法[100]。Boltzmann 法是从光谱信号中选择多条谱线，例如 1 级、2 级、3 级，通过公式建立 Boltzmann 平面，其计算方法为

$$\ln \frac{\lambda I_{ij}}{g_i A_{ij}} = -\frac{E_k}{k_B T} + C \tag{8-1}$$

其中，I_{ij} 是发射谱线强度；λ 是某谱线波长；g_{ij} 是某谱线的上能级简并；A_{ij} 为跃迁概率；E_k 为谱线上能级能量。上述相关参数均可从 NIST 数据库查得，通过构建 $\ln \frac{\lambda I_{ij}}{g_i A_{ij}}$ 与 E_k 的关系，绘制两者的函数关系图，通过对拟合直线斜率 b 求解，得到等离子体温度，即

$$T = -\frac{1}{k_B b} \tag{8-2}$$

2. 等离子体电子密度

等离子体电子密度同样为等离子体特性的一个重要参数[101]。对于等离子体电子密度，通常采用 Stark 展宽进行求解，即

$$\Delta\lambda_{1/2} = 2\omega\left(\frac{N_e}{10^{16}}\right) + 3.5A\left(\frac{N_e}{10^{16}}\right)^{1/4} \times (1 - 0.75\,N_D^{-1/3})\omega\left(\frac{N_e}{10^{16}}\right) \tag{8-3}$$

等式右侧依次表示为电子展宽、离子展宽，因为离子的 Stark 展宽是远远小于电子的 Stark 展宽，所以一般在计算中忽略离子展宽，所以等离子体电子密度可表示为

$$\Delta\lambda_{1/2} = 2\omega\left(\frac{N_e}{10^{16}}\right) \tag{8-4}$$

其中，ω 为电子碰撞参数。该参数可由相关文献得到，故对于电子密度的计算只需求得特征谱线半宽全高即可。

8.1.3 激光诱导击穿光谱技术的定量分析

定性分析是定量分析的基础，在任何检测方法中，都希望得到某种物质的某些元素的含量。对于实际测量，得到准确、高精度的检测结果是最终目标。定性分析的实质是得到某种物质含有的元素，定量分析的实质是得到某些元素的浓度。通过对已获得的定性分析结果的光谱数据进行不同方法的处理，得到精确的元素含量。由于物质中某种元素含量与谱线强度密切相关，所以根据元素含量和采集到的光谱数据构建定标分析模型，这类方法被称为定量分析。在 LIBS 检测过程中，检测灵敏度会受到基体效应、自吸收效应的影响，所以为了实现高精度测量，便出现了大量数据处理方法，主要有外标法、内标法、自由定标法、支持向量回归法[102]、随机森林回归法[103]、偏最小二乘法[104]、自相关法和神经网络法[105] 等。

1. 外标法

当等离子体处于 LTE (Local Thermal Equilibrium)，即物质呈局部热力学平衡时，在一般环境中，待测元素的含量与光谱强度呈正比关系[106]：

$$I = aC \tag{8-5}$$

其中，I 为待测元素光谱强度；C 为待测元素含量；a 为常数。因为在等离子体形成过程中会受到粒子自吸收效应的影响，因此需要对其进行修正，即

$$I = aC^b \tag{8-6}$$

其中，b 为自吸收效应相关参数，该参数与激光能量、待测元素浓度有关。当待测元素含量相当少时，自吸收效应影响很小，可以忽略，此时 $b \approx 1$。该条件便可认为待测元素含量与谱线强度呈正比关系，根据光谱数据对其进行拟合，构建定标模型。当待测元素含量较高时，自吸收效应较强，此时 b 无法忽略，$b<1$，那么待测元素含量与谱线强度的拟合是一条曲线，所以该方法适用于待测元素浓度较低的情况，待测元素含量较高时便会影响该方法的检测精度。为了提高检测精度，通常采用取对数法构建坐标系。

$$\log I = b\log C + \log a \tag{8-7}$$

该方法不仅可以扩大检测范围，还可以提高检测精度。外标法结构简单，计算方便，但是对实验条件要求很高。因此在实验过程中，要严格控制实验环境，其中温度、湿度是至关重要的。

2. 内标法

内标法作为常用的 LIBS 技术的定量分析方法的一种，改进了外标法对于检测环境的要求高、测量浓度范围小的缺陷[107-108]，该方法的误差、精确度均优于外标法。内标法是通过内标待测样品中的一种含量不变或变化范围小的元素作为标准，选取的内标谱线遵循：①强度高且谱线明显；②与待测元素电离性质相似。通过待测元素谱线强度与内标元素谱线强度之比对待测元素含量构建定标模型，具体计算公式为

$$\log(I_1/I_2) = \log(C_1/C_2) + B \tag{8-8}$$

其中，I_1、I_2 分别表示待测元素和内标元素的谱线强度；C_1 为待测元素含量；C_2 为内标元素含量。通过对等式两边取对数，提高检测精度，扩大检测范围。

3. 自由定标法

1999 年，Ciucci[109] 等提出了新型 LIBS 的定量分析方法自由定标法。自由定标法的优势为可直接对光谱图进行定量分析。该方法过程简单，样品量少，但需要等离子体处于局部热平衡条件下，等离子体中的粒子无自吸收，等离子体小且平滑，所激发的等离子体包含待测元素等。在满足上述条件下，可得原子谱线强度表达式为

$$I_\lambda = FC_s \frac{g_k A_{ki} \exp[-E_k/(k_B T_e)]}{U_s(T_e)} \tag{8-9}$$

实验得到的光谱数据结合 NIST 数据库代入上式，等式两边取对数，获得参数的变化趋势。令

$$q_s = \ln \frac{FC_s}{U_s(T_e)}, \quad m = -\frac{1}{k_B T_e} \tag{8-10}$$

$$x = E_k, \quad y = \ln \frac{I_\lambda}{g_k A_{ki}} \tag{8-11}$$

将式（8-11）代入 $y = mx + q_s$ 可得

$$\ln \frac{I_\lambda}{g_k A_{ki}} = -\frac{E_k}{k_B T_e} + \ln \frac{F C_s}{U_s(T_e)} \tag{8-12}$$

参照 NIST 数据库，选取谱线强度高且明显的同一种元素不同波长的参数代入上式得到 x、y。通过拟合多个 x、y 得到 Boltzmann 平面，根据拟合的曲线计算其斜率得出 T_e。配分函数表达式为

$$U_s(T_e) = \sum g_k \exp\left(-\frac{E_k}{k_B T_e}\right) \tag{8-13}$$

将 T_e 代入 $U_s(T_e)$，元素浓度归一化可求得

$$\sum C_s = \frac{1}{F} \sum U_s(T_e) \exp(q_s) = 1 \tag{8-14}$$

$$C_s = \frac{U_s(T_e)}{F} \exp(q_s) \tag{8-15}$$

自由定标法可实现多个元素同时定标，更加适用于 LIBS 技术。

4. 多元变量定标法

与上述 3 种单变量定标法相比，多元变量定标法的定标模型精度更高，适用范围更宽。常用的多元变量定标法有很多种，包括偏最小二乘法、支持向量法、多元回归分析法、因子分析法、随机森林法等。多元变量定标法是通过寻找两个或两个以上的变量关系，并在笛卡尔平面对变量进行绘制，建立散点图，从而得到数据相互之间的关系，对提取已处理的数据进行多变量分析。多元变量定标法是计量中常用的定性定量分析方法，该方法可实现多个变量分析、降维、提取信息等优点。由于 LIBS 数据含量大且复杂，采用多元变量定标法可提取光谱中的有用信息。

偏最小二乘法（PLS）作为多元变量定标分析的一种常见方法，已广泛应用于光谱检测领域。该方法构建的模型精度高，且效果优于单变量模型。偏最小二乘法可使用多个变量，当样本量小于设置的变量时，该模型依然可进行线性拟合，得到精确的结果。Christian N[110] 等采用偏最小二乘法构建模型，得到了 PLS 相关系数为 0.980 6 的相关曲线，并结合 GA 算法，构建了 GA-PLS 模型，得到的平均误差远小于传统 PLS 模型结果。神经网络算法将算法和模型相结合，精度远高于定标曲线法。沈沁梅[111] 等验证神经网络算法可以提高测量速度，为土壤的重金属检测提供了更好的思路。随后大量研究人员对该方法进行借鉴，并应用于 LIBS 定量分析中。该方法可对大量实验数据进行建模，且分析结果更精确，模型更接近实际测量结果。

1995 年，Corinna Cortes 和 Vapnik 提出了另一种定量分析方法支持向量机（SVM），该方法较适合用于分析小样本量、非线性和高维的数据，并且大量应用于函数拟合和机器学习中。SVM 可用于数据分析、识别、分类和回归分析等多种情况。由于该方法具有鲁棒性和分析快等优点，近些年已经广泛应用于 LIBS 技术的测量。许毓婷[112] 等采用 LIBS 技术对猪肉的 4 个部位的 Ca、Na、K 等多个元素进行了检测，构建了各元素的 SVM 分析模型，

结合主成分分析对猪肉不同部位进行鉴别，分析结果表明，采用两种方法结合对猪肉 4 个部位的鉴别率达到 94%、96%、97%、100%。研究结果表明，PCA-SVM 方法可实现 LIBS 技术对样品的准确鉴别。李明亮[113]等为了提高 LIBS 检测精度，分别采用多变量线性回归、中值高斯核 SVM 回归和标准化 PLSR 3 种方法对铝合金的 Cu 元素构建了分析模型，结果表明标准化 PLSR 定标分析模型的 R^2 最高，RMSEC、RMSEP 和 ARE 最佳。

随机森林法（RF）作为一种机器学习算法，是利用多个数据对样品的训练集进行训练，并进行分类。该方法可应用于高维度和多线性的数据，分析结果快且不容易产生过拟合[114]。随机森林中包含了两个重要参数，分别为 ntree 和 try，其中 ntree 为树数，try 为随机变量的数。该方法在工业生产中的分类具有重大意义，近年来，该方法也应用于 LIBS 检测。时铭鑫[102]等采用 LIBS 系统得到了 20 种标准钢样和 3 种待测钢样的典型光谱，建立了基于支持向量回归（SVR）、随机森林回归（RFR）的 Cr 元素定标模型，得到了最佳训练模型。

8.2　激光诱导击穿光谱信号预处理及发展现状

提高 LIBS 技术的检测精度需要的条件之一是获取高质量光谱数据，光谱数据的预处理可以有效减小各种非目标因素对光谱数据的影响，使 LIBS 系统向更加精准的方向发展。

李捷[115]等利用线性拟合的方式扣除特征谱线峰值两侧较窄波长范围的连续谱线，以此降低连续光谱对信号的影响。胡丽[116]等采用滑动窗口积分斜率的方法扣除连续光谱，Cu 和 Pb 的信噪比分别提高了 1.95 倍和 5.7 倍，此外，相对标准偏差（Relative Standard Deviation，RSD）分别下降了 2.5% 和 2%。Marangoni[117]等以 ICP-OES 测得的无机肥料样品中 P 元素含量为标准值，以暗光空白实验及对波谷点线性拟合获取基线信号的方式，消除基线漂移的影响，结果表明，LIBS 与 ICP-OES 定量分析结果的拟合相关系数从 0.76 增加至 0.95。柯轲[118]等提出了一种基于凸优化的基线校正方法，以迭代的方法保证基线收敛性，此方法可以扣除 LIBS 光谱信号中连续背景，并用 11 组验证集分别对偏最小二乘定量模型和支持向量机定量模型进行了验证，通过基线校正后，偏最小二乘定量模型的 RMSE 从 1.56% 降为 0.57%，支持向量机定量模型的 RMSE 从 1.59% 降为 0.88%。

唐鹏[119]等采用含有调整参数的小波降噪的方法，并根据不同的实验条件选择相应最佳参数值。周风波[120]等采用提升小波变换去噪，实验结果表明，降噪后的 LIBS 光谱信号曲线逼近原始信号。陈添兵[121]等以原子吸收光谱测量结果为参考，测定了猪肉样品中 Pb 元素的含量，并采用一阶导数法进行降噪，结果表明，预测集的预测均方根误差为 0.418，平均相对误差为 10.2%。马翠红[122]等采用傅里叶变换的方法对传统单子带重构算法中频率混叠的问题进行修正，对频率混淆部分进行置零且通过了傅里叶逆变换验证，结果表明，该方法有效降低了仿真信号中干扰信号以及频率混淆的问题。Duan[123]等利用 LIBS 技术对堆肥样品中 Cu、Zn 元素进行检测，并且采用仿真信号验证了改进后小波双阈值降噪方法的可行性，结果表明，降噪后 Cu 和 Zn 的定量模型拟合相关系数为 0.980 7 和 0.917 7。林晓梅[124]等采用小波变换方法降低了 LIBS 光谱信号中的连续背景噪声，结果表明，降噪后的检测限从 50.8 μg/mL 降到 19.54 μg/mL。杨崇瑞[125]等利用两种数据预处理结合的方法（分段光谱特征提取法和小波变换方法），对光谱进行基线校正及降噪，实验结果表明，利用上述算法改善了 LIBS 光谱质量。

综上所述，针对数据预处理的算法已经有了大量研究，虽然能够减小各种非目标因素对光谱数据的影响，但大多是针对一种或者两种数据预处理的研究，对多种数据预处理结合下的光谱质量仍有研究空间。

8.3　激光诱导击穿光谱信号增强机制及发展现状

LIBS 技术是通过采集高能量激光与物质相互作用而产生的等离子体所发射的光谱信号进行定性定量分析的一门技术，该技术已广泛应用于环境[126]、冶金[127]、煤炭[128]、农业[129]、生物医学[130]和空间探测[131]等多个领域。

1. LIBS 技术系统增强方法

为了提高 LIBS 光谱信号质量，从而提高 LIBS 的检测灵敏度，相关学者对 LIBS 实验系统的改进作出了大量研究，其均能在不同程度上增加样品等离子体的辐射强度。如图 8-4 所示，LIBS 系统增强机制有多脉冲激励增强[132-134]、环境氛围增强[135-136]、空间约束增强[137-138]和磁场约束增强[139-140]等。

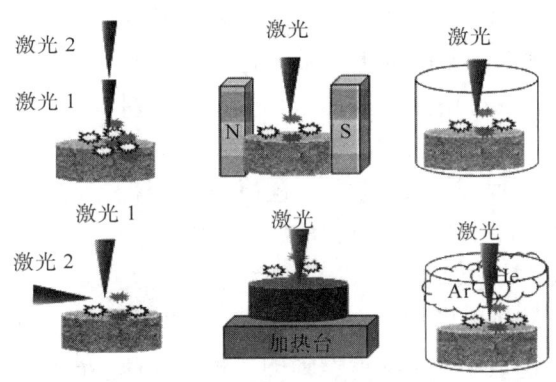

图 8-4　LIBS 系统增强机制

相关学者采用双脉冲的增强机制提高光谱信号强度。Bhatt[141]等通过共线双脉冲 LIBS 系统结构对 Eu、Gd、Pr 和 Y 的谱线强度与单脉冲 LIBS 信号进行对比，结果表明 Eu 和 Gd 谱线强度增强 3~7 倍，Y 和 Pr 谱线强度增强 3~13 倍，且检测限均有所提高，最大提高了 10 倍。Zhao[142]等采用飞-纳秒 DP-LIBS 对土壤中的 Pb 含量进行定量分析，结果表明脉冲间隔为 10 μs 时，Pb 检测结果最佳，构建的定量分析模型 R^2 为 0.99，RSD 为 0.03，研究表明，该方法可获得高精度的检测结果，可广泛应用于土壤定量分析中。Wang[143]等采用共线 DP-LIBS 系统通过黄花蒿的 Mg II 279.54 nm、CN 388.29 nm、Ca II 393.37 nm、Fe II 404.27 nm 的谱线强度与信背比对延迟时间、脉冲间隔时间、激光能量进行了优化，得到了双脉冲等离子体电子密度和等离子体温度变化较慢的结论，且在最佳实验条件下，双脉冲谱线强度高于单脉冲谱线强度。

大量研究者通过对样品环境的优化来提高检测精度。Lin[144]等为了提高 LIBS 检测精度和降低检出限，采用氩气为保护气，对钢合金中的 Mn、Cr、C 等元素进行了 LIBS 检测，且优化了氩气环绕下的系统延迟时间，实验结果表明，在充入氩气后，各元素发射光谱强度均增强了 1~5 倍，且采用内标法得到定标模型的 R^2 也从 0.94 提高至 0.98。Rajave-lu[145]等研究了不同气体（氦气、氮气、空气、氩气）对煤的 LIBS 检测信号的影响，结果发现，在氩气和氮气氛围中，C2 与 CN 的光谱信号较强；通过 PLSR 对煤样品中的碳和灰分进行定量分析，研究表明，在氩气氛围下的定标模型得到的结果的精确度最优，定标模型的 R^2 为 0.85，RMSE 为 4.22。Nakamura[146]通过不同气体保护对 Ni 金属进行了 LIBS 检测，结果表明，氮气和氩气的氛围可提高光谱信号强度与信背比。

通过空间约束改善光谱信号质量已存在大量研究。戴宇佳[147]等通过平板约束结合 LIBS 技术对铝合金的 Fe 元素进行了检测，实验结果显示，平板距离为 10 mm 时得到的光谱信号强度为无平板约束的 2.3 倍。刘雁宾[148]等对预加热的样品采用空间约束结合飞秒 LIBS 技术进行了实验，研究了空间约束结合样品预加热对光谱信号的影响，研究结果显示，150 ℃预加热的铝合金样品在空间约束下的 LIBS 检测限和相对标准偏差分别为无增强条件下的 20% 和 25%。孙冉[149]等采用圆柱腔体约束对 PLA 和 Al 材料进行了 LIBS 技术测量，实验结果显示，两种材料在圆柱腔体约束下的光谱强度和 SNR 较无约束的均有所增强。杨彦伟[150]等采用高度为 1 mm、直径分别为 4 mm 和 5 mm 的腔体对铜、铝和不锈钢进行了 LIBS 实验，实验结果显示，腔体约束的 3 种样品的光谱强度、信噪比均有所增加，且5 mm 的腔体得到的光谱信噪比质量优于 4 mm。

磁场对等离子体的约束可增强光谱信号质量。杨彦伟[151]等通过对不锈钢采用磁场约束进行了 LIBS 实验，对样品中的 Ni II 221.648 nm 元素进行了定性定量分析，实验结果显示，磁场约束可增强 LIBS 光谱信号，且检出限降低了 1.7 倍。Tang[138]等采用磁场约束与纳米金结合对 Cu 元素进行了 LIBS 分析实验，对比了 20 mT、50 mT、90 mT、153 mT 下的光谱信号质量，实验结果显示，磁场强度为 153 mT 时的光谱强度开始有所降低，随着磁场强度由 20 mT 增加至 90 mT，光谱信号强度信噪比逐渐增加，且单独磁场约束增强效果低于纳米金与磁场双重增强的效果。Hussain[152]等将磁场约束应用于双脉冲 LIBS 技术中，对 Al 金属样品进行了研究，实验结果显示，磁场约束下的 Mg II 279.5 nm、Al I 280.1 nm 元素的最大增强因子达到 6 倍和 8 倍，且双脉冲与磁场共同作用下，增强因子达到 12 倍。

2. LIBS 实验参数优化与样品处理增强方法

通过对 LIBS 实验参数进行优化从而改变检测精度已经有了大量研究。周卫东[153]等通过比较不同工作参数，探究了激光诱导土壤等离子体光谱特性的变化，实验确定了 LIBS 的最佳工作参数。郭锐[154]等研究了样品形态对激光诱导土壤等离子体特性的影响，研究表明，相同实验条件下，粉状土样的激光等离子体温度和等离子体电子密度均高于片状土样，但片状土样的元素特征谱线强度更大，且受土壤粒径大小的影响较小。

样品的前期处理是提高检测精度的有效方法，对样品添加有效的辅助基体已有了相关研究。陈金忠[155]等研究了激光输出能量（100~500 mJ）和含量为 0~20% 的 NaCl 添加剂对样品等离子体辐射强度的影响，实验得出了最佳激光能量、NaCl 添加剂对光谱质量的影响程度以及土壤击穿光谱的最佳 NaCl 添加剂含量。宋广聚[156-157]等研究了 CsCl 作为土壤样品添加剂对等离子体辐射特性的影响，通过对比有无添加剂时的等离子体特性，得到了最佳 CsCl 添加剂含量。Shi[158] 等将环氧树脂胶和传统聚乙烯作为土壤粉末样品的黏合剂，采用 LIBS 技术对土壤样品的 Fe、Ga 和 Cr 元素进行了定量分析，实验结果表明，含有环氧树脂的样品的光谱强度为聚乙烯作为黏合剂的光谱强度的 2 倍，且获得的定标曲线拟合精度更高。Jia[159] 等使用不同的岩石粉末和 4 种石墨粉末（含量为 0、25%、50%、75%）的混合物制备具有相同石墨含量的 4 组样品，建立了相同石墨含量的校准曲线，研究了石墨对击穿光谱等离子体特性的影响，结果表明，含有石墨的样品定标曲线的 R^2 高于无石墨的样品，且等离子体电子密度与等离子体温度均有所增加，且稳定性也有了改善。Dell'Aglio[160] 等采用纳米金增强了 LIBS 技术检测淀粉纤维重金属，研究结果表明，添加纳米金后的液滴信号得到了明显增强，样品中的 Cr、Pb、Ti 的定标模型 R^2 均达到了 0.99。

8.4　激光诱导击穿光谱技术在土壤及中药材检测方面的研究现状

1. LIBS 技术对土壤检测研究

对于土壤金属元素的 LIBS 检测，相关学者已进行了大量研究，并采用单变量模型对土壤金属元素含量进行了定量分析。Wang[161] 等采用 LIBS 技术对土壤重金属含量进行了定性定量分析，分别研究了 169 种农业土壤，并对 Ni、Cr、Pb 等重金属进行定量分析。通过对单变量模型与多变量分析模型进行对比，得到的 Cu、Ni、Cr 和 Pb 多变量分析模型的 RMSE 分别为 6.84%、8.87%、9.91% 和 10.76%，研究结果表明，多元回归分析法可有效减小基体效应对实验结果的影响。王满平[162] 等使用 LIBS 技术对土壤样品的 Pb、Mn 元素进行了检测研究，利用外标法构建了强度浓度谱线，得到了 Pb、Mn 元素定标模型的相关系数分别为 0.995 和 0.998。谷艳红[163] 等采用 LIBS 技术对土壤中的 Cr 元素进行了检测研究，将自由定标法与 Saha 方程结合应用于 Cr 元素的定量分析，得到了标准土壤 Cr 元素预测误差小于 6.54%，实际农田土壤样品的预测误差为 16.44%。

相关学者采用 LIBS 技术建立土壤金属元素的多变量分析模型的相关研究较多。项丽蓉[164] 等采用 LIBS 技术检测了土壤中的 Pb 和 Cd 元素含量，并采用多元线性回归、偏最小二乘回归、最小二乘支持向量机回归、神经网络 4 种方法对 Pb、Cd 进行定量分析，研究结果表明，最小二乘支持向量机回归、神经网络结果较好，两个模型的相关系数均大于 0.98。Zhang[165] 等采用 RF 与 LSSVM 对大气沉降物进行了 LIBS 检测研究，对样品中的 Pb、Cu、Zn、Al 进行定量分析，研究结果表明，RF 校准模型的 Pb、Cu、Al 元素预测结果较好，LSSVM 校准模型的 Zn 元素预测结果较好。林晓梅[166] 等采用 LIBS 技术对土壤中的 Cr 元素进行了检测研究，对实验参数（激光器激发能量、样品距透镜距离和光谱仪采集延时化）进行了优化，构建了 3 条 Cr 元素谱线强度与浓度曲线，得到各条谱线的检出限分别为 74.65 mg/kg、64.70 mg/kg、67.49 mg/kg，引入偏最小二乘法与支持向量机进一步提高了检测精度。李茂刚[167] 等采用 LIBS 技术结合 RF 算法对土壤的重金属实现了快速检测，并构建了 Cu、Cr、Mn、Pb、N 的 3 种 RF 校正模型，研究结果表明，向后区的 RF 校正模型均优于基于全谱和特征谱的 RF 校正模型，得到的 4 种元素的 RMSE 分别为

8.022 1 μg/g、6.012 0 μg/g、1.738 2 μg/g、1.285 1 μg/g，R^2 分别为 0.961 0、0.898 5、0.702 1、0.985 0。

2. LIBS 技术对中药材检测研究

LIBS 技术在中药材定性定量分析中得到广泛应用，也有科研工作者对中药材进行了产地鉴别研究。

吴金泉[168]等采用 LIBS 技术对藏药进行定性分析，发现 70 味珍珠丸样品中含有 Fe、Al、Si、Mg、Ca、Na、K、Au 、Pb 和 Hg10 种元素。Akpovo[169]等采用 LIBS 技术对牡蛎的元素进行分析，并采用主成分分析、判别分析的方法，实现了药材产地鉴别。刘晓娜[170]等采用 LIBS 技术结合化学计量的方法，实现了对没药、松香和乳香 3 种树脂药材的鉴别。刘晓娜[171]等采用 LIBS 技术对 4 种珍宝藏药进行定性分析研究，结果表明，LIBS 技术能用于珍宝藏药快速高效的多元素分析研究。董晨钟[172]等采用 LIBS 技术对炒泽泻进行定性分析研究，从光谱中得知样品包含 C、Fe、Ti、Co、Mn、Mg、Al、Si、P 和 Ca 元素，并采用自由定标方法对元素进行定量分析。李占锋[173-174]等采用 LIBS 技术对茯苓、黄连、附片 3 种中药材中的重金属元素进行分析研究，在确定的最佳实验参数条件下进行定性定量分析。傅院霞[175]等采用 LIBS 技术对 4 种中药材进行定性分析，在调节的最佳实验参数下进行实验，通过 LIBS 光谱得到当归、鸡血藤、茯苓、佛手 4 种中药材微量元素种类。赵上勇[176]等利用 LIBS 技术对人参部位和人参产地进行研究，结合主成分分析的方法，得出同一人参不同部位微量元素基本一致，并实现不同产地人参的鉴别。

8.5 　激光诱导击穿光谱技术在底泥及植物检测方面的研究现状

LIBS 技术具有容易操作、可实时检测以及能同时对多种元素检测等优势，国内外研究者在该技术对重金属成分和含量分析方面做了大量的研究。Burakov[177]等人选择污泥中的 Pb 元素为被测对象，应用双脉冲技术进行了检测分析，得出 Pb 的检出限约为 20 ppm，低于土壤中 Pb 的监管标准。Ayyaiasomayajula[178]等利用 LIBS 技术结合偏最小二乘回归模型对泥浆重金属进行了分析，提高了检测的准确度。Ferreira[179]等比较 LIBS-MLP 和 LIBS 技术对湿地底泥重金属元素检测结果，得出 LIBS-MLP 技术具有较高的准确度和精密度。中科院鲁翠萍[180]等从激光脉冲和重复频率两方面对 Pb 元素进行了分析，并对国标土壤中的 Cr 元素进行了定量分析，相比于外标法，内标法的相对标准偏差得到了有效的降低。中国海洋大学卢渊[181]等对泥浆 Pb 重金属进行了检测分析，以 Mn 做内标元素，对不同浓度 Pb 泥浆进行了内标法定标分析，结果表明，采用内标法，拟合系数达到了 0.994 9，检测精度较高。沈沁梅[111]等利用反向传播神经网络法有效提高了 LIBS 技术对土壤重金属元素定量分析的可靠性。李勇[182]课题组选择了合适的实验参数，有效提高了光谱质量，降低了定量分析的检出限。孙淼[183]等将 LIBS 技术与卷积神经网络（CNN）结合，分析了 5 种不同污染程度的土壤样品，比较来说，LIBS-CNN 可以更加准确快速地对土壤中的 Pb 元素浓度进行等级评判，准确度在 99% 以上。李艳[184]等应用 LIBS 技术结合偏最小二乘回归（PLSR）与最小二乘支持向量机（LSSVM），分析了土壤中 Cr 元素，并建立了定标曲线，比较可得 LSSVM 模型效果更佳。Senesi[185]等人应用 LIBS 技术对土壤和污泥样品中的 Cr 元素进行了检测分析，采用背景归一化 LIBS 信号与 ICP 测得的 Cr 元素浓度建立定量分析模型，为土壤和污泥中重金属元素的评价提供了有利的保障。

LIBS 技术已广泛应用于植物快速检测之中。Zhu[186]等采用 LIBS 结合分体法和固液固三相变法对杜鹃植物的 Pb 进行测定，并采用电感耦合法对测量进行比较与验证，结果表明，Pb 在 405.78 nm 谱线明显，系统检测限为 0.054 mg/kg，R^2 为 0.99。Shen[187]等采用 LIBS 对生菜中的 Cd 含量进行了测量，对其污染进行了溯源分析，构建了单变量和基于遗传算法的多变量分析模型，R^2 为 0.971 6，检测限为 1.7 mg/kg，最后通过随机森林法对其污染程度进行了分析，得到的预测集的正确分类率达到 100%。Peng[188]等采用 DP-LIBS 对水稻叶中的 Cr 含量进行了检测，构建了基于全谱与特征变量的支持向量机分析模型，研究结果表明，相比于单脉冲，双脉冲检测得到的谱线强度及预测模型较好，且 R^2 为 0.99，RMSE 为 4.85。郑培超[189]等搭建了一套再加热双脉冲 LIBS 检测系统，实现了对黄连样品的 Pb 和 Cu 元素的检测，实验确定了 Pb、Cu 对应的最佳激光能量、探测延迟与脉冲间隔，实验结果表明，再加热双脉冲系统得到的 Pb、Cu 定量分析的检出限分别为 3.03 mg/kg、1.91 mg/kg，均优于单脉冲检测系统的分析结果。

Casado-Gavalda[190]等通过 LIBS 技术检测牛肝中 Cu 元素的含量。Andersen[191]等采用 LIBS 技术对食用肉进行了检测，采集到了 K、Ca、Na 光谱信息，利用 ICP 与偏最小二乘法对 Ca 元素含量进行了定量分析。Velioglu[192]等采用 LIBS 技术对牛肉内脏进行了检测，并识别了牛肉掺假的问题。牛金明[95]等采用 LIBS 技术结合传统压片制样方法对大米中的 Cd 含量进行了检测，通过刮涂载玻片上大米的悬浮液制备大米薄膜样品，并探究薄膜制样对大米 Cd 元素检测灵敏度的影响，研究结果表明，相比于传统制样，薄膜压片的大米 Cd 光谱强度明显提高，检出限也降低了 9 倍，该方法有效地提高了 LIBS 对大米的 Cd 的检测精度。

第 9 章

LIBS 系统的搭建及优化

9.1 LIBS 检测系统的组成

激光诱导等离子体光谱的产生及采集需要激光器、光谱仪、光纤等相关仪器设备。

1. 激光器

LIBS 实验需要高功率密度的脉冲激光，实验使用两台激光器作为激发光源。两台激光器均为北京镭宝科技有限公司生产 Nd：YAG 脉冲激光器，如图 9-1 所示。一台激光器输出波长为 1 064 nm，此激光器的具体参数为脉冲能量最高为 200 mJ，脉冲重复频率为 0~20 Hz，脉冲宽度≤8 ns；另外一台激光器输出波长为 532 nm，用此激光器进行实验研究时，采用单脉冲形式，单脉冲能量最高为 100 mJ，脉冲重复频率为 0~10 Hz，脉冲宽度为 8~10 ns。

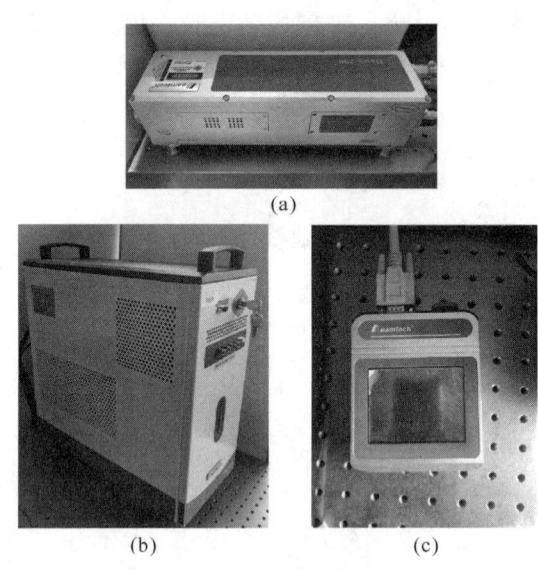

(a)

(b)   (c)

图 9-1　Nd：YAG 脉冲激光器

（a）激光器主机；（b）激光电源；（c）手控盒

2. 光谱仪

光谱仪能够实现等离子体探测接收的功能。实验研究所用的光谱仪为美国海洋光学公司生产的 MX2500+多通道光谱仪。MX2500+多通道光谱仪具备较高的分辨率，能够设置不

同的延迟时间，解决了实验中需配置其他具有延迟功能仪器的问题。表 9-1 为 MX2500+
光谱仪参数，图 9-2 为 MX2500+三通道光栅光谱仪实物。

表 9-1　MX2500+光谱仪参数

功能	参数
光谱范围	199~517 nm
通道数量	1~3 通道
波长分辨率	0.1 nm
探测器类型	线阵 CCD
积分时间	最短 1 ms
触发延迟范围	−450~450 μs

图 9-2　MX2500+三通道光栅光谱仪实物

3. 光纤

光纤能够收集等离子体，并将其传输至光谱仪。本实验选用的为美国海洋光学公司生
产的一分七光纤，光纤的传输质量很高，符合实验条件的要求。

4. 耦合透镜、反射镜、聚焦透镜

本实验选用的相关透镜分别为光纤耦合透镜、45°反射镜、聚焦透镜。光纤耦合透镜
可固定在光纤探头上，用于采集更多的等离子体，提高光谱信号强度；45°反射镜作用是
反射激光，此反射镜为全反射镜；聚焦透镜作用是聚焦激光，此聚焦透镜的焦距为
100 mm。

5. 加热台

加热台主要用于加热待测样品，选取 ET200 高精度恒温加热台，板面尺寸为 200 mm×
200 mm×20 mm，重量为 4.5 kg，功率为 800 W（MAX），温度为 20~350 ℃，控制精度在
−1%~2% ℃。恒温加热台如图 9-3 所示。

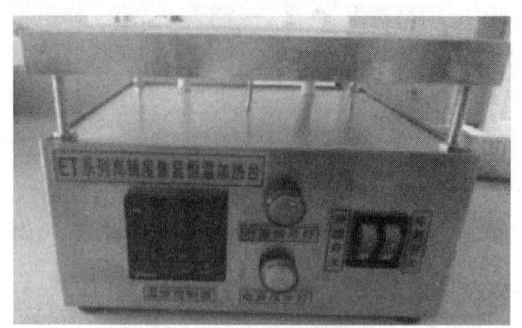

图 9-3　恒温加热台

9.2　磁场约束下的激光诱导等离子体光谱实验系统

9.2.1　磁场装置的设计

实验时将永磁铁放置在待测样品左右两端，以产生稳定磁场。样品与左右磁铁距离相同，磁铁放置时需注意将磁铁产生吸力的两面相对放置。通过设计的不具有导磁性的支架将磁铁固定在实验平台上，磁场强度可以通过改变磁铁之间的距离进行调整。磁场装置如图 9-4 所示。本次选取的磁铁产生的最大磁场强度为 1.25 T。

图 9-4　磁场装置

两磁铁之间的磁场强度分布呈三维空间分布，且分布不均匀，如图 9-5 所示。实验前，先用激光击打样品少次，样品表面会出现烧蚀坑。用霍尔传感器探头测量烧蚀坑所在位置的磁场强度，即为实验所需磁场强度。样品固定在实验平台上，并移动磁铁的位置进行实验。

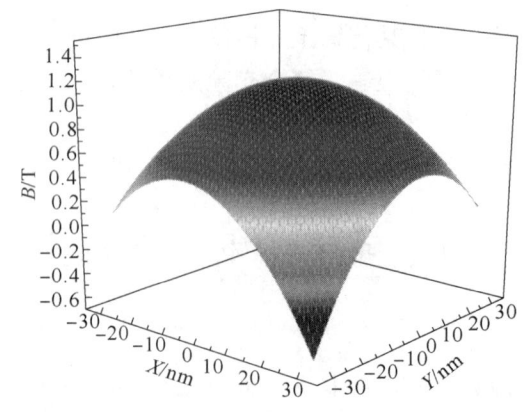

图 9-5　磁场强度分布

9.2.2　磁场约束下激光诱导等离子体实验系统的设计

本实验在 LIBS 技术系统的基础上增加了磁场约束部分。磁场约束部分即为 9.2.1 节所述，由两块极性相反的永磁铁构成。用游标卡尺测量样品到左右磁铁的距离，将待测样品放置到中心位置。图 9-6 是 LIBS 实验系统原理，图 9-7 是 LIBS 实验系统装置。系统主要组成部分包括：

（1）光源系统，即 Nd：YAG 脉冲激光器；

（2）光谱采集系统，用于收集等离子体光谱信号；

（3）聚焦系统，由反射镜和聚焦透镜组成，用于将激光聚焦于样品表面；

（4）探测接收系统，即具有分光作用的光谱仪；

（5）计算机，储存数据；

（6）磁场约束系统，由两块极性相反的永磁铁和不导磁的支架组成；

（7）样品平台，放置样品。

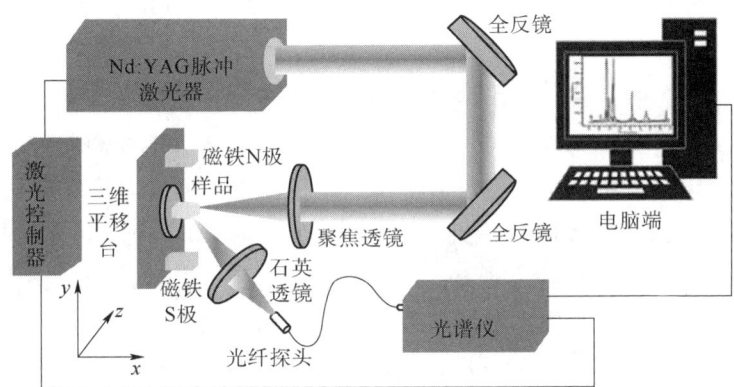

图 9-6　LIBS 实验系统原理

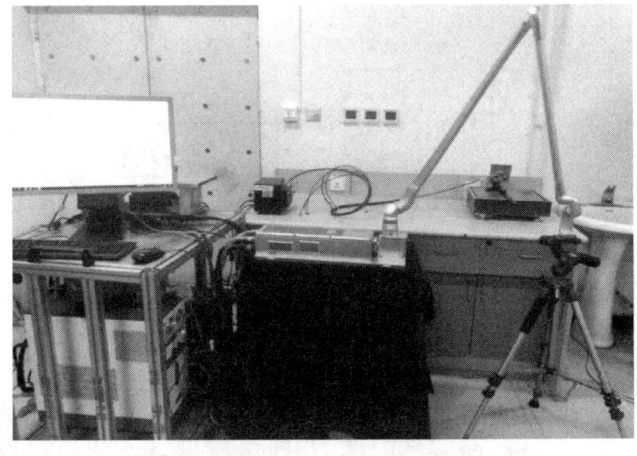

图 9-7　LIBS 实验系统装置

9.3　基于三维支架台的能量实时监测 LIBS 系统

为了提高光谱信号，本节设计并制作精度为 1 mm 的三维可调支架台结构，搭建基于三维可调支架台的能量实时监测的 LIBS 系统。对不同激光能量下金属靶材各谱线强度、激光标准偏差展开研究，确定最优激光能量。通过改变接收端面到待测样品的距离和角度，分析各谱线强度、信噪比、等离子体电子密度等参数，确定最佳接收端面距离和角度，优化 LIBS 实验系统。

9.3.1　三维支架台的设计及制作

1. 支架台控制系统设计

改变接收端面到待测样品的距离和角度可以有效增强光谱信号。为了提高 LIBS 技术的光谱强度，增强实验测量的精确度，本节设计了一种自动调节且精度为 1 mm 的三维可调支架台，通过改变接收端面的位置，确定最佳的接收位置和激光能量，优化 LIBS 系统结构。

三维可调支架台控制系统主要由控制模块、驱动模块、人机交互模块、位移模块、电源组成。控制模块采用 4.5 A 步进电机通用的可编程控制器，该控制器控制电机转子旋转的圈数与角度，设定具体位移数值；驱动模块采用 DM556 步进电机驱动器，用于控制外接的 57 步进电机；人机交互模块为控制器自带键盘与显示屏，通过后期调试可实现由按键设置位移值，并显示到液晶显示屏上；位移模块是由步进电机控制机械传动。整套三维可调支架台控制系统工作流程为：电源向控制器与驱动器供电使其工作，操作人员按下按键进行位移值的设置以及其他操作，并显示到液晶显示屏上。通过对人机交互界面进行操作，可实现对控制器内部控制指令的修改，控制器通过继电器控制驱动器以及其他传感器进行相应的动作。具体操作系统如图 9-8 所示。

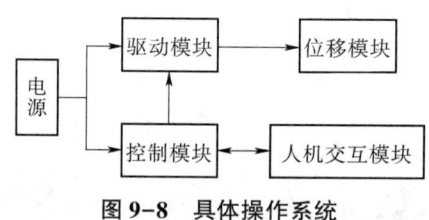

图 9-8　具体操作系统

2. 支架台机械结构设计

对于机械结构，其功能是实现垂直方向上滑块位移的改变以及角度的改变。图 9-9 所示为三维支架台实物，其机械传动装置采用步进电机进行传动，通过步进电机转子的转动实现滑台的位移等。本结构采用了轴径为 8 mm D 字形两相四线的 57 步进电机，以便于与滑台相连接。对于滑台，这里使用 1204-GGP 双光轴滚珠滑台，滑轨长度为 120 mm，可供滑块移动长度为 100 mm，螺杆导程为 4 mm，即步进电机带动螺杆转动一圈可使滑块上下移动 4 mm，控制步进电机转动固定的角度或圈数便可实现滑块移动的具体位移值。

图 9-9　三维支架台实物

　　将步进电机安装在配套的滑台上，同时将滑台滑块通过精密光纤耦合器与光纤探头相连接，通过步进电机带动丝杆滑台内的细牙螺杆转动，可将步进电机的转动转化为光纤探头的垂直位移。同时，OM4A 精密光纤耦合器使光纤探头可以在水平方向上进行微调，提高了光纤探头接收光线的位置与角度。图 9-10 为支架台 CAD 结构。

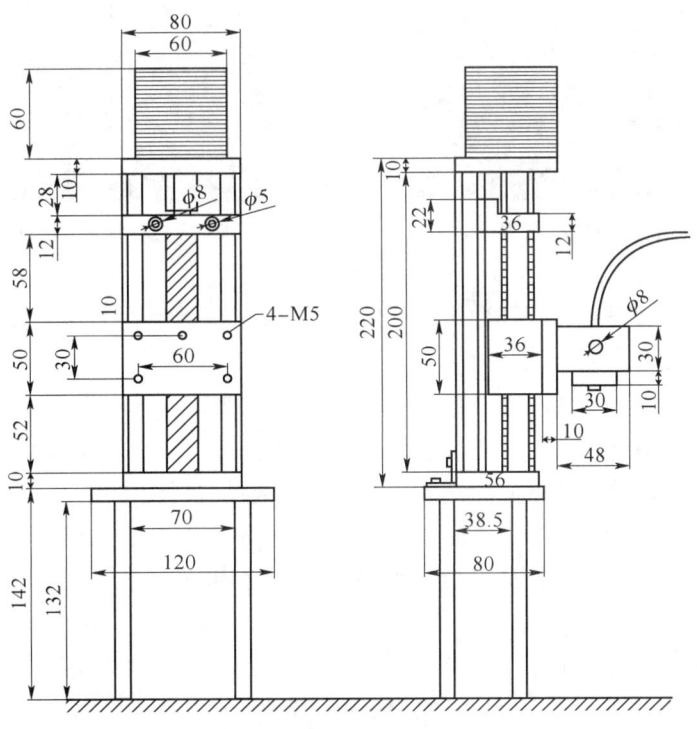

图 9-10　支架台 CAD 结构

3. 三维支架台的制作

为满足实验光纤探测精度，实现光纤探头在垂直方向的位移，首先，将 1204 - 100 mmGGP 双光轴滚珠滑台与 8 mm 轴径的 57 步进电机紧固连接，通过控制步进电机的转圈数，可实现滑块相对于滑轨的位移。为了实现对光纤探头在水平方向以及倾斜角度的微调节，在光纤探头外围用 OM4A 四维调整架对其进行固定，之后采用定制连接片对滑块与调整架进行安装固定。将一个 NPN 常开接近开关，利用螺栓与 L 形连接片固定在滑轨最上方作为零点，最后，将以上装置由 4 根螺柱支撑固定在光学实验平台上。

使用的 4.5 A 以下步进电机通用控制器可以实现对步进电机的正反转、直线运动、转动角度、圈数、转速等运动模式的控制，并且可实现延迟、循环、分步动作等功能。同时，控制器还可外接按键、引脚、开关、传感器等。

利用 24 V 电源适配器为其供电后，控制器初始状态界面如图 9-11 所示，该界面为首页面，表明在初始状态下，控制器将控制步进电机依次进行 30 个动作，整个过程循环 1 次，30 个动作结束后步进电机停止运行。按下下页（+）键，将显示图 9-12 所示界面，该界面为控制器参数设置界面即动作界面 N01，再次按下下页（+）键，界面将切换为下一个动作界面 N02，连续按下下页（+）键，动作界面会连续切换至 N030 为止。可以发现，动作界面的个数与步进电机动作数相等，每一个动作界面代表电机的一个具体动作。

图 9-11　控制器初始状态界面

图 9-12　控制器参数设置界面

对于首页面的参数设置，动作数可以设置为 1~30 的任意值，循环次数可以设置为 1~98 的任意值，并可以设置为无限循环（99）。在首页面按下设定键，光标会出现在第一行的动作次数上，此时通过按下（+）键或者（-）键可实现对动作数的设置。再次按下设定键，光标会跳转到下行，即循环次数，通过按下（+）键或者（-）键可实现对循环次数的设置。当在首页面设置好动作数后，后面的具体动作界面的数目也对应的发生了变化。

如图 9-12 所示，N01 表示该界面为动作 1 界面，其具体要实现的动作为界面上的目标，即字符串 XA0001.0，该字符串由三部分组成：（电机通道）+（目标模式）+（1~9999.9）。

电机通道有 3 种通道可选：X/Y/Z，分别代表电机通道 X、电机通道 Y、电机通道 Z；目标模式有 4 种模式可选：A/B/C/D，分别代表圈数、角度、距离、脉冲数；后面的 5 位数代表具体运行的数值。因此，图 9-12 中的 XA0001.0 表示使连接电机通道 X 的步进电机转一圈，运行过程中，电机转速为 1 000 r/min，方向为正转。

对于具体动作界面的参数设置，首行目标即具体动作，速度可以设置为 2~2 000 r/min，方向可以设置为正转或反转。利用（+）键实现页面的切换，在具体动作界面按下设定键，同样光标会出现在首行，即动作字符串的最左侧，此时需要利用移位键与（+）键和（−）键相互配合来实现对动作字符串的设置。与首页面设置相同，当一行参数设置完成后，按下设定键实现换行，之后再次重复上述操作即可实现对速度参数和方向参数的设置。

9.3.2　基于三维支架台的能量实时监测 LISB 实验系统搭建

本实验系统在传统 LIBS 系统的基础上增加了三维可调支架台、光功率计等设备，三维支架台的设计是为了移动光纤探头位置，确定探测端面与样品的最佳位置，光功率计是在实验的同时，实时监测激光信号的波动，保证实验条件的稳定性。

基于三维支架台的能量实时监测 LISB 实验系统如图 9-13 所示。激光由光源出射，经分束镜分为两路，一路激光经聚焦透镜作用于样品表面，激发出的等离子体光信号经耦合透镜由光纤传输至光谱仪；另一路激光经衰减片传输至光功率计的探测器一端。光谱仪和光功率计与计算机连接，将信号传输至计算机。实验光谱图通过 MaxLIBS 软件呈现于计算机上。

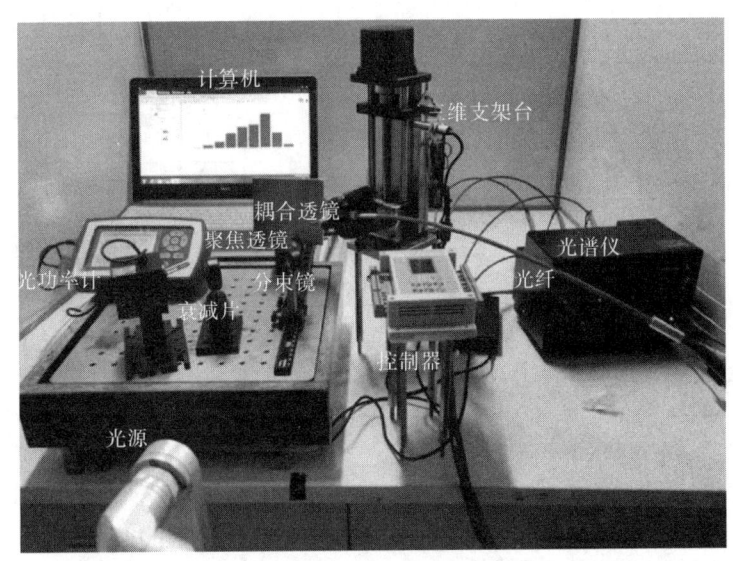

图 9-13　基于三维支架台的能量实时监测 LIBS 实验系统

激光器在 1 min 内 66.66 mJ、77.77 mJ、88.88 mJ、99.99 mJ 不同激光能量随时间的波动情况如图 9-14 所示，随着激光能量的增加，激光波动逐渐增大，即激光能量越高波动越大。激光器能量分别为 66.66 mJ、77.77 mJ、88.88 mJ、99.99 mJ 时，激光功率相对标准偏差分别为 0.000 18%、0.000 33%、0.000 68%、0.000 85%，同时测得 Al 金属靶材样品在不同激光能量下的谱线信号强度如图 9-15 所示。随着激光能量的增加，Al 元素各条谱线逐渐增加，当能量为 66.66 mJ 时，Al 各谱线强度较低，且信噪比较低；当能量为 99.99 mJ 时，Al 各谱线强度均超过了 MaxLIBS 软件界面的范围值；当激光能量为 88.88 mJ 时，Al 各谱线强度位于量程的 2/3。如表 9-2 所示，随着激光能量的增加，Al II 281.61 nm、Al I 394.40 nm、Al I 396.15 nm 的谱线强度相对标准偏差逐渐增加，激光能量为 99.99 mJ 的 Al 谱线强度相对标准偏差为 88.88 mJ 时的 2 倍以上，且随着激光能量呈指数倍扩大。综上所述，88.88 mJ 为激发 Al 金属靶材样品的最佳激光能量。

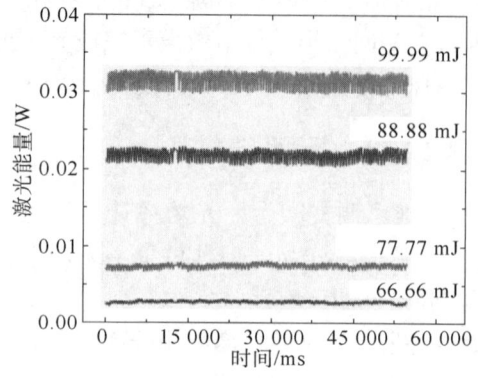

图 9-14　不同激光能量随时间的波动情况

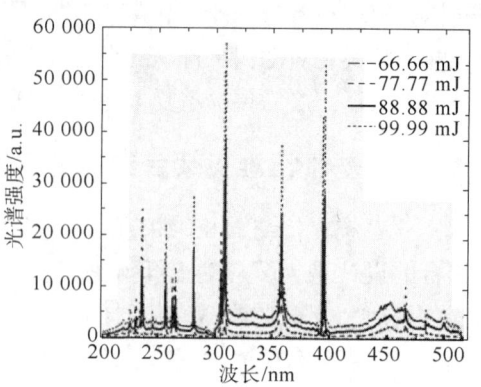

图 9-15　Al 金属靶材样品在不同
激光能量下的谱线信号强度

表 9-2　Al 各谱线强度相对标准偏差

Al 金属靶材样品	相对标准偏差			
	66.66 mJ	77.77 mJ	88.88 mJ	99.99 mJ
Al II 281.61 nm	3.40	25.32	48.87	100.36
Al I 394.40 nm	3.77	32.41	49.18	107.79
Al I 396.15 nm	4.09	37.69	61.59	128.06

9.3.3　光纤探测位置的优化

1. 光纤探测位置对谱线强度的影响

采用已搭建的基于三维支架台的能量实时监测 LISB 实验系统，在相同实验条件下，保持激光正入射样品表面，分别采用不同探测角度 20°~60°、间隔为 10°，不同探测端面距离 1~9 mm、间隔为 1 mm，对实验样品进行检测，得到了 45 种不同条件下的光谱信号。图 9-16 为不同探测角度光谱信号。

由图 9-16 可知，不同探测角度下的不同探测端面距离的光谱强度均呈先增后减小的趋势。当探测角度为 20°，探测端面距离为 4 mm 时，光谱强度最佳；当探测角度为 30°，探测端面距离为 2 mm 时，光谱强度最佳；当探测角度为 40°，探测端面距离为 2 mm 时，光谱强度最佳；当探测角度为 50°，探测端面距离为 4 mm 时，光谱强度最佳；当探测角度为 60°，探测端面距离为 2 mm 时，光谱强度最佳。

不同探测角度最佳探测端面距离的光谱信号如图 9-17 所示。激光对土壤样品激发出的等离子体在轴向呈膨胀的趋势扩张，当粒子从高能级态回落至低能级态时，会向外辐射光子信号，光子信号接收端面位于土壤样品表面 2~4 mm 处。通过比较不同探测角度下的谱线强度最佳值，得出最佳探测角度与探测端面距离。当探测角度为 40°，探测端面距离为 2 mm 时，光谱信号强度最佳。

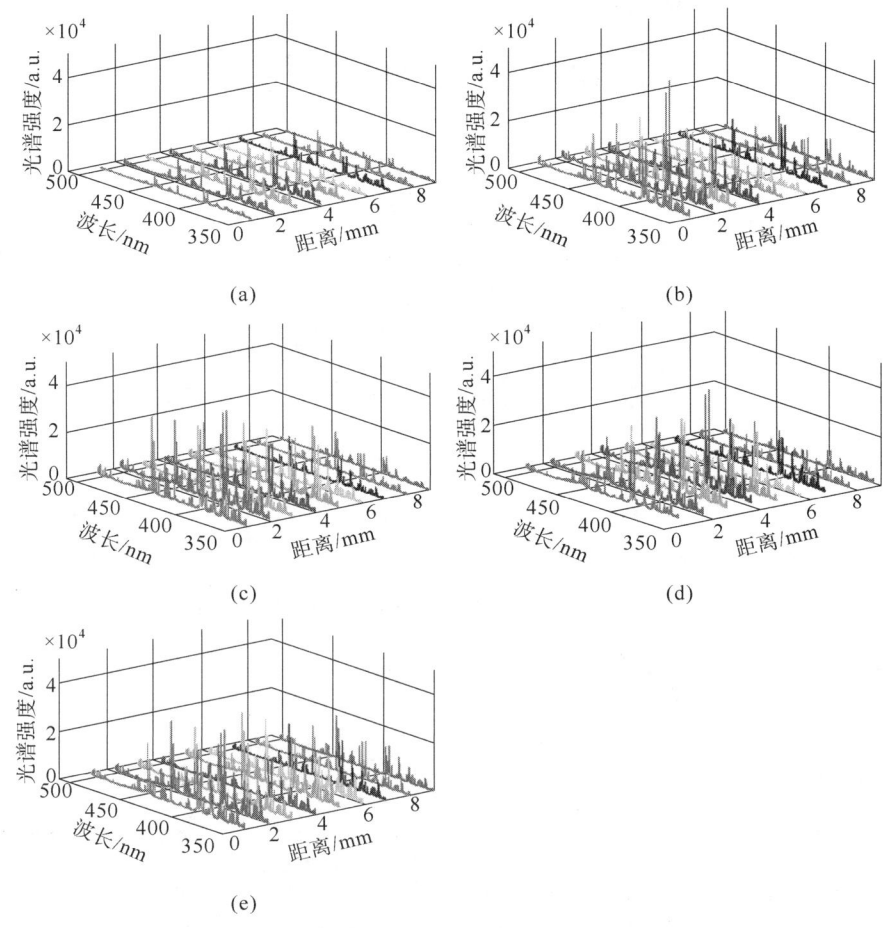

图 9-16　不同探测角度光谱信号（书后附彩插）

(a) 20°；(b) 30°；(c) 40°；(d) 50°；(e) 60°

　　计算不同探测角度下最佳探测端面距离的 Ca I 422.67 nm、Al I 394.40 nm、Fe I 438.36 nm、Pb I 405.78 nm、Ni I 361.04 nm 元素的谱线的信噪比（SNR），图 9-18 为各元素谱线 SNR 随探测角度的变化趋势。由图可知，当探测角度为 40°时，Ca I 422.67 nm、Al I 394.40 nm、Fe I 438.36 nm、Pb I 405.78 nm 谱线 SNR 分别为 27.33、29.68、25.49、16.27，Ni I 361.04 nm 谱线 SNR 在 50°时最大为 4.36。探测角度为 40°的各谱线 SNR 分别是最小值的 1.46 倍、1.18 倍、1.42 倍、2.77 倍、2.47 倍。通过比较不同探测角度的最佳探测距离各谱线强度值与 SNR 可知，最佳探测角度为 40°，最佳探测端面距离为 2 mm。

　　2. 光纤探测位置对等离子体电子密度的影响

　　在实验室条件下，通过调节接收端面的探测端面距离与探测角度，获得不同探测角度下最佳探测端面距离的 Ca I 422.67 nm、Al I 394.40 nm、Ni I 361.04 nm、Pb I 405.78 nm、Fe I 438.36 nm 特征谱线的展宽，进一步得到不同探测角度各元素谱线等离子体电子密度的分布特征，如图 9-19 所示。

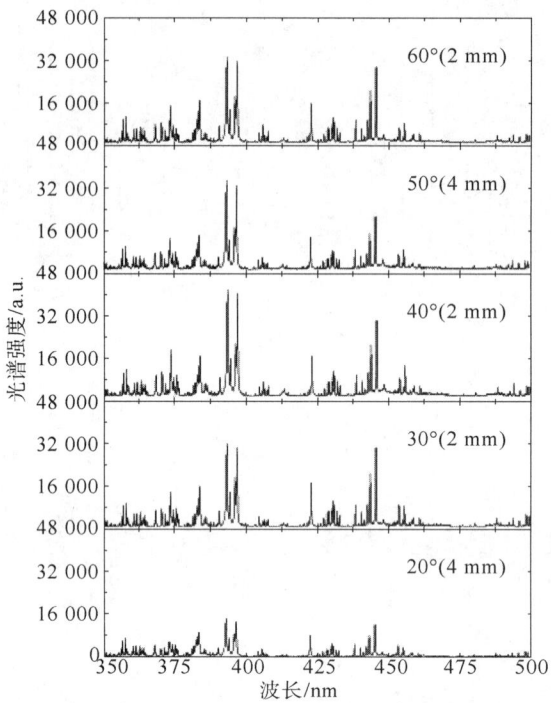

图 9-17 不同探测角度最佳探测端面距离的光谱信号

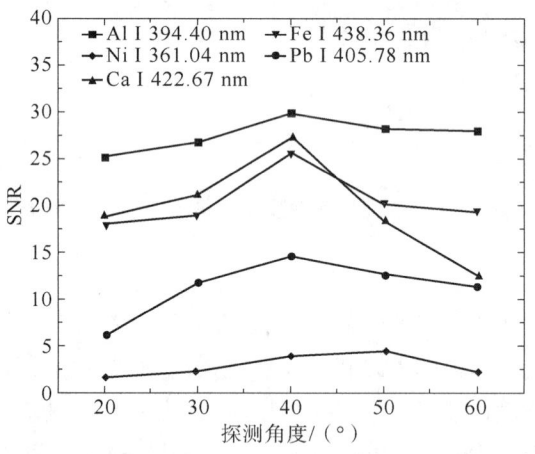

图 9-18 各元素谱线 SNR 随探测角度的变化趋势

分析可得，样品经过高能量激光作用产生等离子体，高温高密度的等离子体在膨胀的过程中，还会存在热辐射。样品表面垂直方向上的粒子会持续吸收激光能量，粒子便会获得更高的速度，高速粒子相互碰撞使发射谱线 Stark 展宽变大，在样品表面上方等离子体电子密度会达到一个最大值。从图 9-19 中可以看出，等离子体电子密度在探测角度为20°、60°时最低，探测角度为30°、50°时较低，探测角度为40°、探测端面距离为 2 mm 时各元素等离子体电子密度达到最大值。因此探测角度为 40°、探测端面距离为 2 mm 时，光谱信号最佳。

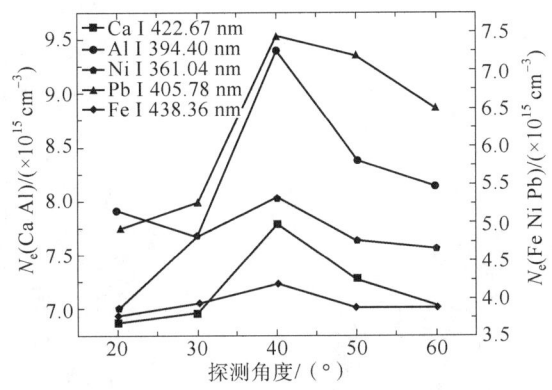

图 9-19　不同探测角度各元素谱线等离子体电子密度的分布特征

9.4　空间约束和温度控制双重增强的 LIBS 系统

本节搭建了平面镜与温度控制双重增强机制下的 LIBS 实验系统，图 9-20 为双重增强机制系统示意图，为保证系统工作时处于稳定状态，系统预热 3 分钟。整个采集过程是在常温常压下完成的，采用 Nd：YAG 脉冲激光器作为激发光源，脉冲激光通过 45°反射镜后，再通过聚焦透镜将激光聚焦到待测样品上，光纤采集产生的等离子体并传输到光谱仪完成光谱探测与分光，采集的信号经过光谱仪的转换传输至电脑。

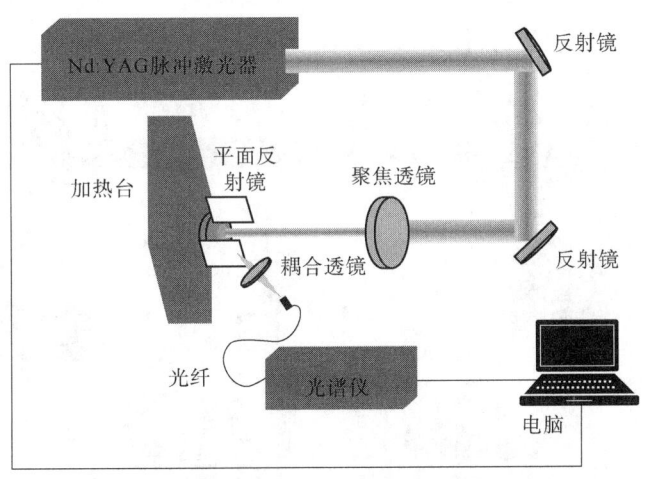

图 9-20　双重增强机制系统示意图

设计了 4 种条件的 LIBS 系统，分别为传统 LIBS 系统、平面镜约束下的 LIBS 系统、温度控制下的 LIBS 系统、平面镜与温度控制双重增强机制下的 LIBS 系统。图 9-21 为双重增强机制 LIBS 实验装置，图 9-22 为透镜组的系统局部装置。

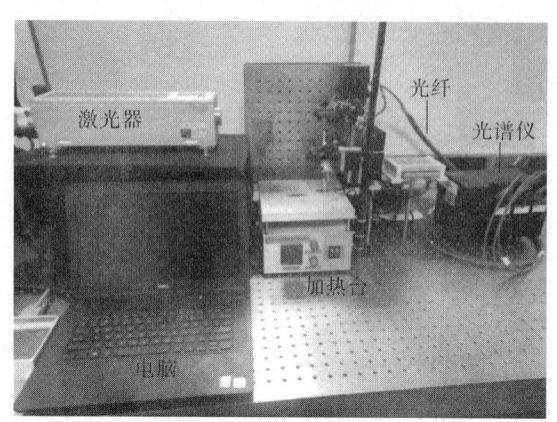

图 9-21 双重增强机制 LIBS 实验装置

图 9-22 透镜组的系统局部装置

9.5 实验参数优化

9.5.1 激光能量的优化

本实验选用波长为 532 nm 的 Nd：YAG 脉冲激光器，当激光入射到样品表面的功率密度大于样品能量密度临界值时，样品才会产生等离子体。实验系统如图 9-23 所示。

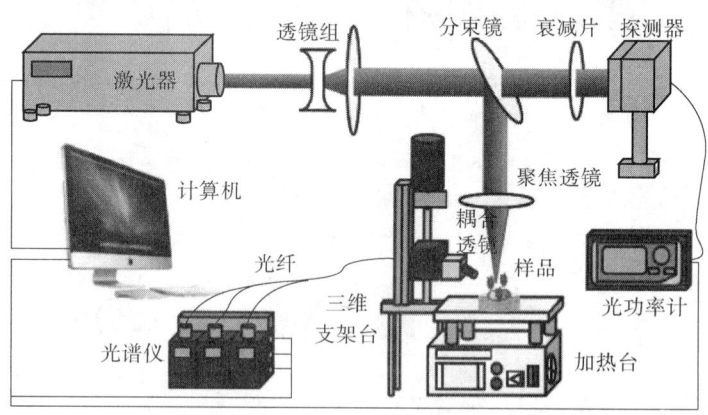

图 9-23 实验系统

通过改变激光能量 44.44~99.99 mJ，获得两条 Cd I 288.08 nm、Al I 394.40 nm 光谱强度随激光能量的变化曲线，如图 9-24 所示，可知 Cd、Al 光谱强度随激光能量增加而增加（44.44~99.99 mJ，间隔为 11.11 mJ）。激光能量从 44.44 mJ 增加到 99.99 mJ，当激光脉冲能量达到 99.99 mJ 时，Cd、Al 原子谱线强度相较于 44.44 mJ 分别提高了 47.21 倍、

53.73 倍。分析可知，随着激光能量增强，样品烧蚀量增加，从而增加了原子和分子的跃迁概率，产生了更多高能电子，导致等离子体的光谱强度增大。当激光能量过高，等离子体便会产生自吸收效应，光谱强度达到饱和，其随波长变化曲线如图 9-25 所示，故选取 88.88 mJ 的激光能量最合适。

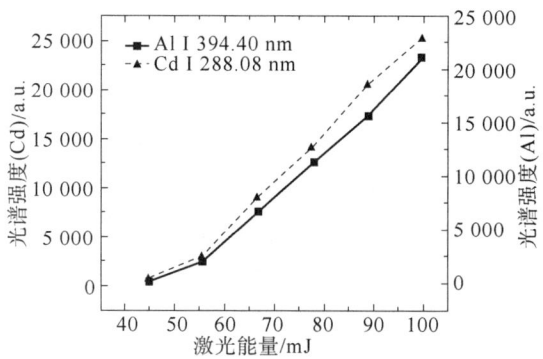

图 9-24　光谱强度随激光能量的变化曲线

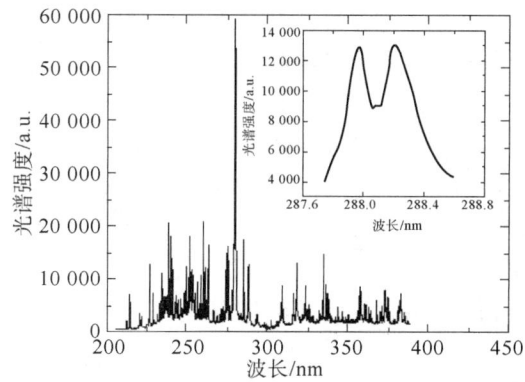

图 9-25　激光能量为 **99.99 mJ** 的光谱强度随波长变化曲线

9.5.2　延迟时间的优化

通过查询 NIST 原子光谱数据库，选取谱线发射强度较大、跃迁概率较大的 Cd I 288.08 nm、Al I 394.40 nm、Pb I 405.78 nm 作为分析线。对 Cd、Al、Pb 元素采用不同的延迟时间进行测量，图 9-26 为 Cd I 288.08 nm、Al I 394.40 nm、Pb I 405.78 nm 的 SNR 随延迟时间的变化曲线。由于连续背景光谱与特征光谱存在一个时间差，在样品被激光击穿时，连续光谱的强度随着时间呈现先增加后逐渐减小的趋势。在连续背景光谱信号强度开始逐渐减小后，特征光谱信号便随着时间的增加呈现先增加后减小的变化趋势，因此通过控制延迟时间的方法来减小连续背景光谱对原子发射光谱的影响。在原子特征谱线的 SNR 达到最大值时，对应的即为最佳延迟时间。在 0~2.0 μs 延迟时间下，Cd、Al、Pb 的 SNR 曲线先增加后减小，且在延迟时间为 1.4 μs 时达到最大值，故选取 1.4 μs 为本实验的最佳延迟时间。

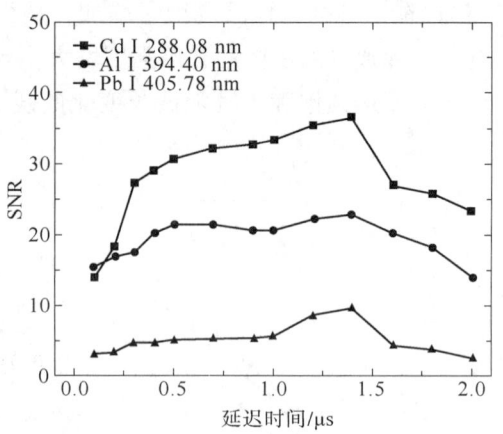

图 9-26　SNR 随延迟时间的变化曲线

9.5.3　LTSD 的优化

在实验过程中，采用聚焦透镜将激光光束聚焦至样品表面，理论应将样品放置于透镜焦点处，但是由于采用的样品存在差异性以及其他外界因素，样品到透镜之间的距离影响光斑尺寸的大小，光斑尺寸越大，原子越容易跃迁，且等离子体信号越好，故选择最佳的透镜与样品间的距离（LTSD）极为重要。图 9-27 为波长 200~500 nm 谱线光谱强度随 LTSD 的变化曲线。当 LTSD 为 94~102 mm 时，随着 LTSD 的增加，光谱强度呈现先增大后减小的趋势，当 LTSD 为 98 mm 时，Cd、Al、Pb 的谱线强度达到最大值。图 9-28 为 Cd、Al、Pb 谱线 SNR 随 LTSD 的变化曲线。当 LTSD 从 94 mm 增加至 98 mm 时，Cd、Al、Pb 谱线 SNR 逐渐增加至最大值；当 LTSD 从 98 mm 增加至 102 mm 时，SNR 逐渐减小。分析可知，当 LTSD 为 98 mm 时，得到的实验数据最佳。

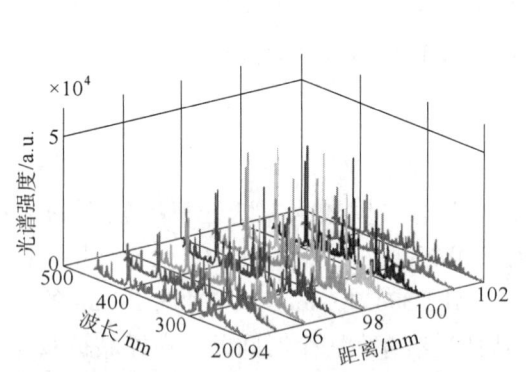

图 9-27　光谱强度随 LTSD 的变化曲线（书后附彩插）

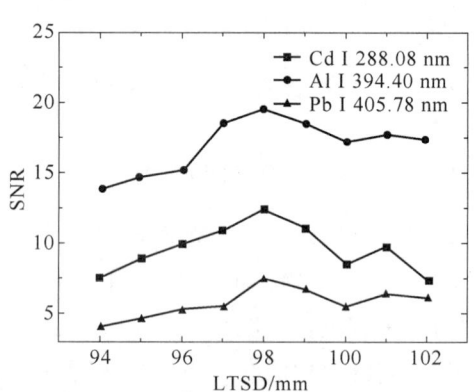

图 9-28　SNR 随 LTSD 的变化曲线

9.6　样品的采集及制备

本实验土壤样品采取于校园内，土壤样品经过风干、去杂质、筛选、研磨之后，分别加入 0~100%间隔为 5%的不等量 KCl 添加剂、KBr 添加剂、KI 添加剂，将样品分为 3 组，每组含有 20 个样品。首先对土壤样品研磨 1 h，样品研磨均匀后加入饱和蔗糖溶液作为黏合剂并再次研磨，然后将研磨均匀的土壤压制成直径为 15 mm、厚度为 7 mm 的圆柱形样品。

金属板购买于北京蒂姆新材料科技有限公司，Al 金属板的纯度为 99.999%，金属 Al 靶材杂质元素及浓度如表 9-3 所示。Al 金属板经过 500 目砂纸打磨至表面光滑且无明显划痕，采用无水乙醇与去离子水进行清洗。

表 9-3　金属 Al 靶材杂质元素及浓度

元素	实测值/ppm	元素	实测值/ppm
Mg	1.156	Li	
Si	1.786	Be	
K	0.522	B	
Ca	0.201	Ga	<0.05
Ti	0.068	Ag	
V	0.051	Cd	
Cr	0.046	In	
Mn	0.089		
Fe	1.469	Th	
Ni	0.046		<0.01
Cu	1.212		
Zn	0.452	U	
Pb	0.157		

第 10 章

实验数据预处理

10.1　S-G 平滑滤波

S-G 滤波的赋值方法如下列公式，例如取 i 点左右各 m 个点对其进行 $2m+1$ 个点进行多项式拟合赋值。

$$Y_i = \sum_{j=-m}^{m} C_j y_{i+j} \qquad (10-1)$$

其中，C_j 为平滑的变换系数。数据为等间距，则

$$s = \frac{x - \bar{x}}{h} \qquad (10-2)$$

其中，$\bar{x}$ 为中心值。对于 Y，有

$$Y = a_0 + a_1 s + a_2 s + a_3 s + \cdots + a_k s^k \qquad (10-3)$$

其中，a_0、a_1 等值，通过下面方法计算得到，即

$$a = (J^T J)^{-1} J^T y \qquad (10-4)$$

$$J = \frac{\partial Y}{\partial a} \qquad (10-5)$$

通过公式和已给出的 Savitzky-Golay 表，可以算出平滑所用到的系数，根据系数对其进行平滑。S-G 滤波在实际应用中，既可以使光谱足够平滑，又可以保证其分辨率，具有很好的实用性和应用前景。

通过 S-G 滤波对谱线进行平滑处理（图 10-1），但是除去环境噪声的影响，其他一些噪声也影响着光谱仪采集光谱数据，如样品元素不均、样品表面不同、随机噪声等。采用 S-G 滤波后，选取均值中心化（MC）、标准正态变量变换（SNV）进行进一步的去噪，其 MC 公式为

$$\text{GP}'(j,i) = \text{GP}(j,i) - \frac{1}{n} \sum_{k=1}^{n} (j,k), i = 1, 2, \cdots, n \qquad (10-6)$$

其中，n 为数据变量总数；$\text{GP}(j,i)$ 为第 j 个样品的数据值；$\text{GP}'(j,i)$ 为对应中心化后的值。

SNV 对 LIBS 光谱数据进行标准化，其计算公式为

$$X_{ik,\text{SNV}} = \frac{X_{i,k} - \overline{X_i}}{\sqrt{\sum_{k=1}^{m} (X_{i,k} - \overline{X_i}) / (m-1)}} \qquad (10-7)$$

其中，$X_{ik,\text{SNV}}$ 为 $X_{i,k}$ 经 SNV 处理后的值。

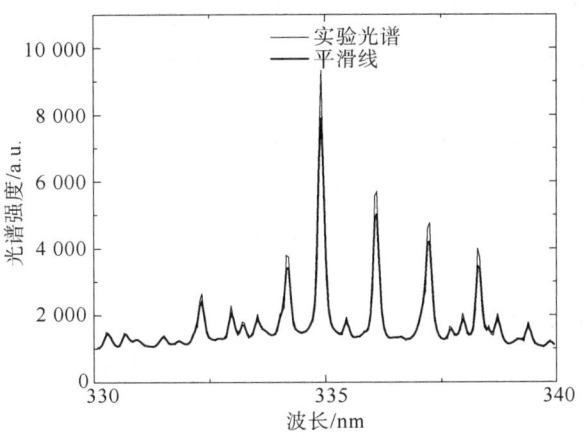

图 10-1　S-G 滤波平滑处理图像

10.2　剔除异常光谱

在获得的 LIBS 光谱数据中，尽管多次激光脉冲累积求平均值的方法一定程度上弥补了光谱数据的波动，但不能确定是否每一条光谱数据都具有代表性。一方面，等离子体跃迁存在随机性，得到的系列光谱中可能会存在一些极大值或极小值；另一方面，通常因为激光能量自身的波动、空气中粉尘颗粒、实验操作、样品自身等影响造成激光能量与实验参数存在误差，测量的结果中会存在一些与其他光谱差异较大的异常光谱。这些异常光谱会影响求得的平均结果，降低测量结果的准确性，因此在建模前需对每一个光谱进行优化，剔除异常情况下的光谱可以提高光谱信号的稳定性[193]。如图 10-2 所示，图（a）为正常实验条件下的光谱，图（b）为异常实验条件下的光谱。

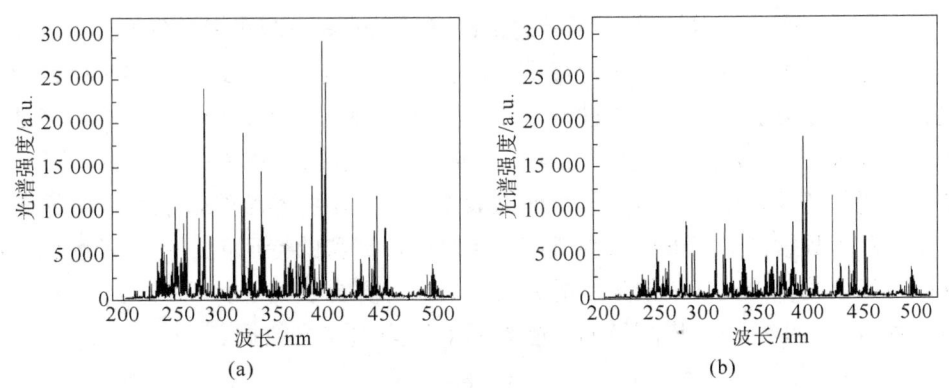

图 10-2　正常实验条件和异常实验条件下获得的光谱

（a）正常实验条件下的光谱；（b）异常实验条件下的光谱

本节研究主要基于中值绝对偏差（Median Absolute Deviation，MAD）剔除异常值[194-195]，计算过程如下：

（1）根据式（10-8）计算 MAD 值[196]。

$$MAD = b \cdot median(|x_i - median(x)|) \qquad (10-8)$$

其中，x_i 为第 i 条光谱对应的光谱强度；x 为光谱系列对应的光谱强度；b 为常数（当数据呈正态分布时，$b = 1.4826$）。

（2）当某条光谱的强度符合式（10-9）时，认为此光谱为异常光谱。

$$|x_i - median(x)| > k \cdot MAD \qquad (10-9)$$

其中，k 为常量。$k = 2$，表示剔除规则较严格；$k = 2.5$，表示剔除规则相对保守；$k = 3$，表示剔除规则非常保守[197]，此处取 $k = 2$。

MAD 剔除异常值后系列光谱如图 10-3 所示，可以看出，剔除异常值后的 14 次光谱数据没有较大的偏差，整体相对稳定，可提高 LIBS 测量结果的准确性，说明 MAD 剔除异常光谱数据方法的可行性。

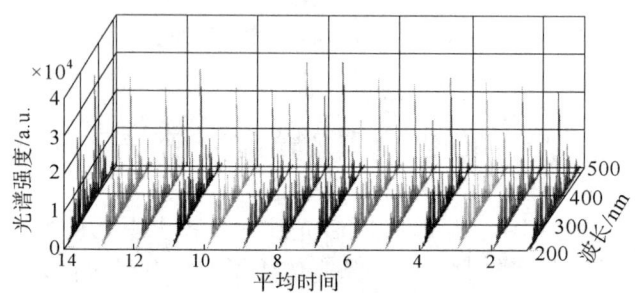

图 10-3　MAD 剔除异常值后系列光谱

10.3　基线校正

进行基线校正的原因有两个：一是激光诱导等离子体的过程非常复杂，光谱数据在 0~1 μs 连续光谱较为明显，测量过程中通常通过设置延迟时间来减小光谱中的连续光谱，此方法只能降低连续谱线，但还存在连续背景光谱，并以基线高的形式表现出来，因此在采用 LIBS 进行定性定量分析时，通常需进行基线校正预处理；二是本实验采用的为多通道光谱仪，每个通道的特性不同，因此会出现重叠区域光谱基线没有在同一水平线的情况。

本节采用的基线校正方法为分段特征提取法。此方法将整个光谱数据平均分成 N 个数据群，并以每个数据群光谱强度最小值作为相对应数据群的特征值，每个光谱数据减去对应数据群的特征值，得到基线校正后的光谱，具体计算方法如下：

（1）根据式（10-10）将测量的光谱数据平均分成 N 个数据点。

$$N = \frac{wavelength}{number} \qquad (10-10)$$

其中，wavelength 为 LIBS 光谱波长范围；number 为每个数据点群中波长点的个数。

（2）根据式（10-11）求取特征值点。

$$\min\{A(\alpha_i)\}_j, \quad j = 1, 2, 3, \cdots, N \qquad (10-11)$$

（3）将每个数据群中的每个数据减去此数据群的特征值，将得到的 N 个数据点群进行拼接，得到基线校正后的数据。

图 10-4 为土壤样品 200~517 nm 波段基线校正前后光谱数据，其中图（a）为基线校正前的光谱数据，图（b）为基线校正后的光谱数据。为进一步看出基线校正后的光谱变化，如图 10-5 所示，分别选取了 216~219 nm、290~293 nm、409~413 nm、480~483 nm 4 个波段进行分析。从图中看出，采用此方法有效地对光谱基线进行了校正，并且对原始光谱信号影响较小，是一种有效的光谱信号预处理方法。

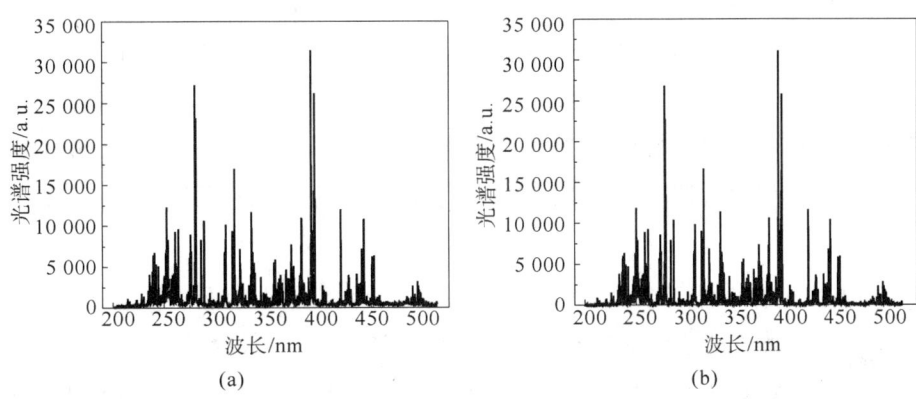

图 10-4　基线校正前后光谱数据

（a）基线校正前的光谱数据；（b）基线校正后的光谱数据

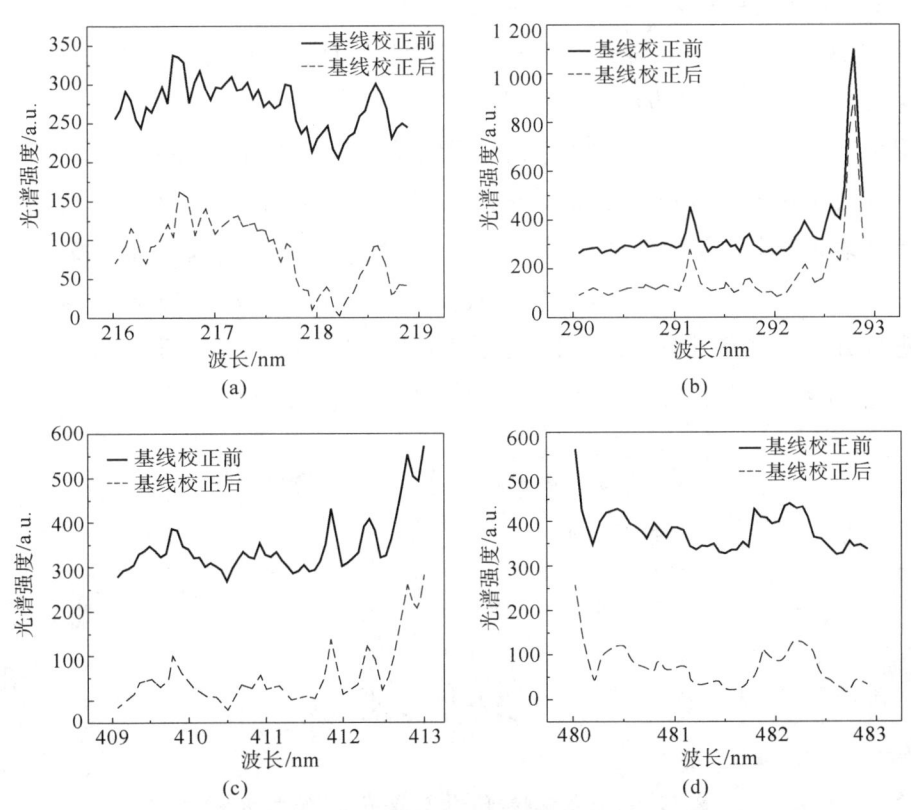

图 10-5　基线校正前后部分波段光谱

（a）216~219 nm；（b）290~293 nm；（c）409~413 nm；（d）480~483 nm

10.4　小波降噪

光谱信号不但会受到连续背景的影响，而且会受到一些噪声的影响，这些噪声主要来源于光源、环境波动，并且是没有规律的，因此需要进行光谱降噪处理，改善光谱质量，提高检测精度。降噪的方法通常是从仪器设备上进行改进，或利用数学方法进行降噪处理。若从仪器设备上进行改进，则需要较高的经费，而且达不到理想的效果，因此多采用数学方法对光谱信号进行降噪处理。通常情况下常采用小波变换法降噪、Grubbs准则法降噪对采集的光谱数据进行降噪预处理，其中小波变换法在 LIBS 信号处理中应用广泛，能够区分信号和噪声，适用于信号的处理分析，因此采用小波变换法进行光谱降噪。

从通过 LIBS 技术得到的光谱数据中可以看出，光谱信号的特征峰值在光谱的不同位置且数量较少，但噪声是没有规律分布的。本节选择 SURE 阈值函数，高于阈值的是有用的光谱信号，低于阈值的是无用的噪声信号，以此区分有用的光谱信号与无用的噪声信号。采用小波降噪时，要选择合适的分解层数，若分解层数过多，有用信号将会损失，影响光谱质量，分解层数太少，将导致降噪结果不理想。db 小波随阶次增大，信噪比提高；当 db 小波阶次不断增大，会增加计算量，且实时性降低，所以需要选择合适的小波阶次。本节选择 db5 小波 SURE 值方法，分解层数选择 3 层。

采用小波降噪去除 LIBS 光谱噪声信号后的谱线效果如图 10-6 所示，黑线为原始光谱数据，红线为降噪后的 LIBS 光谱数据。从图中可以看出，采用小波降噪的方法可以保留原始光谱数据中重要的特征谱线。为进一步看出小波降噪前后部分波段光谱变化，如图 10-7 所示，分别选取了 216~219 nm、290~293 nm、409~413 nm、480~483 nm 4 个波段进行分析，从图中可以看出，小波噪声后的谱线更加平滑。分析认为，去除 LIBS 光谱中的噪声信号能够更好地实现对样品的定性定量分析。

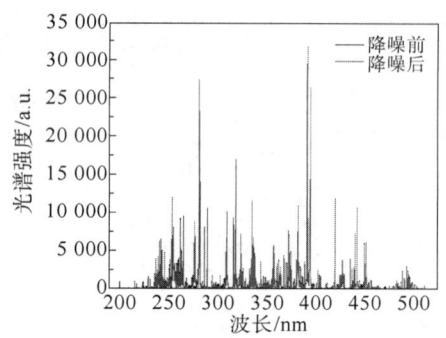

图 10-6　小波降噪前后谱线效果（书后附彩插）

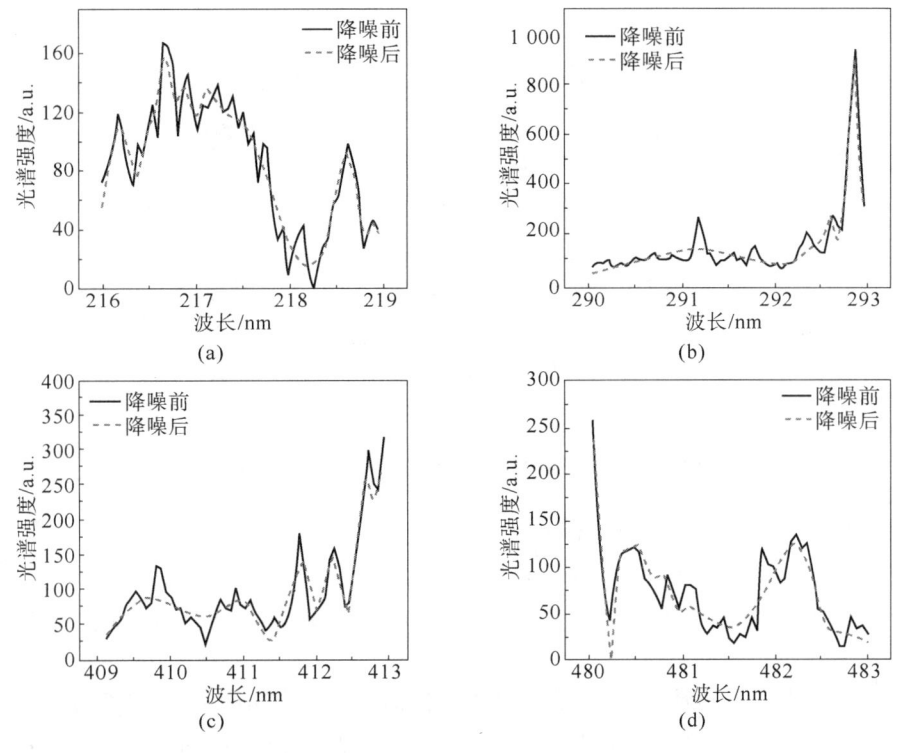

图 10-7　小波降噪前后部分波段光谱变化
（a）216~219 nm；（b）290~293 nm；（c）409~413 nm；（b）480~483 nm

10.5　多种数据预处理方法结合

　　上述方法均对光谱质量有所改善，为研究多种数据预处理方法相结合对光谱信号的作用，在最佳实验参数条件下，即脉冲累计次数为 15 次、延迟时间为 1.9 ms、LTSD 为 97 mm 时进行实验，并采用中值绝对偏差法、分段特征提取法、小波变换相结合的方法对 LIBS 光谱数据进行预处理。

　　将采集到的光谱数据利用中值绝对偏差法剔除异常光谱，采用分段特征提取法进行基线校正，采用 db5 小波 SURE 阈值函数，分解层数选择 3 层的小波降噪方法，最终得到无异常光谱系列的光谱数据，消除了异常光谱对分析结果的影响，降低了连续光谱对光谱信号的影响，减小了光谱噪声的影响。

　　图 10-8 为 Cd、Fe、Al、Pb 4 种元素在无数据预处理与多数据预处理方法相结合的两种情况下发射谱线相对标准偏差 RSD，分析对比无数据预处理与多数据预处理方法相结合的两种情况下的光谱质量。

　　从图 10-8 可以看出，无数据预处理方式时，4 种元素的 RSD 较大，采用多数据预处理方法结合后 4 种元素光谱的 RSD 有不同程度的下降，Cd I、Fe I、Al I、Pb I 元素的 RSD 分别从 18.47%、14.82%、10.07%、19.38%下降至 14.53%、10.81%、7.33%、

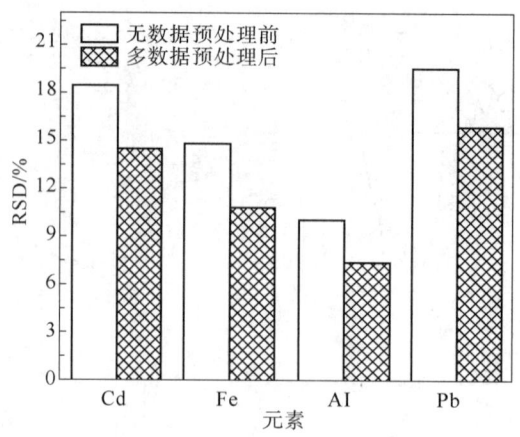

图 10-8 有无数据预处理前后 4 种元素的发射谱线 RSD

15.90%。分析认为，采用多种数据预处理方法结合后的系列光谱，一方面没有异常光谱的影响，光谱信号趋于稳定；另一方面背景噪声得到有效改善，因此 RSD 有明显下降，说明采用多种数据处理方法结合的方式可以提高测量结果的重复性，有效地改善了光谱质量。

为了进一步研究多种数据处理方法结合对光谱信号的作用，分别计算了 Cd、Fe、Al、Pb 4 种元素在无数据预处理与多种数据预处理方法结合的两种情况下光谱 SNR，如图 10-9 所示。

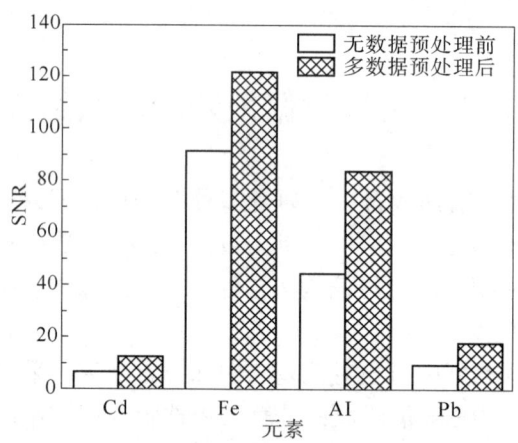

图 10-9 有无数据预处理前后 4 种元素的 SNR

从图 10-9 可以看出，采用多种数据预处理方法结合后 4 种元素光谱的 SNR 有不同程度的增大，Cd I、Fe I、Al I、Pb I 元素的 SNR 分别从 7.01、91.19、44.73、9.36 增大至 12.53、121.69、83.79、18.11。分析认为，采用多种数据处理方法结合的方法处理光谱能够有效地降低连续背景的影响，通过小波降噪的方法降低了光源噪声、环境波动等无规律噪声的影响。4 种元素光谱 SNR 有不同程度的提高，进一步证明采用多种数据预处理方法结合的方法可以提高测量结果的重复性，有效地改善了光谱质量。

第 11 章

激光诱导击穿光谱信号增强机制研究

11.1 磁场约束对 LIBS 信号的影响

磁场约束指的是将待测样品放置在磁场的中心，激光诱导的等离子体处于磁场约束区域[198]，如图 11-1 所示。磁场约束的原理为磁场产生的洛伦兹力的作用限制等离子体的运动、降低等离子体膨胀速度以及增加粒子之间的碰撞，光谱强度增强[199-200]。

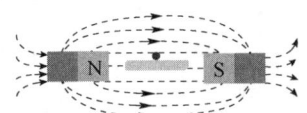

图 11-1　激光诱导的等离子体处于磁场约束区域

11.1.1　不同磁场强度对光谱信号的影响

光谱强度和光谱信噪比（SNR）是对激光诱导击穿光谱（LIBS）质量判定的重要参数，是提高 LIBS 检测精度的关键因素。以 Cd I 288.08 nm 和 Cu I 324.75 nm 分别作为 Cd 元素和 Cu 元素的特征分析谱线，改变磁铁之间的距离，使磁铁产生 0.3 T、0.8 T、1.25 T 不同的磁场强度，分别在 0.3 T、0.8 T、1.25 T 磁场强度下对光谱信号进行采集。无磁场作用即磁场强度为 0 T，从图 11-2 和图 11-3 中可以看出，磁场强度从 0 T 增加至 1.25 T 时，光谱强度和 SNR 呈梯形增长趋势，说明不同磁场强度的磁场约束对光谱强度和 SNR 影响不同。

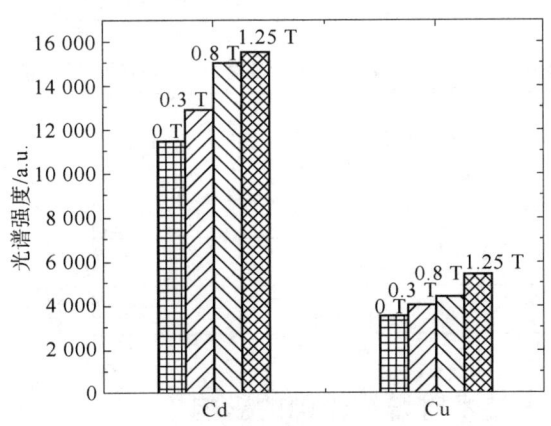

图 11-2　有无磁场约束下光谱强度对比

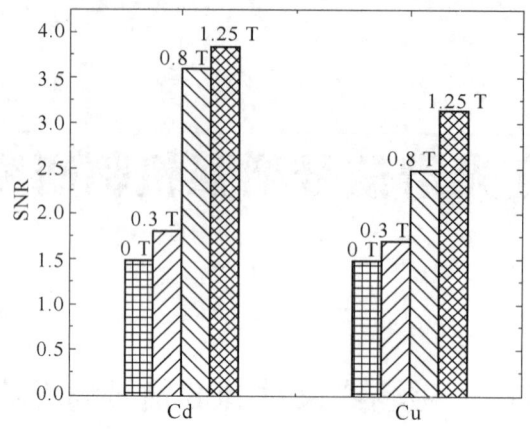

图 11-3　有无磁场约束下 SNR 对比

从图 11-2 和图 11-3 中可以看出，磁场强度为 0 T 时，Cd 元素和 Cu 元素的光谱强度值分别为 11 820、4 000，其 SNR 均为 1.5。不同的磁场强度，增加幅度也有所不同。当磁场强度为 0.3 T 时，光谱强度和 SNR 增长幅度较小；当磁场强度为 1.25 T 时，光谱强度和 SNR 快速上升，说明磁场强度越大，磁场约束能力增强，光谱信号增长速率越快。

从表 11-1 和表 11-2 中看出，在磁场强度为 1.25 T 时，样品元素 Cd 和 Cu 的光谱强度和 SNR 要比无磁场作用分别增加 34.77%、56.33% 和 155.52%、109.48%。根据调研可知，磁场强度越大，磁场对等离子体的约束力越大，留存在磁场区域的等离子体数量越多，使等离子体电子密度提高，等离子体温度提升，研究等离子体电子密度和等离子体温度对研究等离子体特性具有重大意义[201]。

表 11-1　不同磁场强度与磁场强度为 0 T 时的光谱强度增强比值

磁场强度/T 比值/% 元素谱线	0.3	0.8	1.25
Cd I	12.22	30.77	34.77
Cu I	13.53	27.18	56.33

表 11-2　不同磁场强度与磁场强度为 0 T 时的 SNR 增强比值

磁场强度/T 比值/% 元素谱线	0.3	0.8	1.25
Cd I	20.71	140.03	155.52
Cu I	18.94	65.59	109.48

11.1.2　磁场约束技术对谱线轮廓的影响

在外加磁场的作用下，会产生 Zeeman 效应。Zeeman 效应指的是磁场作用下，光谱谱线产生分裂。判别光谱谱线是否分裂主要是观察有磁场约束与无磁场约束下的光谱谱线形状，分析有磁场约束与无磁场约束下的谱线半高全宽（FWHM）数值。表 11-3 是不同磁场强度下 Cd 元素的谱线宽度。图 11-4 是不同磁场强度时的 Cd I 288.08 nm 的谱线轮廓。

表 11-3　不同磁场强度下 Cd I 的谱线宽度

磁场强度/T	谱线宽度/nm			
	0	0.3	0.8	1.25
Cd I 288.08 nm	0.252 4	0.252 5	0.261 8	0.268 5

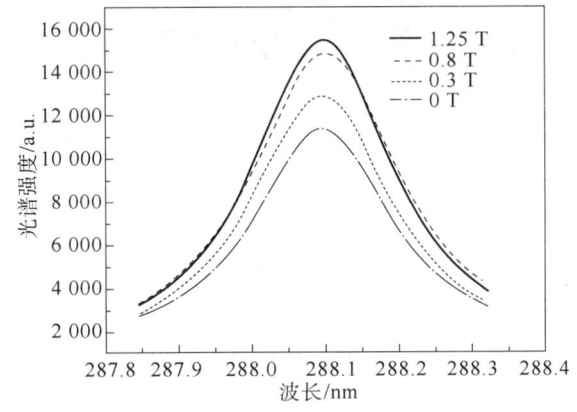

图 11-4　不同磁场强度时的 Cd I 288.08 nm 的谱线轮廓

由图 11-4 可以看出，无论是磁场强度为 0 T，还是对系统施加 0.3 T、0.8 T、1.25 T 不同的磁场强度，图中 4 条光谱线的峰值轮廓明显，两侧对称，由表 11-3 得到的数据可知，当磁场强度从 0.3 T 增加至 1.25 T 时，与未加入磁场的谱线宽度相比较增幅分别为 0.039%、3.724%、6.379%，调研发现增幅值在 10% 以内是正常增幅。因此施加以上磁场强度时，谱线宽度均未出现 Zeeman 分裂现象。结合光谱强度和 SNR，本实验选择磁场强度 1.25 T 进行实验分析。实验时间和实验条件允许的情况下，可以增强磁场强度，探究更高磁场强度对光谱参数的影响。

11.2　磁场约束下激光诱导等离子体特性研究

11.2.1　原子谱线能级与增强因子

为了研究磁场约束激光诱导铜等离子体特性，实验中选用表面平整清洁、纯度 99.99% 的铜样品为待测样品。图 11-5 为本次实验所用纯度 99.9% 的铜样品。

由表 11-4 可以看出，谱线 Cu I 319.40 nm 和 Cu I 333.78 nm 跃迁概率小，增强因子分别为 1.20 和 1.15；谱线 Cu I 324.75 nm 和 Cu I 327.29 nm 跃迁概率大，增强因子分别为 2.89 和 2.76，证明原子跃迁概率大时，跃迁易产生。

图 11-5　纯度 99.9% 的铜样品

表 11-4　铜原子谱线与光谱增强因子关系

波长/nm	跃迁概率/(×10⁷ s⁻¹)	增强因子
Cu I 319. 40	0. 155	1. 20
Cu I 324. 75	13. 95	2. 89
Cu I 327. 39	13. 76	2. 76
Cu I 333. 78	0. 038	1. 15

由表 11-4 可以知道,跃迁概率越大,相应地光谱强度也越大,说明跃迁能力的强弱与跃迁能级和跃迁概率有关,因此当铜原子处于更高激发态时,跃迁越易发生,增强因子越大。样品处于磁场区域时,激光诱导击穿光谱等离子体处于一个被约束的空间,这时与不加磁场约束时相比,等离子体聚集在体积更小的空间,碰撞概率增加,膨胀速度降低。相比于不加磁场时,等离子体留存在磁场区域时间延长,低激发态的铜原子发生跃迁的时间增加,因此在磁场约束下跃迁更易发生,光谱强度的增强也较为明显。

11. 2. 2　磁场约束对等离子体温度的影响

计算等离子体温度时,选取 Cu I 324. 75 nm、Cu I 327. 39 nm、Cu I 406. 26 nm、Cu I 427. 51 nm 和 Cu I 465. 11 nm 5 条谱线,将 5 个坐标点 $[E_k, \ln(\lambda I/Ag)]$ 拟合成一条直线,这条斜线为 Boltzmann 斜线。用 Boltzmann 谱线法计算 Cu I 的等离子体温度。图 11-6 (a)、(b) 是拟合的磁场强度为 0 T 和 1. 25 T 时的 Cu I 等离子体 Boltzmann 图,斜率对应 $-1/(k_B T)$,截距对应 C,k_B 已知,从而计算出等离子体温度。

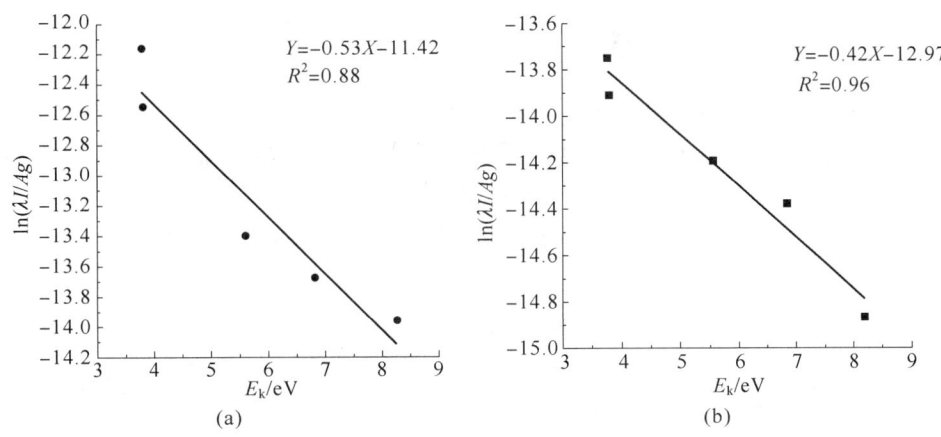

图 11-6　拟合的磁场强度为 0 T 和 1.25 T 时的 Cu I 等离子体 Boltzmann 图

（a）0 T；（b）1.25 T

11.2.3　磁场约束对等离子体电子密度的影响

半高全宽 $\Delta\lambda_{1/2}$ 通过绘制 Lorentz 谱线图得到，碰撞参数在经验文中可查到，通过半高全宽和碰撞参数即可求出等离子体电子密度。图 11-7 是 Cu I 在磁场强度为 0 T 和 1.25 T 时的 Lorentz 谱线图。

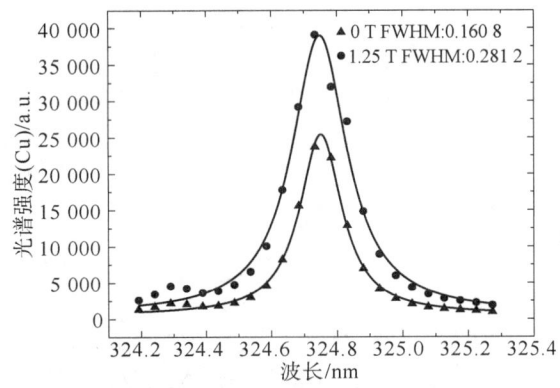

图 11-7　Cu I 在磁场强度为 0 T 和 1.25 T 时的 Lorentz 谱线图

根据 Lorentz 谱线图，得到 Cu I 在磁场强度为 0 T 时，半高全宽为 0.160 8；在磁场强度为 1.25 T 时，半高全宽为 0.281 2。经过计算，磁场强度为 0 T 时的等离子体温度和等离子体电子密度分别为 21 875 K 和 2.11×10^{16} cm^{-3}；磁场强度为 1.25 T 时的等离子体温度和等离子体电子密度分别为 36 231 K 和 3.70×10^{16} cm^{-3}。从数据上可以得到，与磁场强度 0 T 时相比较，等离子体温度和等离子体电子密度均有较大的提高。对实验系统增加磁场约束后，磁场的作用使等离子体聚集区域的体积减小，洛伦兹力使等离子体向外膨胀的速率降低，等离子体存在磁场区域的时间延长。有无磁场约束的区别则是激光诱导出等离子体后，等离子体留存时间的长短。加入磁场后，留存时间延长，等离子体的数量在光谱信息耦合至光纤前多于老磁场时的数量，因此等离子体电子密度提高；磁场区域内的等离子体在激烈碰撞的过程中会散发能量，这些能量被低能级的原子吸收，吸收能量的原子跃迁到更高能级，动能转化为能量，等离子体温度升高。

11.2.4 局部热力学平衡判据

假设等离子体处于局部热力学平衡（LTE），此时对等离子体温度和等离子体电子密度进行计算，通过 Mc Whirter 判据来判断等离子体是否处于 LTE 状态。

$$N_e \geqslant 1.6 \times 10^{12} T_e^{1/2} \Delta E^3 \qquad (11-1)$$

本实验中，有无磁场约束时，Cu I 等离子体温度分别为 36 231 K、21 875 K，等离子体电子密度分别为 $3.70 \times 10^{16} \text{ cm}^{-3}$、$2.11 \times 10^{16} \text{ cm}^{-3}$，最大上下能级差为 1.15 eV。代入式（11-1）计算得到满足要求的电子密度的最小值为 $4.63 \times 10^{14} \text{ cm}^{-3}$、$3.60 \times 10^{14} \text{ cm}^{-3}$。实验中由 Stark 展宽法计算得到的电子密度大于利用 Mc Whirter 判据计算的电子密度极限值，因此，实验过程中系统处于 LTE 状态。

11.3 磁场约束下等离子体光谱特性的时间演化

11.3.1 磁场约束下等离子体光谱强度的时间演化

图 11-8、图 11-9 分别为 Cu I 324.75 nm 和 Cu II 214.89 nm 有无磁场约束时谱线强度随延迟时间的演化曲线。

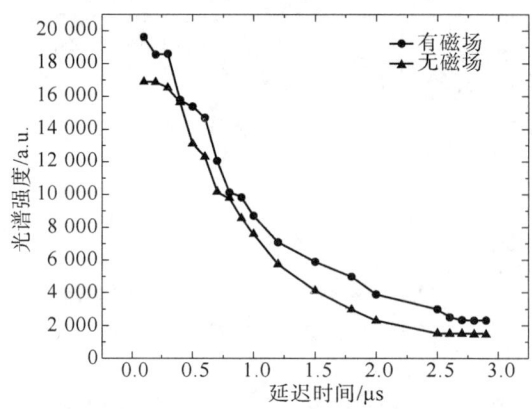

图 11-8 Cu I 324.75 nm 有无磁场约束时谱线强度随延迟时间的演化曲线

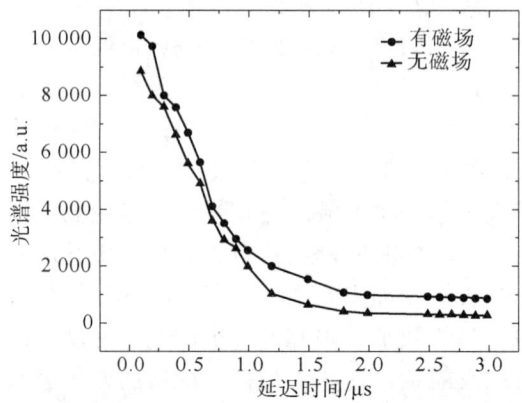

图 11-9 Cu II 214.89 nm 有无磁场约束时谱线强度随延迟时间的演化曲线

如图 11-8 和图 11-9 所示，延迟时间小于 0.5 μs 时，铜原子光谱强度和铜离子光谱强度都较高，因为此时等离子体处于形成初期，光谱主要呈现连续谱状态。随着延迟时间的增加，无论是铜原子光谱强度还是铜离子光谱强度均随着延迟时间的增加而逐渐降低，而且光谱强度变化趋势一致。从演化曲线图上可以看到，有磁场时的光谱强度一直高于无磁场时的光谱强度，在延迟时间 2.0 μs 之后，光谱强度趋于平稳，光谱强度差值近似相等。磁场强度为 1.25 T 时，等离子体膨胀初期铜原子和铜离子都会很大程度上受到洛伦兹力的影响，导致碰撞概率增加。随着延迟时间增加至 3 μs，粒子留存在磁场区域中的时间延长，磁场区域内等离子体激烈碰撞，也就是电子和离子之间的相互碰撞，电子和离子碰撞后，进行复合，电子、离子与自由电子结合形成中性原子，复合前自由电子具有动能，复合后动能转变成辐射能，产生背景信号。因此等离子体在磁场区域留存时间越长，磁场区域中的粒子数量下降越快，可见磁场约束对等离子体产生的作用并非是一直增强。

等离子体的膨胀速度降低可以从磁流体动力学原理（MHD）解释，磁场约束时的等离子体膨胀减速可以表示为

$$\frac{v_2}{v_1} = \left(1 - \frac{1}{\beta}\right)^{\frac{1}{2}} \tag{11-2}$$

$$\beta = \frac{8\pi k_B T_e}{B^2} \tag{11-3}$$

其中，k_B 为 Boltzmann 常数；T_e 为等离子体温度，K；B 为磁场强度，T。可以看出，等离子体参数 β 与 B 成反比，与 k_B、T_e 成正比。

采用磁场约束对等离子体进行束缚时，本质上是通过空间约束压缩等离子体所占空间体积，从而使等离子体内部的电子-离子的碰撞概率增加，等离子体电子密度和等离子体温度在一定程度上有了很大的提高。

11.3.2　磁场约束下等离子体温度和等离子体电子密度的时间演化

等离子体达到局部热力学平衡状态需要一定时间，因此，研究等离子体的时间演化十分重要。

从图 11-10、图 11-11 可以看到，无论是否有磁场，延迟时间从 1 μs 增加至 3 μs，等离子体温度和等离子体电子密度均呈下降趋势，且变化趋势最终趋于平缓。从图 11-10 分析得出，当有磁场约束时，延迟时间小于 1.5 μs，等离子体温度高于无磁场时的等离子体温度；延迟时间大于 2.6 μs，等离子体温度开始趋于平缓。此时，有磁场的等离子体温度反而小于无磁场的等离子体温度。从图 11-11 分析得出，在延迟时间为 1.5 μs 时，有磁场的电子密度接近于无磁场时电子密度，且在延迟时间为2.6 μs时，有磁场的电子密度小于无磁场时的电子密度，延迟时间 2.0 μs 之后，趋于平缓。

由此看来，磁场约束下，延迟时间小于 1.5 μs 时，与无磁场相比，等离子体温度和电子密度均提高。磁场约束的存在可以有效地阻碍等离子体的扩散，等离子体体积被限制在相对较小的体积中，磁场区域内的粒子碰撞增加，等离子体内能增加，磁场内部加热。

等离子体在磁场区域内经过碰撞，进行电子、离子与自由电子的复合过程，此过程后磁场区域内产生一定数量的中性原子，磁场对中性原子无约束作用，磁场约束作用减弱。

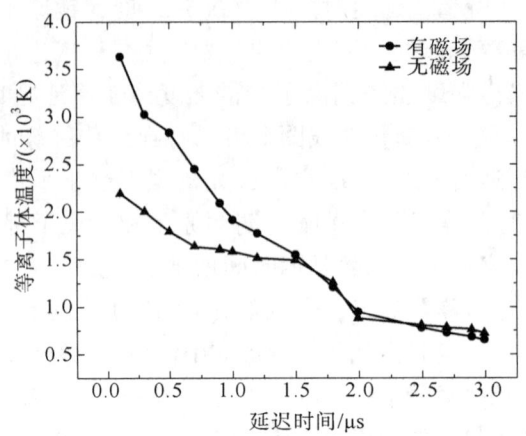

图 11-10 有无磁场约束下的等离子体温度时间演化图

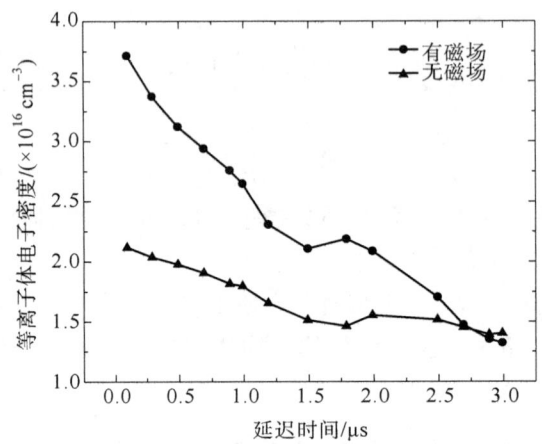

图 11-11 有无磁场约束下的等离子体电子密度时间演化曲线图

延迟时间对磁场约束作用有很大的影响，延迟时间过大时，磁场约束作用发挥不出优势，等离子体温度和等离子体电子密度均会降低。

11.4 温度对 LIBS 信号的影响

等离子体主要包括自由电子、带电粒子和中性原子。由于电子和离子的性质不同，当它们自身达到 LTE 时，系统可能还处于混乱的状态，也就是能量还处于交换的状态，这时候的特征参数都是不稳定的。当等离子体处于 LTE 时，任何一条原子谱线都能够用式（11-4）来描述：

$$I_\lambda = C_i M \left(\frac{g_k A_{ki} \hbar c}{\lambda U(T_e)} \right) \exp\left(-\frac{E_k}{k_B T_e} \right) \tag{11-4}$$

其中，I_λ 为谱线强度；C_i 为元素浓度；M 为烧蚀质量；g_k 为高能级简并；A_{ki} 为谱线跃迁概率；$\hbar$ 为约化普朗克常数；c 为光速；λ 为发射波长；$U(T_e)$ 为 T_e 配分函数；T_e 为等离子体温度；E_k 为高能级 k 的能量；k_B 为 Boltzmann 常数。配分函数公式为

$$U(T_e) = \sum g_k \left(-\frac{E_k}{k_B T_e} \right) \tag{11-5}$$

如式 (11-5) 所示，配分函数只与等离子体温度有关，其可近似为常数。样品表面的烧蚀坑是由很多方面因素共同导致的。改变样品温度，材料的导热率、样品表面反射率、烧蚀阈值等性质发生改变。

$$E_C = E(1-R(T)) \tag{11-6}$$

其中，E_C 为待测样品表面与激光实际接触的能量；E 为单束激光能量；$R(T)$ 为样品表面对光的反射率公式。

$$R(T) = R_0 - R_1(T-T_0) \tag{11-7}$$

其中，R_0 是 T_0 条件下，材料表面的反射率；R_1 为常数；T 为样品的实际温度。对于金属铝靶材，其反射率与温度的关系为 $R(25\ ℃) \approx 81\%$、$R(500\ ℃) \approx 81\%$。经计算，实验采用的 Al 金属靶材样品温度分别为 20 ℃、50 ℃、80 ℃、100 ℃、150 ℃、180 ℃、200 ℃、250 ℃、280 ℃、300 ℃，对应的反射率[202]如表 11-5 所示。

表 11-5　Al 金属靶材不同温度的反射率

$T/℃$	20	50	80	100	150
$R(T)/\%$	81.088	80.276	79.406	78.826	78.168
$T/℃$	180	200	250	280	300
$R(T)/\%$	76.506	75.926	74.476	73.606	73.026

入射激光照射样品产生的烧蚀质量 M 可以通过以下方程计算：

$$M = \frac{E_C}{c_p(T_b - T) + L} \tag{11-8}$$

其中，c_p 为比热容；T_b 为样品大气压下的沸点；L 为大气压下样品的汽化热。T_b 会受添加剂种类与含量的影响，当初始样品温度升高时，$T_b - T$ 变小，而 E_C 逐渐增大，所以烧蚀质量逐渐增大。

样品温度会影响 LIBS 光谱的强度主要是因为待测样品温度升高时，由于热效应的促进作用，待测样品的烧蚀能量会变低，也就是相同的激光能量能够激发出更多的等离子体。由理论知识可知，在激光能量的一定范围内，样品的反射率随着温度降低而增大。等离子体电子密度随着反射率的降低而逐渐趋向于临界电子密度。但是当到达临界的时候，样品的反射率变大，谱线强度减小。随着激光能量逐渐增加，光谱特性没有变化趋势，也就是处于稳定状态。

由式 (11-4) ~式 (11-8) 可得

$$I_\lambda = C_i \frac{E[1 - R_0 + R_1(T - T_0)]}{c_p \left(T_b \dfrac{g_k A_{ki}}{\lambda U(T_e)} \exp\left(\dfrac{E_k}{k_B T_e} \right) \right)} \tag{11-9}$$

相同条件下，谱线中的 $U(T_e)$ 可以认为是不变的。由式 (11-9) 可得，金属靶材温度与光谱强度呈正相关，随着金属靶材温度的增加，各谱线强度逐渐增加。

11.5 温度对金属板等离子体特性的影响

如图 11-12 所示，分别选取波长为 324.75 nm、327.59 nm、329.01 nm、330.78 nm、333.74 nm 的 Cu 元素的 5 条特征谱线为研究对象，对不同温度下 LIBS 光谱特性变化规律进行研究。选取测量光谱的样品温度分别为 20 ℃、50 ℃、90 ℃、120 ℃、150 ℃、180 ℃、200 ℃ 和 240 ℃。

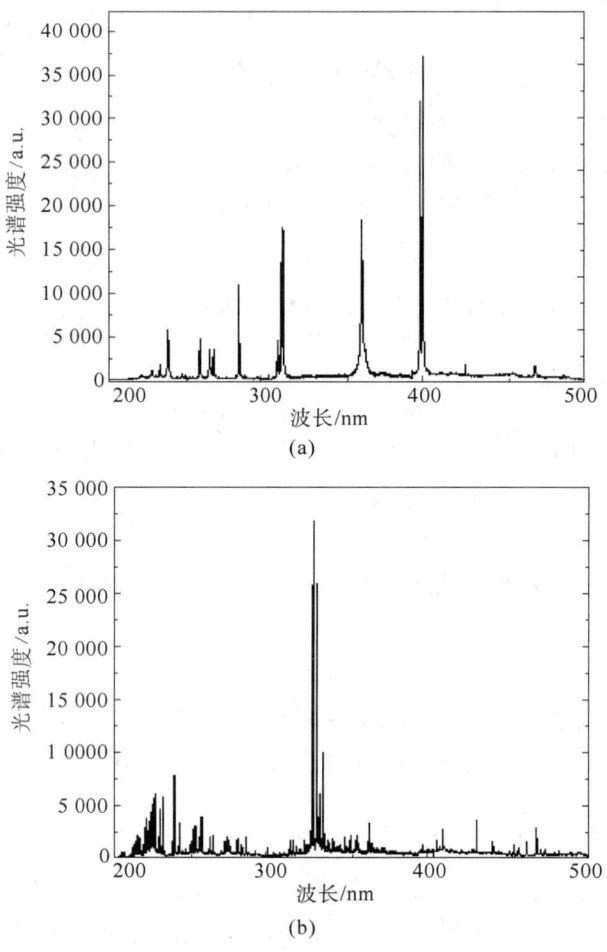

图 11-12 Al、Cu 金属板等离子体发射谱图
（a）Al；（b）Cu

激光能量不发生变化时，分析随温度的变化 Cu 元素光谱强度和信噪比（SNR）的演化规律。由图 11-13 可知，随着样品温度的升高，Cu 元素的不同谱线光谱强度均有提高，其中 324.75 nm 和 327.59 nm 两条谱线效果较为显著。相比而言，样品温度在 120 ℃ 时，原子谱线光谱强度明显大于 20 ℃ 时谱线光谱强度，证明升高温度能够增强光谱强度。随着温度的升高，Cu 元素的谱线光谱强度呈现先增加后饱和的规律，即在 200 ℃ 时，原子特征谱线光谱强度达到最大值，其 SNR 也在 200 ℃ 时达到最大值，随后保持饱和的状态。

随着样品温度的升高，谱线的光谱强度和 SNR 逐渐增强，在200 ℃时两者达到最大值，然后随着温度增加，变化不明显，也就是逐渐趋于饱和状态。

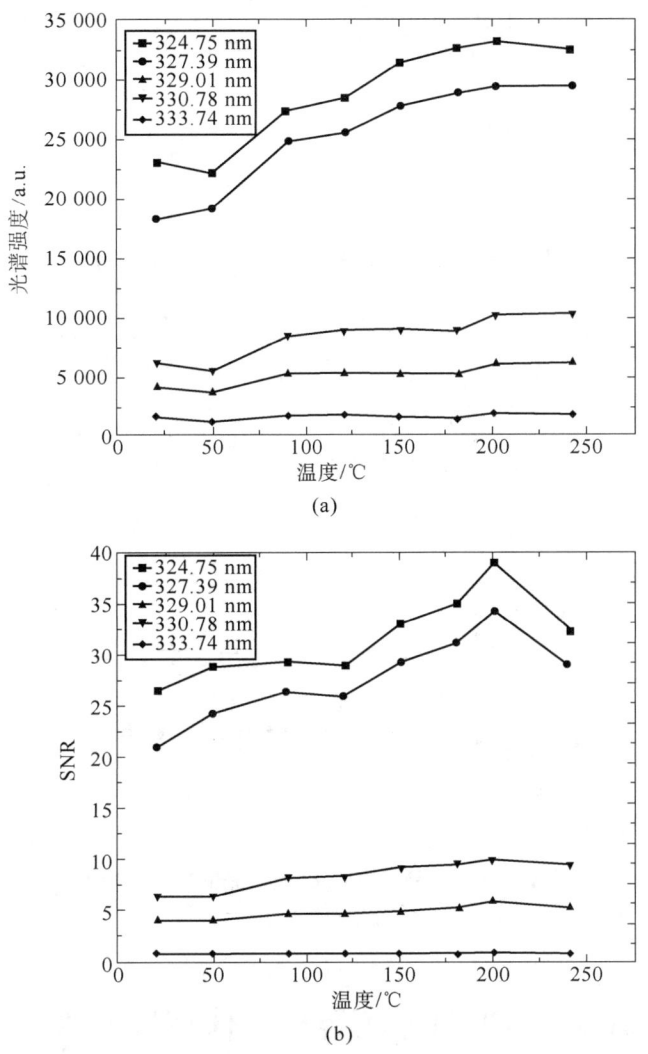

(a)

(b)

图 11-13　样品温度对金属板 Cu 元素光谱特性的影响

（a）光谱强度；（b）SNR

选取 Al 元素 396.17 nm、394.42 nm、309.26 nm、308.24 nm、257.53 nm、256.72 nm、237.24 nm 7 条不同的谱线进行研究。图 11-14 所示为 Al 元素不同谱线光谱强度和信噪比（SNR）随温度的变化规律，即随着温度升高两者均有明显的增强。选择 Al 元素 396.17 nm 谱线进行接下来的分析。经过计算可知，Al 元素在 240 ℃时的谱线光谱强度分别是 20 ℃、50 ℃、90 ℃、150 ℃、200 ℃条件下的 2.45 倍、1.65 倍、1.18 倍、1.22 倍、1.15 倍，Al 元素在 240 ℃时的 SNR 分别是20 ℃、50 ℃、90 ℃、150 ℃、200 ℃条件下的 2.58 倍、1.14 倍、1.05 倍、1.06 倍、1.06 倍。由数据分析可知，对待测样品进行适当的加热处理，可以实现谱线探测，可进一步提高 LIBS 技术的检测精度。

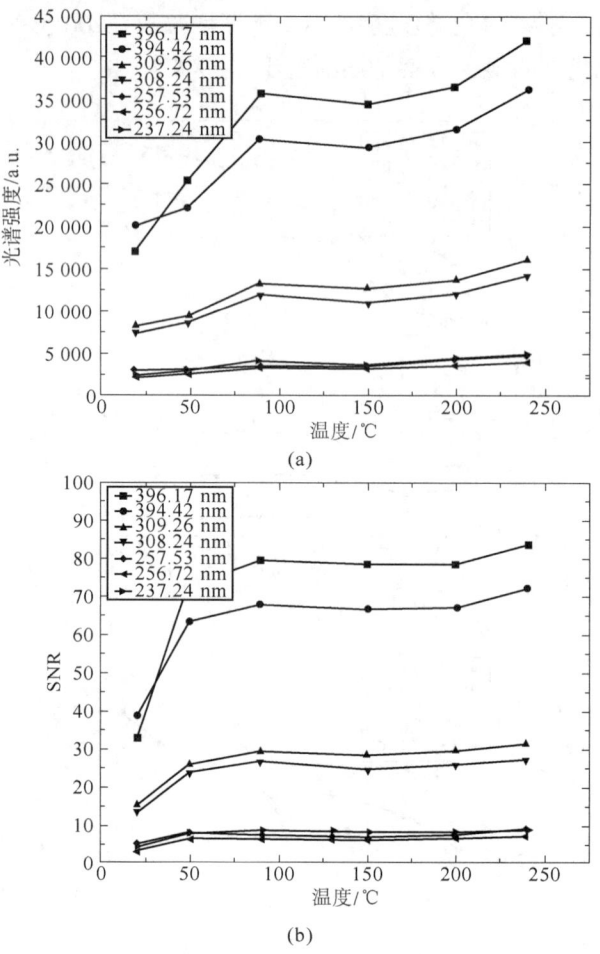

图 11-14　样品温度对 Al 元素光谱特性的影响

（a）光谱强度；（b）SNR

11.6　温度对土壤等离子体特性的影响

11.6.1　样品温度对光谱信号强度及信噪比的影响

待测样品等离子体发射谱图如图 11-15 所示，为了分析温度对光谱特性的影响，分别在 20 ℃、50 ℃、100 ℃、120 ℃、150 ℃、180 ℃、200 ℃、240 ℃、300 ℃条件下，绘制了土壤中 Cu 和 Cd 元素的光谱强度以及信噪比（SNR）随温度的变化曲线，如图 11-16 所示。

由图 11-16 可知，Cu 和 Cd 元素光谱强度和 SNR 随着温度的增加呈现先增后减的趋势，并在 180 ℃的时候均达到最大值，在此选择 180 ℃为最佳温度，并进行后续分析。对于 Cu 和 Cd 元素来说，在温度达到 180 ℃时，光谱强度分别是 50 ℃的 1.89 倍和 1.44 倍，SNR 分别是 50 ℃的 1.80 倍和 1.60 倍，提高温度明显提高了光谱质量。实验结果表明，合理的升高样品温度，光谱质量可以得到有效地增强，这有助于进一步推进 LIBS 技术在微量元素检测方面的研究。

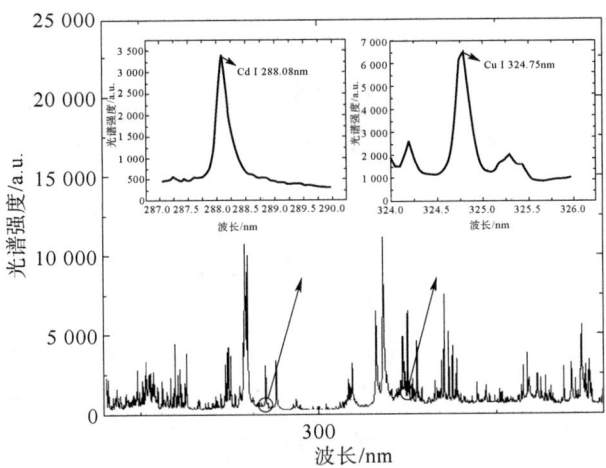

图 11-15　待测样品等离子体发射谱图

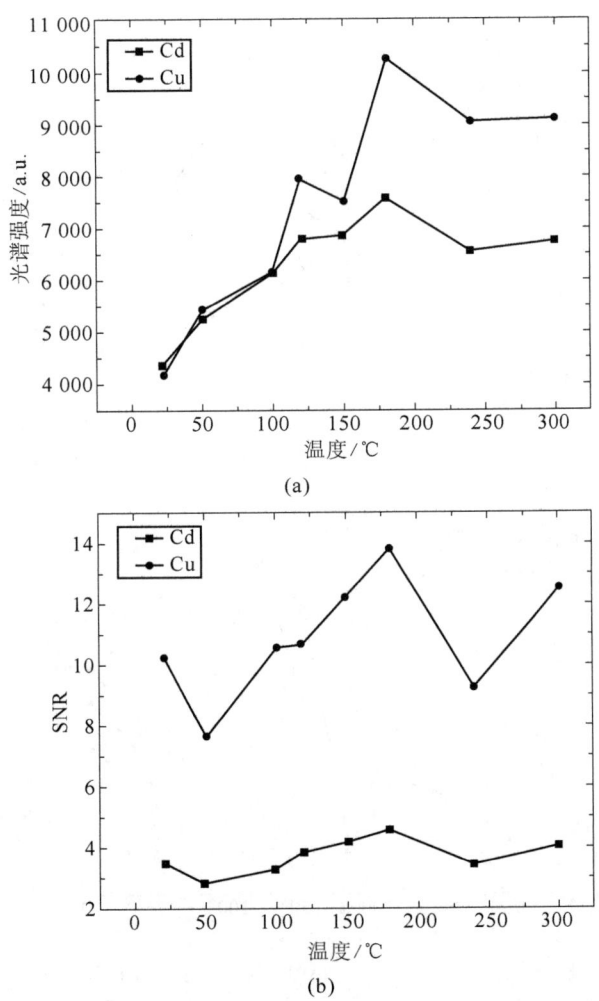

图 11-16　样品温度对土壤中 Cu 和 Cd 元素光谱特性的影响

（a）光谱强度；（b）SNR

11.6.2 样品温度对等离子体温度和等离子体电子密度的影响

等离子体特性主要通过等离子体温度和等离子体电子密度来进行描述，从 NIST 数据库找到 Cu 和 Cd 元素的 5 条不同谱线，并在局部热平衡下对等离子体温度和等离子体电子密度进行计算。

随着样品温度的变化，Cu 和 Cd 元素等离子体特征参数的演化规律如图 11-17 所示。由图分析可知，样品温度从 20 ℃变化到 300 ℃时，等离子体特征参数随着温度的升高呈现先增后减的趋势，均在 180 ℃时取得最大值，随后又下降，但是在 250 ℃的时候又有一个上升的趋势。也就是说，一开始对样品进行升温时，烧蚀质量变大了，激发出了更多等离子体；随着温度的升高，样品的烧蚀质量趋于稳定，而激光能量持续发射，这样激光能量就会对样品以及尘粒等进行能量的分散，造成激光能量密度变小，达到一个动态平衡的状态[203]。结果表明，样品温度适当的升高可以激发更多的原子，提高原子和离子的碰撞速率，等离子体温度和等离子体电子密度也会随之增强。

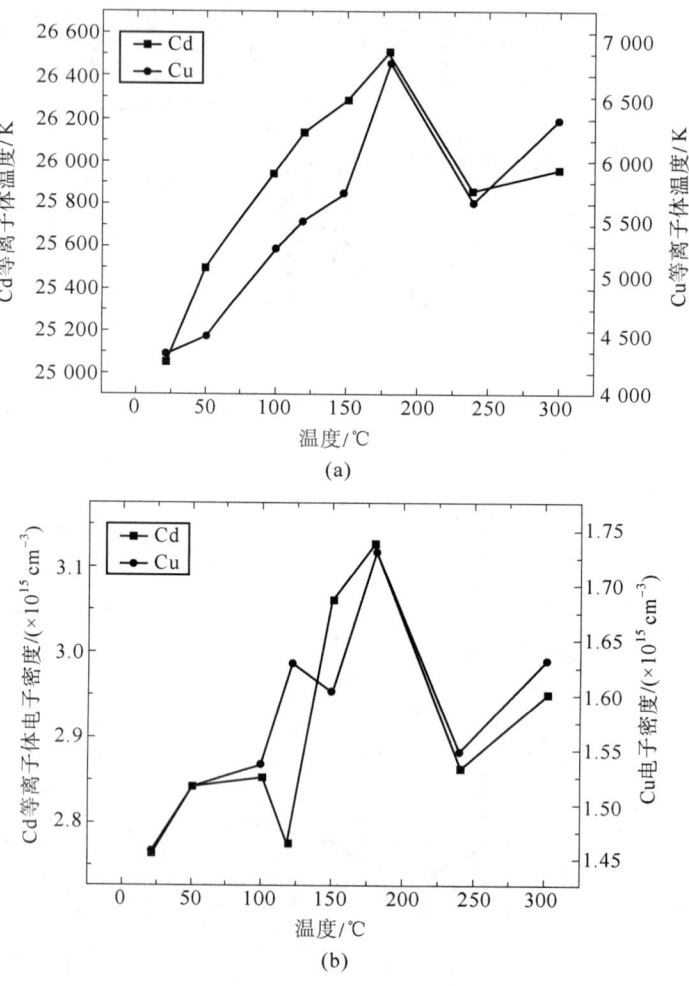

图 11-17　样品温度对 Cu 和 Cd 元素等离子体特征参数影响

（a）等离子体温度；（b）等离子体电子密度

11.6.3　局部热力学平衡

当谱线在峰值处发生凹陷时，证明这条谱线有自吸收效应，不能进行选取分析。本节所做谱图均没有发生凹陷，也就是可以证明实验过程处于 LTE 状态。由 Mc Whirter 判据[204]结合实验结果进行进一步分析，判据公式为

$$N_e \geqslant 1.6 \times 10^{12} \Delta E^3 T_e^{1/2} \tag{11-10}$$

其中，ΔE 代表的是同一条原子谱线的最大能级差。本节利用 Mc Whirter 判据对 Cu 和 Cd 元素进行了判断，用 Mc Whirter 判据测得的等离子体电子密度在 10^{14} cm^{-3} 量级。通过对计算结果分析，可知对 Cu 和 Cd 元素在不同样品温度下等离子体电子密度最小值均在 10^{15} cm^{-3} 量级，远远大于 Mc Whirter 判据的最大值，也就是说明，实验过程在 LTE 状态下进行。

第 12 章

激光诱导光谱信号的双重增强机制研究

12.1 空间约束和温度控制双重增强机制对光谱信号增强机制理论研究

12.1.1 平面镜对光谱信号影响的理论分析

脉冲激光作用到样品上产生等离子体，会伴随着激波的产生。随着时间的增大，等离子体和激波会不断膨胀，在大约几百纳秒之后，激波膨胀速度比等离子体膨胀速度更快。激波膨胀过程可以近似用 Taylor-Sedov 点爆炸模型来描述，即假设激光所有能量均在同一时刻集中在一个体积很小的区域并产生爆炸，爆炸带来的激波膨胀半径 R 和膨胀时间 t 有如下关系：

$$R = \xi \left(\frac{E}{\rho} \right)^{1/(n+2)} t^{2/(n+2)} \tag{12-1}$$

其中，ξ 为接近于 1 的无量纲常数；E 为点爆炸过程中释放的能量；ρ 为样品周围环境密度；n 为与爆炸维度相关的常数，$n = 1$，2，3 分别代表平面激波、柱面激波、球面激波。此处 n 值取 3，式（12-1）可化为

$$R = \left(\frac{E}{\rho} \right)^{1/5} t^{2/5} \tag{12-2}$$

随着延迟时间的增大，激波进一步膨胀，当激波触碰到平面镜后，被反射回等离子体区域，并与等离子体相互作用，通过激波的挤压作用，等离子体内部粒子的密度增加，此外由于激波的挤压，粒子会在更小的空间内相互碰撞，使光谱强度有所增强。但激波在向外扩散过程中呈现非连续球形，并随着扩散时间和扩散距离不断变化，激波的强度和压力不断降低，激波的速度也快速下降至声速。

采用平面镜作为空间约束时，平面反射镜会反射一部分激光重新作用在等离子体区域，被反射的激光进一步激发等离子体。因此，相比于其他空间约束，采用平面镜约束时能够改善样品激发条件，使 LIBS 光谱强度进一步增强。

综上所述，采用平面镜约束，一方面会反射产生的冲击波作用到等离子体区域，另一方面会反射一部分激光到等离子体区域。通过理论分析，得到了平面镜约束的增强机理。

12.1.2 温度控制对光谱信号影响的理论分析

脉冲激光作用到样品上的能量分为两部分，可由式（12-3）表示，即

$$E_0 = E_C + E_1 \tag{12-3}$$

其中，E_0 为激光聚焦到样品的能量；E_C 为样品吸收的能量；E_1 为损失的能量，损失的能量包含被样品反射的能量和透过样品后的能量。实验过程中使用的样品为土壤样品，厚度为 8 mm，因此不考虑透过样品后的能量，只考虑被样品反射的能量。

式（12-3）可变形为

$$1 = \frac{E_C}{E_0} + \frac{E_1}{E_0} \tag{12-4}$$

即

$$1 = \alpha + \rho \tag{12-5}$$

其中，α 为吸收系数；ρ 为反射系数。

在理论分析时，假设等离子体处在局部热平衡条件下，光谱强度可以由式（12-6）表示[205]：

$$I_\lambda = C_i M \frac{A_{ki} g_k hc}{\lambda U_s(T_e)} e^{-E_k/(k_B T_e)} \tag{12-6}$$

其中，I_λ 为等离子体发射光谱强度；C_i 为等离子体中元素的浓度；M 为样品烧蚀的总质量；A_{ki} 为谱线能级的跃迁概率；g_k 为高能级的简并度；h 为普朗克常数；c 为光速；$U_s(T_e)$ 为 s 元素在温度 T_e 时的配分函数；λ 为发射波长；E_k 为高能级 k 的能量；k_B 为 Boltzmann 常数；T_e 为等离子体温度。

由式（12-6）可以看出，在确定某一元素对应的谱线时，A_{ki}、g_k、E_k 能在 NIST 数据库中查到，h、c、k_B 是定值，C_i 为待测元素浓度，所以光谱强度主要由待测样品烧蚀质量、等离子体温度所决定[206]。等离子体温度较高，一般可达到 10^4 K，因此样品温度的变化对光谱强度的影响很小。所以，谱线强度主要受到样品烧蚀质量的影响，样品烧蚀质量的计算公式为[207]

$$M = \frac{E_C}{c_p(T_b - T) + L} \tag{12-7}$$

其中，E_C 为脉冲激光与样品表面实际耦合的能量；c_p 为物质的比热容；T_b 为大气压下的沸点；T 为初始样品温度；L 为大气压下材料的汽化热。

将式（12-6）和式（12-7）整理得

$$I_\lambda = C_i \frac{E_C}{c_p(T - T_0) + L} \frac{A_{ki} g_k hc}{\lambda U_s(T_e)} e^{-E_k/(k_B T_e)} \tag{12-8}$$

样品的温度升高时，样品表面的反射率会下降，由式（12-3）和式（12-5）可知，当样品反射系数下降时，样品的吸收系数会增大，样品表面与脉冲激光实际耦合的能量增多。相反地，样品温度降低，样品表面的反射率增大，样品表面与脉冲激光实际耦合的能量降低。当样品温度升高到一定值时，样品表面的反射率缓慢降低，即使再提升样品温度，样品表面与脉冲激光实际耦合的能量也不会明显增大。此外，升高温度，可以降低样品的烧蚀阈值。

通过式（12-7）可以看出，样品温度升高时，样品表面与脉冲激光实际耦合的能量增大，也就是分子是增大的，而分母是减小的，因此样品的烧蚀总质量增大，等离子体发射光谱强度增强。

12.1.3　双重增强机制对光谱信号影响的理论分析

通过前两节理论分析可知，两种约束的增强机制不同。空间约束增强机制主要是通过被空间约束反射回等离子体区域的激波压缩等离子体，使得等离子体在更小的内部空间碰撞挤压，以及反射部分激光到等离子体区域，以此可实现光谱强度的增强；温度控制增强机制主要是通过加热使样品表面与脉冲激光实际耦合的能量更多，从而样品的烧蚀质量变大，使得光谱强度增强。当空间约束增强机制与温度控制增强机制结合时，两种增强机制间的相互影响或将使光谱强度进一步增强。

样品温度升高，使样品表面与脉冲激光实际耦合的能量增大，样品烧蚀质量变大，通过式（12-8）可以推导出式（12-9），从式（12-9）中可以看出，样品温度在一定范围内正比于脉冲激光实际耦合的能量，且正比于光谱强度。样品升温使光谱强度增强，意味着等离子体的体积增大，伴随着形成的激波强度更强，因此在此过程中释放的能量增多。此外，样品温度的升高还会导致样品周围局部环境的密度下降。由式（12-2）可知，等离子体与激波膨胀时间 t 不变，当点爆炸过程中释放的能量 E 升高，样品周围环境密度 ρ 下降时，激波膨胀半径 R 增大，经过激波的压缩，所采集到的等离子体光谱强度会进一步增强，因此可推导出式（12-10），从式（12-10）中可以看出，膨胀半径与爆炸过程中释放的能量成正比，与周围环境密度成反比。

$$I_\lambda \propto E_C \propto T_s \tag{12-9}$$

$$R \propto \frac{E}{\rho} \tag{12-10}$$

由上述分析可知，温度控制增强机制会影响空间约束增强机制，因此两种增强机制组合，理论上会得到更强的光谱强度。为了证明上述所推导的理论，展开了对无增强机制、空间约束增强机制、温度控制增强机制、双重增强机制的 LIBS 实验研究。

12.2　空间约束和温度控制双重增强机制对 LIBS 信号的影响

为了对比不同增强机制对光谱信号的影响，本实验设置了 30 种实验条件，分别为无平面镜约束下样品温度分别为 20 ℃、50 ℃、100 ℃、140 ℃、180 ℃、220 ℃ 的 6 种实验条件，平面镜间距为 7 mm 且样品温度分别为 20 ℃、50 ℃、100 ℃、140 ℃、180 ℃、220 ℃ 的 6 种实验条件，平面镜间距为 8 mm 且样品温度分别为 20 ℃、50 ℃、100 ℃、140 ℃、180 ℃、220 ℃ 的 6 种实验条件，平面镜间距为 9 mm 且样品温度分别为 20 ℃、50 ℃、100 ℃、140 ℃、180 ℃、220 ℃ 的 6 种实验条件，平面镜间距为 11 mm 且样品温度分别为 20 ℃、50 ℃、100 ℃、140 ℃、180 ℃、220 ℃ 的 6 种实验条件。

实验分析研究了 30 种条件下的 Cd、Fe、Al、Pb 4 种元素的光谱强度与信噪比的变化规律。所用样品为分别添加 0.5% 的 Cd、Pb 元素的样品，每个样品在相同实验条件下采集 5 个位置，每个位置采集 15 次光谱数据并求平均值。不同约束条件下的光谱强度如图 12-1 所示。

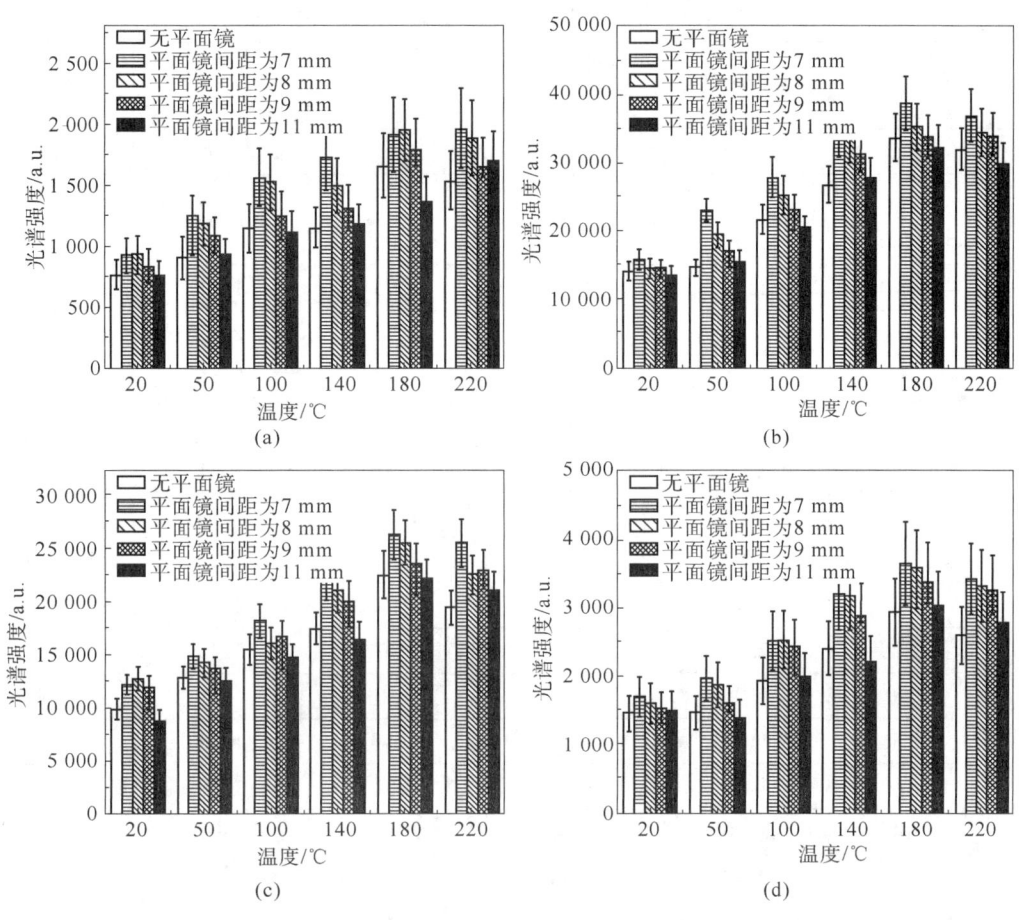

图 12-1　不同约束条件下的光谱强度

（a）Cd；（b）Fe；（c）Al；（d）Pb

从图 12-1 可以看出，不同约束条件下的光谱强度增强效果不同，说明约束条件会影响光谱信号强度。无增强机制时，Cd、Fe、Al、Pb 4 种元素的光谱强度分别为 763、13 908、9 891、1 483，从整体看出光谱强度随着平面镜间距的减小、样品温度的升高呈现不断增强的趋势，但相同平面镜间距下样品温度从 180 ℃升至 220 ℃时，光谱强度没有明显增强。当平面镜间距为 7 mm 且样品升温至 180 ℃时，Fe、Al、Pb 3 种元素的光谱强度达到最大值，光谱强度分别为 38 624、26 289、3 666；Cd 在平面镜距为 7 mm 且样品升温至 220 ℃时，光谱强度达到最大值，光谱强度为 1 999。从图 12-1 还可以看出，采用不同的增强机制时，误差伴随光谱强度的升高而增大，说明样品升温与增加空间约束没有起到降低标准偏差的效果。

为了体现不同增强机制对光谱强度的影响，计算不同增强机制下的光谱强度的增强因子及相对标准偏差，结果见表 12-1 和表 12-2。增强因子为有增强机制条件下的测量结果与无增强机制条件下的测量结果之比。

表 12-1 不同增强机制下光谱强度的增强因子

元素	温度/℃	无平面镜约束	平面镜间距为 7 mm	平面镜间距为 8 mm	平面镜间距为 9 mm	平面镜间距为 11 mm
Cd	20	1.00	1.21	1.22	1.08	0.99
	50	1.19	1.63	1.55	1.42	1.22
	100	1.50	2.04	2.00	1.63	1.46
	140	1.49	2.25	1.95	1.71	1.53
	180	2.17	2.50	2.55	2.35	1.78
	220	2.01	2.57	2.47	2.16	2.22
Fe	20	1.00	1.12	1.03	1.03	0.96
	50	1.04	1.64	1.38	1.21	1.05
	100	1.54	2.00	1.81	1.65	0.94
	140	1.92	2.45	2.41	2.24	1.04
	180	2.41	2.78	2.52	2.42	0.96
	220	2.29	2.65	2.47	2.43	0.94
Al	20	1.00	1.23	1.28	1.21	0.89
	50	1.30	1.50	1.44	1.38	1.26
	100	1.56	1.83	1.62	1.69	1.48
	140	1.76	2.24	2.12	2.01	1.65
	180	2.27	2.66	2.59	2.38	2.24
	220	1.97	2.58	2.28	2.32	2.12
Pb	20	1.00	1.16	1.10	1.03	1.03
	50	1.01	1.34	1.28	1.10	0.96
	100	1.32	1.71	1.72	1.65	1.35
	140	1.63	2.17	2.15	1.95	1.51
	180	2.00	2.47	2.42	2.29	2.06
	220	1.76	2.32	2.25	2.21	1.88

通过表 12-1 可以看出，相对于无约束条件，平面镜间距为 7 mm 且样品升温至 180 ℃时，Cd、Fe、Al、Pb 元素的光谱强度增强因子分别为 2.50、2.78、2.66、2.47。样品温度为 50 ℃，平面镜间距为 9 mm、11 mm 时，光谱强度增强效果不明显，说明温度过低时样品表面与脉冲激光实际耦合的能量没有明显增加，在延迟时间一定，平面镜间距太大时，无明显被平面镜反射回等离子体区域的冲击波。其他不同的约束条件下，光谱强度都有不同程度的增强，通过实验验证了两种增强机制及双重增强机制下光谱强度增强的原因。此外，样品温度为 220 ℃时，除 Cd 元素外，其他三种元素的光谱强度增强因子相对于样品温度为 180 ℃有所下降。

表 12-2　不同增强机制下 15 次光谱强度的相对标准偏差（%）

元素	温度/℃	无平面镜约束	平面镜间距为 7 mm	平面镜间距为 8 mm	平面镜间距为 9 mm	平面镜间距为 11 mm
Cd	20	15.30	15.71	17.02	17.24	17.23
	50	18.86	13.73	14.91	14.22	14.03
	100	17.25	15.74	15.63	16.47	15.97
	140	14.55	15.13	15.06	15.32	14.34
	180	15.93	14.26	12.82	14.26	15.64
	220	15.61	16.61	16.29	14.77	14.43
Fe	20	10.08	9.83	10.04	9.91	10.25
	50	9.18	7.51	9.52	9.28	10.81
	100	9.72	10.18	10.67	9.34	9.95
	140	10.27	9.71	10.19	10.26	10.43
	180	10.33	10.01	9.72	9.51	10.46
	220	9.70	10.26	10.20	10.14	10.27
Al	20	10.24	7.86	9.39	10.15	11.16
	50	8.82	8.81	10.33	8.81	11.11
	100	10.26	9.81	10.31	9.44	10.10
	140	9.29	10.56	10.59	11.30	11.15
	180	10.52	9.61	9.06	9.14	9.45
	220	8.97	9.75	9.20	9.29	9.31
Pb	20	17.30	16.85	17.83	17.26	18.34
	50	16.46	16.27	17.68	15.77	17.72
	100	17.16	16.90	16.54	16.13	17.70
	140	16.46	16.83	15.63	16.83	16.27
	180	16.43	16.22	15.54	16.35	16.58
	220	16.08	15.11	15.89	15.50	16.63

　　通过表 12-2 可以看出，空间约束增强机制、温度控制增强机制及双重增强机制都没有降低光谱数据的相对标准偏差，分析认为，LIBS 光谱数据的相对标准偏差较大的原因主要来自两个方面，一是样品的基体效应，不同的样品基体不同，土壤样品基体复杂，难保证土壤样品的有机物与无机物分布均匀，而空间约束增强机制、温度控制增强机制都没有起到降低土壤基体效应的作用；二是实验环境的多种因素，如暗电流可能会影响到激光光源的不稳定性。所以，只对样品增加约束条件难以降低光谱数据的相对标准偏差，应从改善实验环境、降低基体效应来提高测量结果的准确性。

　　从图 12-2 可以看出，温度升高时，SNR 也在增大，且 SNR 的变化趋势与光谱强度变化趋势基本一致，SNR 的增强趋势随着平面镜间距的减小、样品温度的升高呈现不断增加的趋势，但相同平面镜间距下样品温度从 180 ℃升至 220 ℃时，SNR 没有明显增强。当无增强机制时，Cd、Fe、Al、Pb 4 种元素的 SNR 分别为 11.7、59.4、46.0、10.87；当增强机制为平面镜间距为 7 mm 且样品升温至 180 ℃时，Fe、Al、Pb 3 种元素的 SNR 达到最大值，分别为 125.7、91.2、20.76，Cd 在平面镜距为 7 mm 且样品升温至 220 ℃时，SNR 达到最大值，SNR 为 21.4。

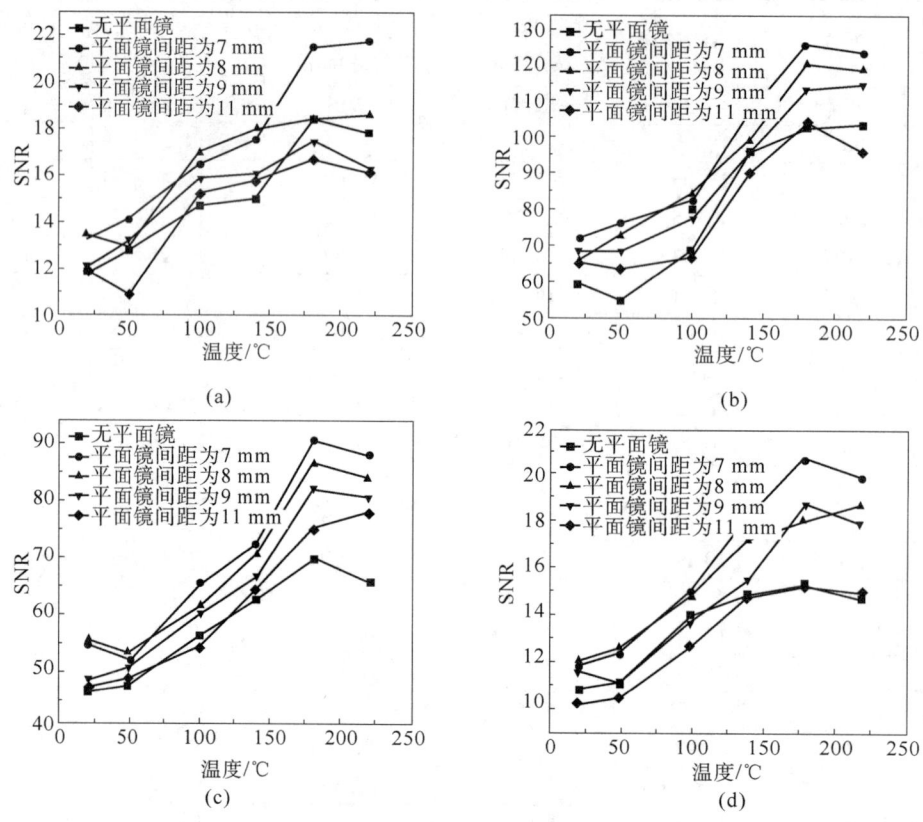

图 12-2　不同约束条件下的 SNR

(a) Cd；(b) Fe；(c) Al；(d) Pb

计算不同增强机制下 SNR 的增强因子如表 12-3 所示。通过表 12-3 可以看出，相对于无约束条件，平面镜间距为 7 mm 且样品升温至 180 ℃时，Cd、Fe、Al、Pb 元素的 SNR 增强因子分别为 1.83、2.11、1.98、1.91。其他不同增强机制下 SNR 的变化趋势与光谱强度变化趋势基本一致。研究表明，双重增强机制改善了光谱质量，有助于推动 LIBS 技术在微量元素检测方面的研究。

表 12-3　不同增强机制下 SNR 的增强因子

元素	温度/℃	无平面镜约束	平面镜间距为 7 mm	平面镜间距为 8 mm	平面镜间距为 9 mm	平面镜间距为 11 mm
Cd	20	1.00	1.13	1.15	1.03	1.01
	50	1.09	1.20	1.10	1.12	0.92
	100	1.25	1.40	1.45	1.35	1.29
	140	1.28	1.49	1.53	1.36	1.34
	180	1.57	1.83	1.57	1.49	1.42
	220	1.52	1.85	1.58	1.38	1.37

元素	温度/℃	无平面镜约束	平面镜间距为 7 mm	平面镜间距为 8 mm	平面镜间距为 9 mm	平面镜间距为 11 mm
Fe	20	1.00	1.21	1.12	1.15	1.10
	50	0.92	1.28	1.23	1.15	1.07
	100	1.15	1.39	1.42	1.30	1.12
	140	1.61	1.80	1.67	1.60	1.52
	180	1.73	2.11	2.02	1.91	1.75
	220	1.66	1.99	1.82	1.86	1.61
Al	20	1.00	1.18	1.20	1.05	1.02
	50	1.02	1.11	1.14	1.09	1.05
	100	1.21	1.41	1.34	1.30	1.17
	140	1.35	1.57	1.54	1.44	1.40
	180	1.52	1.98	1.90	1.79	1.63
	220	1.43	1.92	1.79	1.71	1.70
Pb	20	1.00	1.08	1.11	1.07	0.94
	50	1.02	1.13	1.16	1.02	0.96
	100	1.29	1.38	1.36	1.26	1.16
	140	1.37	1.67	1.59	1.43	1.36
	180	1.41	1.91	1.66	1.73	1.40
	220	1.35	1.83	1.54	1.47	1.38

12.3　空间约束和温度控制双重增强机制对土壤等离子体特性的影响

12.3.1　不同增强机制对等离子体温度的影响

为了进一步分析增强机制对等离子体特征参数的影响，本节选择 30 种条件中具有代表性的 4 种条件对等离子体温度和等离子体电子密度进行分析，4 种条件分别为无增强机制、平面镜间距为 7 mm、样品升温至 180 ℃、平面镜间距为 7 mm 且样品升温至 180 ℃ 的双重增强机制。

选取 Fe 246.51 nm、252.91 nm、254.96 nm、283.24 nm、330.63 nm、358.61 nm、381.58 nm、407.17 nm 和 Al 221.00 nm、265.24 nm、308.21 nm、394.40 nm、396.15 nm 的谱线计算等离子体温度，并将这两种元素求得的等离子体温度求平均值，以此平均值作为土壤等离子体温度。选取的 Fe 和 Al 元素谱线参数如表 12-4 所示。

表 12-4　Fe 和 Al 元素谱线参数

元素	波长/nm	$A_{ij}/\times10^7$	E_k/eV	g_i
Fe	246.51	4.35	5.94	9
	252.91	9.91	4.98	5
	254.96	2.31	4.91	9
	283.24	2.38	5.33	9
	330.63	4.84	5.97	5
	358.61	7.02	6.69	11
	381.58	11.20	4.73	7
	407.17	7.64	4.65	5
Al	221.00	4.37	5.62	6
	265.24	1.42	4.67	2
	308.21	5.87	4.02	4
	394.40	4.99	3.14	2
	396.15	9.85	3.14	2

根据公式计算并绘制无增强机制下 Fe 和 Al 元素的 Saha-Boltzmann 图，如图 12-3 所示。

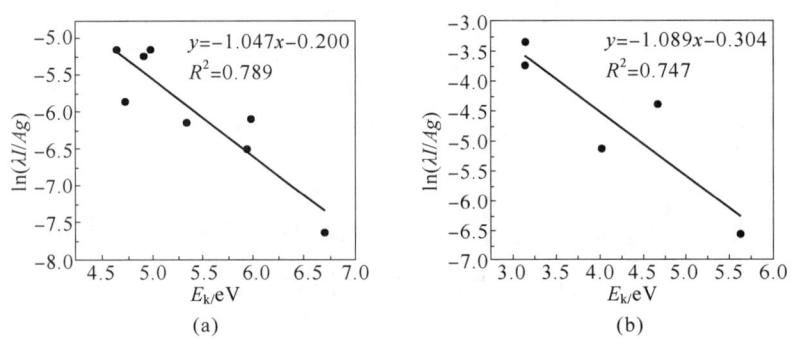

图 12-3　无增强机制下 Fe 和 Al 元素的 Saha-Boltzmann 图

（a）Fe；（b）Al

经计算，无增强机制下由 Fe 和 Al 元素谱线参数求得的等离子体温度分别为 11 084 K 和 10 656 K。取两者的平均值 10 870 K 作为土壤等离子体温度，平面镜间距为 7 mm、样品升温至 180 ℃、平面镜间距为 7 mm 且样品升温至 180 ℃ 的双重增强机制这 3 种增强机制条件下等离子体温度也由此方法计算，并绘制不同增强机制下等离子体温度，如图 12-4 所示。

从图 12-4 中可以看出，无增强机制、平面镜间距为 7 mm、样品升温至 180 ℃、平面镜间距为 7 mm 且样品升温至 180 ℃ 时，等离子体温度分别为 10 870 K、11 043 K、11 412 K、11 556 K。实验结果表明，相比于无增强机制，3 种增强机制条件下，等离子体温度分别增加了 173 K、542 K、686 K。虽然这 3 种情况的等离子体温度都有增加，但

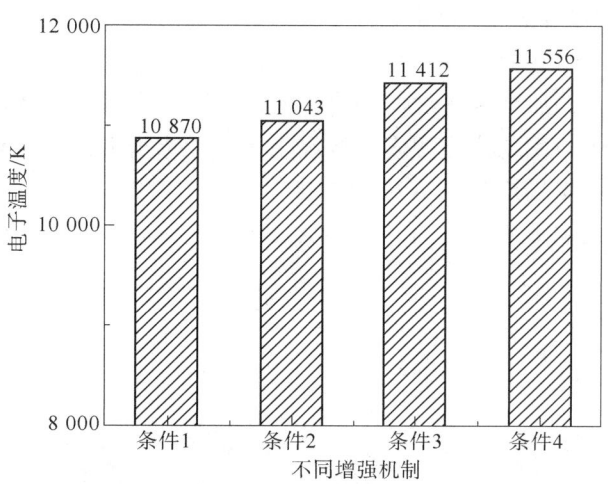

图 12-4　不同增强机制下等离子体温度

（条件 1、条件 2、条件 3、条件 4 分别代表无增强机制、平面镜间距为 7 mm、样品升温至 180 ℃、

平面镜间距为 7 mm 且样品升温至 180 ℃）

增强效果不明显。分析认为，空间约束、样品升温及双重增强机制对改变电子在跃迁时所吸收光子的能量影响较小，因此这 3 种增强机制对等离子体温度的影响较小。

12.3.2　不同增强机制对等离子体电子密度的影响

在计算等离子体电子密度时，需要知道 $\Delta\lambda_{1/2}$。选取 Fe I 422.74 nm 谱线作为分析对象，此谱线独立性好，无明显自吸收效应。图 12-5 为不同条件下的谱线 Lorentz 拟合曲线。

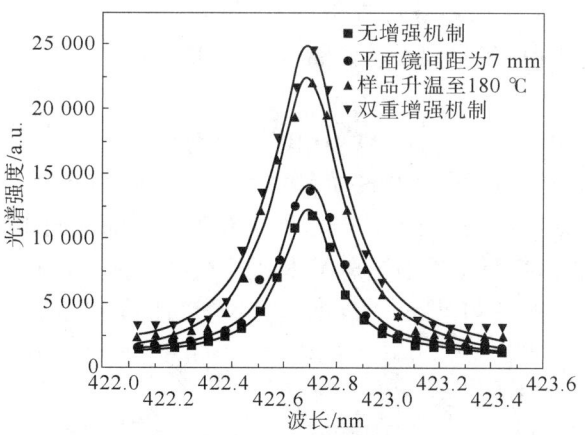

图 12-5　不同条件下的谱线 Lorentz 拟合曲线

等离子体碰撞参数可查经验文件得到，通过公式计算等离子体电子密度，图 12-6 是不同增强机制下等离子体电子密度。

从图 12-6 中可以看出，相比于无增强机制，平面镜间距为 7 mm、样品升温至

180 ℃、平面镜间距为 7 mm 且样品升温至 180 ℃时，等离子体电子密度都有不同程度的提升，分别增强了 10.2%、15.5%、17.5%。分析认为，平面镜约束条件将激波反射回等离子体区域，提高了等离子体粒子之间的碰撞概率，减缓了等离子体的扩散速度；样品升温导致样品烧蚀量增加，因此产生更多的等离子体。双重增强机制结合两种增强机制的原理，通过样品升温，激发出更多的等离子体，通过平面镜约束，降低等离子体扩散速度，因此双重增强机制的增强效果优于另外两种增强机制，研究表明，增强机制条件能够为光谱信号带来增益效应。

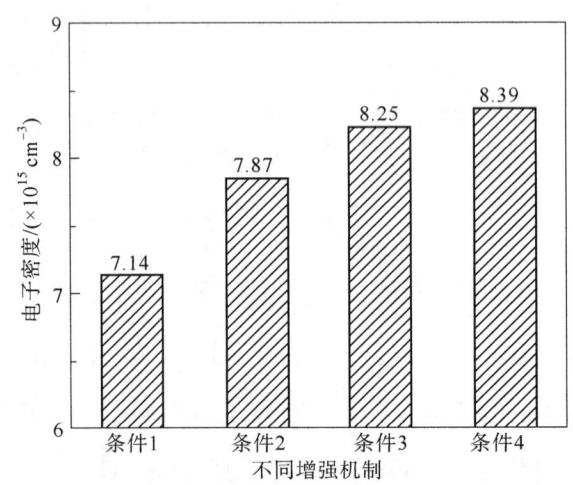

图 12-6　不同增强机制下等离子体电子密度

（条件 1、条件 2、条件 3、条件 4 分别代表无增强机制、平面镜间距为 7 mm、样品升温至 180 ℃、平面镜间距为 7 mm 且样品升温至 180 ℃）

通过假设等离子体满足 LTE 条件求得等离子体温度和等离子体电子密度，而按 Mc Whirter 的标准可验证激光诱导等离子体是否满足 LTE 条件，满足 LTE 所需的最小电子密度公式为[208]

$$N_e \geqslant 1.6 \times 10^{12} \Delta E^3 T_e^{1/2} \qquad (12\text{-}11)$$

其中，ΔE 为所求等离子体温度谱线中最大谱线跃迁上下能级差。由式（12-11）得到在无增强机制、平面镜间距为 7 mm、样品升温至 180 ℃、平面镜间距为 7 mm 且样品升温至 180 ℃ 4 种条件下满足 LTE 所需最小等离子体电子密度分别为 1.44×10^{15} cm^{-3}、1.46×10^{15} cm^{-3}、1.47×10^{15} cm^{-3}、1.48×10^{15} cm^{-3}。实验数据所得的 4 种条件下等离子体电子密度分别为 7.14×10^{15} cm^{-3}、7.87×10^{15} cm^{-3}、8.25×10^{15} cm^{-3}、8.39×10^{15} cm^{-3}。由此可知，本实验的激光诱导等离子体满足 LTE 条件。

12.4　温度控制结合低沸点钾盐添加剂对光谱信号增强机制理论研究

土壤样品中加入的 KCl、KBr、KI 添加剂均为低沸点添加剂，该类添加剂对激光吸收率较高，故添加剂的加入使得激光对样品烧蚀的阈值有所降低。

等离子体是依靠样品吸收激光中的光子能量，使样品电离所形成的。因激光光子的能量小于 Al、Cd 的电离能，故 Al、Cd 发生电离需要 Nhv（$N \geqslant 2$）光子能量，Z 的电离过程为

$$Z^{n+} + Nhv \longrightarrow Z^{(n+1)+} + e^- \tag{12-12}$$

其中，$N=2$，3，4，…；$n=1$，2，3，4；h 为普朗克常数；v 为频率；Z 表示为 Al、Cd。由于样品中加入了低沸点的 KCl（沸点 1 420 ℃）、KBr（沸点 1 380 ℃）、KI（沸点 1 330 ℃），激光在轰击样品的瞬间，KCl、KBr、KI 发生电离，其中 K 为易电离元素，K 的电离能为 4.34 eV，其电离过程为

$$K + Nhv \longrightarrow K^+ + e^- \tag{12-13}$$

此时样品中 K 元素发生了电离，便会汽化形成等离子体和自由电子，电离产生的自由电子 e 在激光作用下通过逆韧致辐射作用，吸收激光的能量形成高速运转的电子。加入低沸点添加剂后，样品中的 Z 获得光子能量以及电子碰撞所激发的动能，其电离过程可表示为

$$Z^{n+} + Nhv + E \longrightarrow Z^{(n+1)+} + e^- \tag{12-14}$$

其中，E 为飞速的电子 e 碰撞产生的能量。添加剂的加入，使激光对样品烧蚀的阈值有所降低。高能电子在密集的粒子环境中高速运转，电子与粒子碰撞传递能量，激发电子与离子复合，复合激发后产生原子和离子的特征辐射射线增加，故相对于无添加剂的样品，有添加剂的靶面对光子能量的需求量较少。因此，KCl、KBr、KI 3 种低沸点钾盐添加剂可以提高样品的耦合效率，增加样品的烧蚀量，从而产生更强的光谱信号，进而降低检出限。

为了获得高质量土壤击穿光谱信号，分别对不同含量（0~100%）的 KCl、KBr、KI 添加剂的土壤样品在不同温度下进行实验，绘制了在 20 ℃、50 ℃、80 ℃、100 ℃、150 ℃、180 ℃、200 ℃、250 ℃、280 ℃、300 ℃条件下，l5% KCl、45% KBr、15% KI 添加剂的土壤样品的谱线强度等高线图与 180 ℃谱线强度、SNR 与不同含量添加剂的关系图，如图 12-7 所示。以谱线强度为响应指标，以不同添加剂和温度为影响因素，研究 KCl、KBr、KI 添加剂含量与温度之间的耦合作用对光谱信号质量的影响，当温度为 20~180 ℃时，样品光谱强度均呈现增加的趋势；当温度为 180~300 ℃时，Cd、Al 元素光谱强度逐渐降低，光谱强度最高值位于 180 ℃处。180℃时，0~100% KCl、KBr、KI 添加剂的样品 Cd、Al 元素光谱强度强度均呈先增加后减小的趋势，且含量分别为 15%、45%、15%时光谱强度最大。

比较室温下无添加剂、15% KCl 添加剂、45% KBr 添加剂、15% KI 添加剂，以及 180 ℃时无添加剂、15% KCl 添加剂、45% KBr 添加剂、15% KI 添加剂的土壤击穿光谱特性，如表 12-5 所示。由表 12-5 可知，180 ℃条件下，15% KCl、45% KBr、15% KI 添加剂的土壤样品 Al、Cd 光谱均高于室温下样品的光谱强度与 SNR。KCl 添加剂、KBr 添加剂、KI 添加剂的样品的 Cd 光谱强度较室温下无添加剂分别增强了 1.01 倍、1.48 倍、1.07 倍，Al 光谱强度增强了 0.59 倍、0.91 倍、1.00 倍。3 种添加剂样品的光谱强度都得到了改善，在 180 ℃，15% KCl 添加剂的样品 20 个采样光谱中 Al 元素谱线 RSD 比室温无添加时降低了 6.9%，Cd 元素谱线 RSD 比室温无添加时降低了 4.6%，并且采集到的 20 次光谱数据均比 KBr、KI 添加剂的样品稳定。可见，添加 KCl 添加剂使得光谱强度的稳定性得到了改善。

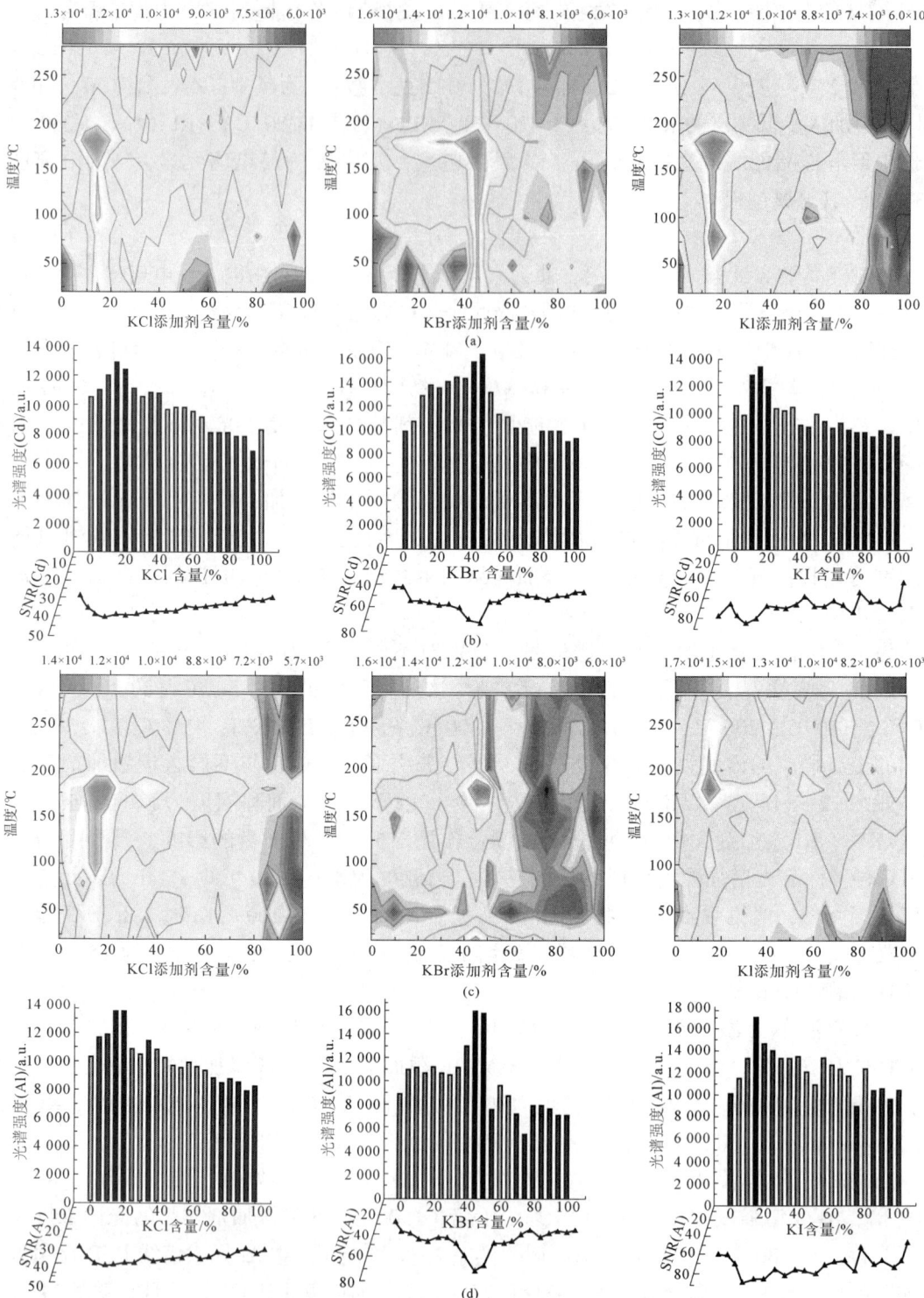

图 12-7　不同添加剂不同温度的土壤样品的谱线强度等高线与 SNR（书后附彩插）

（a）不同温度不同 KCl、KBr、KI 添加剂含量的土壤样品 Cd 谱线强度等高线；（b）180 ℃时不同 KCl、KBr、KI
添加剂含量的土壤样品 Cd 谱线强度、SNR；（c）不同温度不同 KCl、KBr、KI 添加剂含量的土壤样品 Al 谱线
强度等高线；（d）180 ℃时不同 KCl、KBr、KI 添加剂含量的土壤样品 Al 谱线强度、SNR

表 12-5　不同条件下的光谱特性

不同条件		室温				180 ℃			
		无添加	15% KCl	45% KBr	15% KI	无添加	15% KCl	45% KBr	15% KI
光谱强 度/a. u.	Al	8 535	12 272	15 129	13 314	10 396	13 570	16 303	17 093
	Cd	6 484	11 073	14 624	12 231	10 765	13 025	16 096	13 429
SNR	Al	29.5	35.6	54.5	24.5	30.7	41.0	72.2	85.8
	Cd	22.8	31.9	51.7	20.8	28.9	40.5	73.1	85.5
RSD/%	Al	20.1	18.7	24.2	20.5	17.0	13.2	20.7	28.5
	Cd	19.3	17.1	22.3	21.3	18.1	14.7	18.9	27.3

　　对比相同添加剂含量，不同温度下的扫描电镜 SEM 土壤样品表面烧蚀坑形态，图 12-8 是在相同含量 KCl 添加剂的 20 ℃ 和 180 ℃ 的基体温度下，对样品进行了 20 次激光照射后形成的烧蚀坑表面形态。在基体温度为 20 ℃ 和 180 ℃ 时，烧蚀坑直径分别约为 413.1 μm 和 492.8 μm。通过比较，可直观看出，提高样品温度可增加烧蚀坑大小，提高样品的烧蚀量。对应式（11-12），提高样品温度，提高光谱强度。

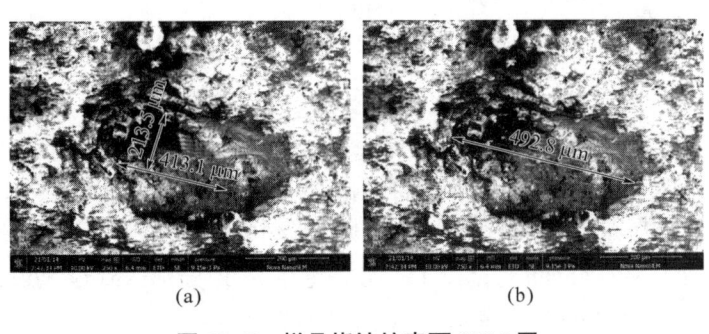

(a)　　　　　　　　(b)

图 12-8　样品烧蚀坑表面 SEM 图

(a) 20 ℃；(b) 180 ℃

12.5　温度控制结合低沸点钾盐添加剂对 LIBS 信号的影响

　　在标准大气压、激光能量为 88.88 mJ、延迟时间为 1.4 μs、LTSD 为 98 mm 的条件下，使用 532 nm Nd：YAG 脉冲激光器、MX2500+光谱仪对不同浓度的 KCl、KBr、KI 添加剂的土壤样品进行实验。为了获取高质量的光谱信号，提高分析结果的准确性，采用光谱强度和信噪比（SNR）对光谱信号质量进行评价。

　　为了分析不同含量 KCl、KBr、KI 添加剂对 LIBS 技术的土壤金属元素检测的影响。实验对 20 组 Cd I 288.08 nm、Al I 394.40 nm、Pb I 405.78 nm 光谱数据的平均值进行分析，绘制了不同含量添加剂的 Cd、Al、Pb 元素光谱强度与 SNR 变化曲线，如图 12-9 所示。

　　由图 12-9（a）可知，当添加剂 KCl 含量为 0~15% 时，Al、Cd 元素光谱强度逐渐增大；当 KCl 浓度含量为 15% 时，Al、Cd 元素光谱强度达到最大值；当 KCl 浓度含量为 15%~100% 时，Al、Cd 元素光谱强度逐渐减小。Pb 元素光谱强度在 KCl 添加剂浓度含量为 0~15% 时呈现递增的趋势；当 KCl 浓度含量为 15%~70% 时，Pb 元素光谱强度呈减小的趋势；当 KCl 浓度含量为 70%~100% 时，Pb 元素光谱强度趋势相对平缓。

如图 12-9（b）所示，当 KBr 添加剂含量为 0~45% 时，Al 元素光谱强度逐渐升高；当 KBr 添加剂含量为 45% 时，Al 元素光谱强度达到最大值；当 KBr 添加剂含量为 45%~100% 时，Al 元素光谱强度呈递减的趋势。对于 Cd 元素光谱强度，当 KBr 添加剂含量为 45% 时，光谱强度达到最大值；当 KBr 添加剂含量为 0~45% 时，Cd 元素光谱强度波动较大，但总体呈递增趋势；当 KBr 添加剂含量为 45%~100% 时，Cd 元素光谱强度呈现递减趋势。Pb 元素光谱强度在 KBr 添加剂为 0~45% 时逐渐增加，45%~80% 时逐渐减小，80%~100% 时逐渐平缓，且 45% 时达到最大值。

如图 12-9（c）所示，当 KI 添加剂的含量为 0~15% 时，Al、Cd 元素光谱强度呈递增趋势；当 KI 含量为 15% 时，Al、Cd 元素光谱强度达到最大；当 KI 含量为 15%~100% 时，Al、Cd 元素光谱强度逐渐减小。Pb 元素光谱强度在 KI 添加剂浓度含量为 0~15% 时，呈现递增的趋势；当 KI 浓度含量为 15%~60% 时，Pb 元素光谱强度呈减小的趋势；当 KI 浓度含量为 60%~100% 时，Pb 光谱强度趋势相对平缓，且趋于最小。

SNR 是评价信号质量的重要指标，通过式（12-15）计算不同 KCl、KBr、KI 添加剂下的 Cd、Al、Pb 元素谱线的 SNR。

$$SNR = \frac{S - N_{(RMS)}}{N_{(RMS)}} \qquad (12-15)$$

如图 12-9（d）所示，随着 KCl 添加剂含量的增加，Al、Cd、Pb 三条谱线的 SNR 呈先增加后减小的趋势，Al、Cd、Pb 谱线的 SNR 在 KCl 添加剂含量为 15% 时达到最大。

如图 12-9（e）所示，KBr 添加剂含量为 0~45% 时，Al、Cd、Pb 谱线 SNR 逐渐增加，当 KBr 添加剂含量为 45% 时，Al、Cd、Pb 谱线 SNR 分别达到最大值，随着 KBr 添加剂含量的逐渐增加，Al、Cd、Pb 谱线 SNR 呈减小的趋势。

如图 12-9（f）所示，当 KI 添加剂含量为 0~15% 时，三条谱线 SNR 呈现递增趋势；当 KI 添加剂含量为 15%~100% 时，随着 KI 添加剂含量的增加，SNR 逐渐减小；当 KI 添加剂含量为 15% 时，各元素谱线的 SNR 最佳。

分析可知，KCl 添加剂的土壤样品的 Al、Cd、Pb 谱线强度最大值比无添加剂样品分别提高了 0.44 倍、0.71 倍、0.92 倍，KBr 添加剂的土壤样品的 Al、Cd、Pb 谱线强度分别提高了 0.77 倍、1.25 倍、1.26 倍，KI 添加剂的土壤样品的 Al、Cd、Pb 谱线强度分别提高了 0.56 倍、0.89 倍、1.93 倍，这大大提高了 LIBS 技术对土壤检测的准确性，对低浓度元素样品的光谱检测具有重要意义。KCl、KBr、KI 添加剂 Al、Cd、Pb 的 SNR 变化曲线与光谱强度变化曲线相同，呈先上升后下降的趋势。KCl、KI 添加剂浓度含量为 15% 时，各元素谱线 SNR 最大；KBr 添加剂浓度含量为 45% 时，各元素谱线 SNR 最大。KCl 添加剂的 Al、Cd、Pb 元素 SNR 分别为无添加剂时的 1.21 倍、1.39 倍、1.66 倍，KBr 添加剂的 Al、Cd、Pb 元素 SNR 分别为无添加剂时的 1.66 倍、2.09 倍、2.90 倍，KI 添加剂的 Al、Cd、Pd 元素 SNR 分别为无添加剂时的 1.36 倍、1.54 倍、1.89 倍。结果表明，不同含量的低沸点钾盐添加剂会提高样品的击穿光谱信号强度，因此可进一步降低检出限。

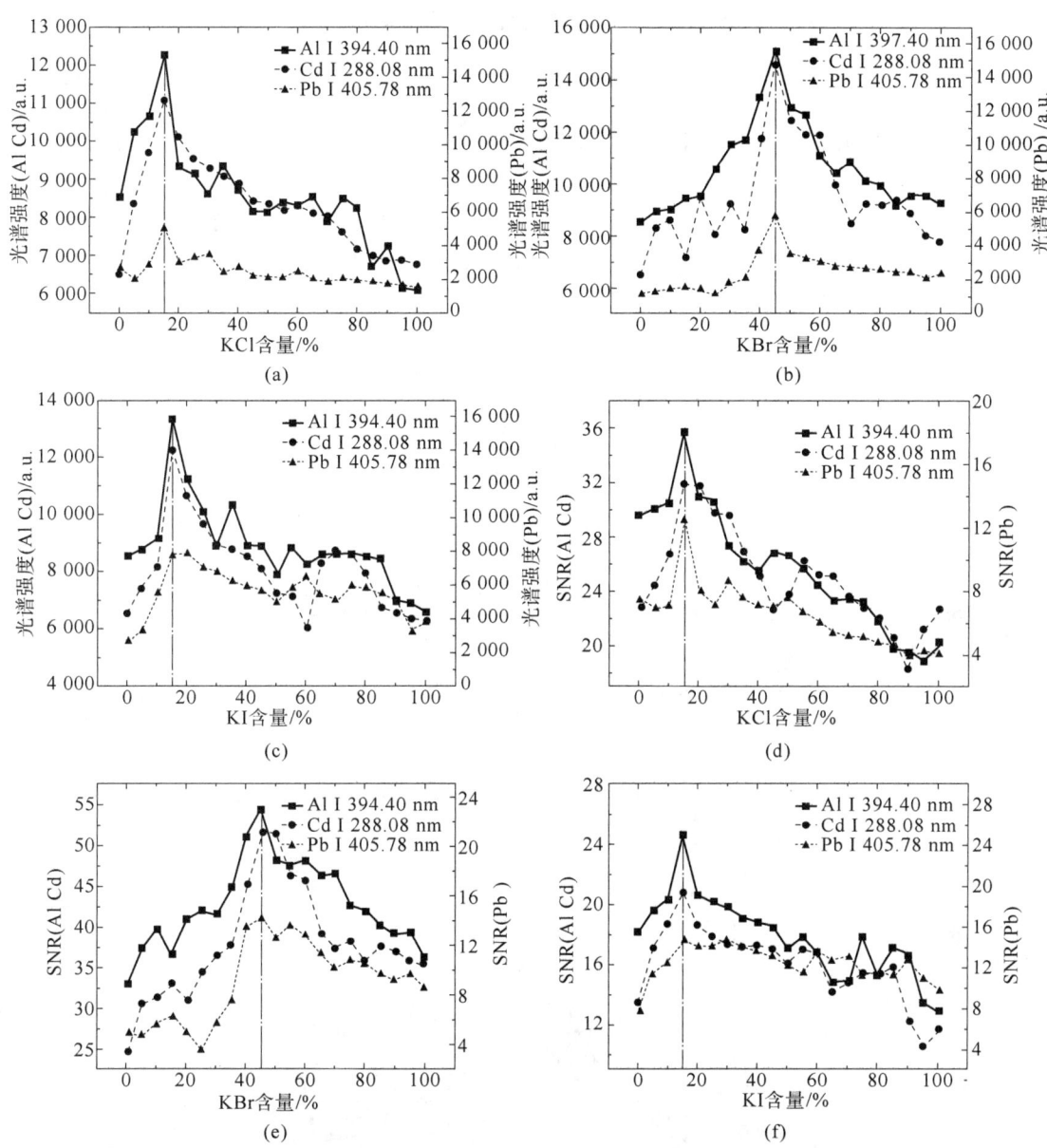

图 12-9 不同含量添加剂的 Cd、Al、Pb 元素光谱强度与 SNR 变化曲线

（a，d）KCl 添加剂；（b，e）KBr 添加剂；（c，f）KI 添加剂

12.6 温度控制结合低沸点钾盐添加剂对土壤等离子体特性的影响

等离子体电子密度和等离子体温度是评价等离子体的两个关键指标，是决定发射谱线强度的重要参数。为了得到低沸点钾盐添加剂对土壤击穿光谱特性的影响机理，本节研究了等离子体温度和等离子体电子密度随 KCl、KBr、KI 含量的变化情况。在等离子体形成过程中，大量粒子的反应速率会受到等离子体电子密度（N_e）的影响，等离子体电子密度作为等离

体重要参数之一，通过特征谱线 Stark 展宽进行计算，具体见式（12-16）[209]：

$$\Delta\lambda_{1/2} = \frac{2\omega N_e}{10^{16}} \qquad (12\text{-}16)$$

其中，$\Delta\lambda_{1/2}$ 通过 Lorentz 拟合得到；ω 为碰撞参数，由经验参数得 0.76。本实验分别对 KCl、KBr、KI 3 种不同含量的添加剂条件下 Al I 394.40 nm、Cd I 288.08 nm 进行 Lorentz 拟合。图 12-10（a）为无添加剂、15% KCl、45% KBr、15% KI 的 Al 元素 Lorentz 拟合曲线，图 12-10（b）为无添加剂、15% KCl、45% KBr、15% KI 的 Cd 元素 Lorentz 拟合曲线。

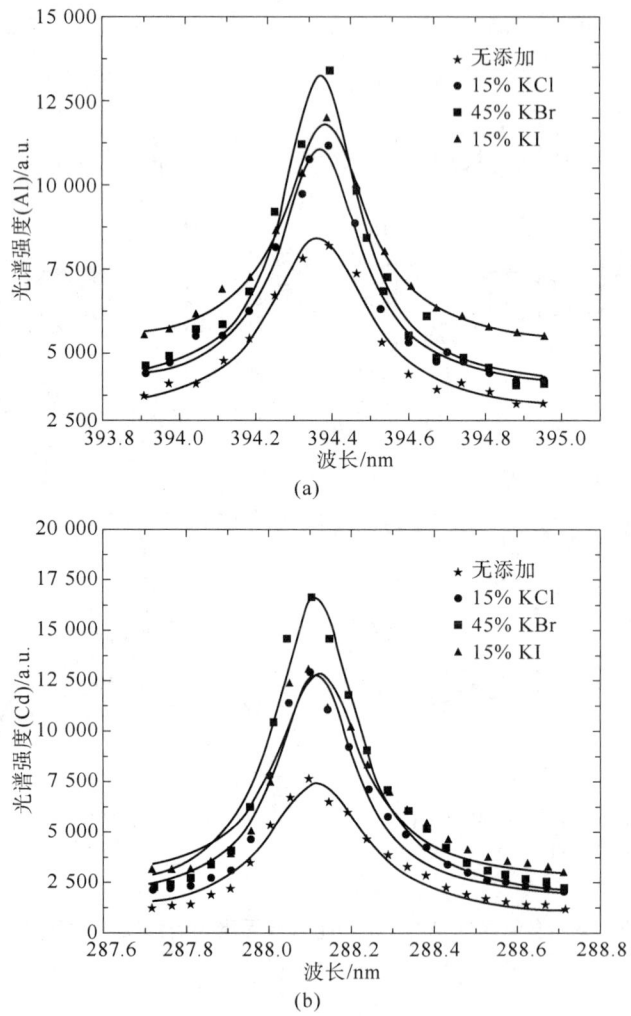

图 12-10 Al、Cd 元素 Lorentz 拟合曲线
（a）Al 元素；（b）Cd 元素

通过绘制 0~100% 含量的 KCl、KBr、KI 添加剂 Al I 394.40 nm、Cd I 288.08 nm 元素 Lorentz 拟合曲线，计算其等离子体电子密度，如表 12-6 所示。

15% KCl、45% KBr、15% KI 添加剂样品 Al、Cd 元素等离子体电子密度均大于无添加下的样品，其变化皆呈先增加后减小的趋势。KCl 添加剂含量为 15% 时，样品 Al、Cd 元素等离子体电子密度达到最大值，分别为无添加剂时的 1.37 倍和 1.91 倍；KBr、KI 添加剂含量分别为 45%、15% 时，样品 Al、Cd 元素等离子体电子密度最高，45% KBr 添加剂的样品 Al、Cd 元素等离子体电子密度分别为无添加剂时的 1.36 倍和 1.47 倍，15% KI 添加剂的样品 Al、Cd 元素等离子体电子密度分别为无添加剂时的 1.46 倍和 1.51 倍。对比可知，等离子体电子密度随添加剂含量的变化趋势同光谱强度和发射谱线的 SNR 变化趋势基本相似。样品被激发出的等离子体含量可直观的由等离子体电子密度表示。经计算对比，适量的 KCl、KBr、KI 低沸点添加剂可增加样品的等离子体电子密度，且当 KCl、KBr、KI 添加剂含量为 15%、45%、15% 时，样品烧蚀量达到最大值，因此得到的发射谱线信号强度也达到了最大值。

表 12-6　等离子体电子密度

添加剂含量/%	KCl 添加剂		KBr 添加剂		KI 添加剂	
	$N_e(Al)/$ $(\times10^{15}\ cm^{-1})$	$N_e(Cd)/$ $(\times10^{15}\ cm^{-1})$	$N_e(Al)/$ $(\times10^{15}\ cm^{-1})$	$N_e(Cd)/$ $(\times10^{15}\ cm^{-1})$	$N_e(Al)/$ $(\times10^{15}\ cm^{-1})$	$N_e(Cd)/$ $(\times10^{15}\ cm^{-1})$
0	8.381 9	7.045 0	8.380 0	7.045 0	8.381 9	7.045 0
5	9.419 5	8.644 4	8.929 7	7.208 0	9.144 8	8.537 8
10	10.155 8	12.260 8	9.348 6	7.380 0	9.735 4	9.145 1
15	11.498 3	13.430 7	9.488 2	8.707 5	12.264 8	10.630
20	9.236 2	12.997 2	10.295 5	8.302 6	11.664 5	10.552 3
25	8.971 5	12.045 7	10.472 5	8.358 9	11.260 7	10.125 2
30	7.831 9	11.028 9	10.573 1	9.419 5	11.474 1	9.839 9
35	7.366 9	11.110 8	10.759 9	9.631 3	11.455 7	9.805 5
40	7.971 5	10.591 8	10.938 0	10.205 0	11.077 1	9.637 5
45	7.197 7	10.739 5	11.443 7	10.364 8	10.599 1	9.576 8
50	8.000 5	10.271 3	10.596 9	9.927 0	10.103 2	9.406 6
55	8.177 6	9.555 8	11.050 2	8.085 6	10.421 7	9.298 6
60	7.590 6	9.575 6	10.259 7	8.187 3	10.220 7	9.286 0
65	7.946 4	9.693 8	10.088 6	8.478 4	10.030 9	9.050 6
70	7.070 6	9.105 0	9.978 4	7.832 51	11.102 6	8.584 0
75	6.271 6	9.377 6	9.747 5	7.660 6	10.172 4	8.499 6
80	7.174 7	9.698 6	9.980 7	7.401 8	8.541 2	9.072 4
85	8.786 2	9.165 3	9.142 2	7.954 8	8.598 4	9.045 6
90	6.960 7	9.966 7	9.979 3	6.541 0	8.318 0	8.964 8
95	7.657 7	9.726 7	9.526 1	6.316 5	9.015 8	8.721 4
100	5.860 4	9.621 1	8.929 2	5.889 4	8.645 9	8.779 5

在满足局部热平衡（LTE）的条件下，通过式（12-17）采用 Boltzmann[210] 图对样品的等离子体温度进行计算，即

$$\ln \frac{\lambda I_{ki}}{g_k A_{ki}} = \frac{-E_k}{k_B T} + C \qquad (12-17)$$

通过查询 NIST 数据库，查询 Fe I 在 245.34 nm、248.97 nm、252.28 nm、267.90 nm、272.09 nm 相关数据，并计算不同添加剂的不同浓度含量下的等离子体温度。图 12-11（a）~（d）分别为无添加剂、15% KCl、45% KBr、15% KI 添加剂时的 Fe I 等离子体 Boltzmann 图，斜率为 $-1/(k_B T)$，截距为 C，k_B 已知，计算得到不同添加剂下的等离子体温度。

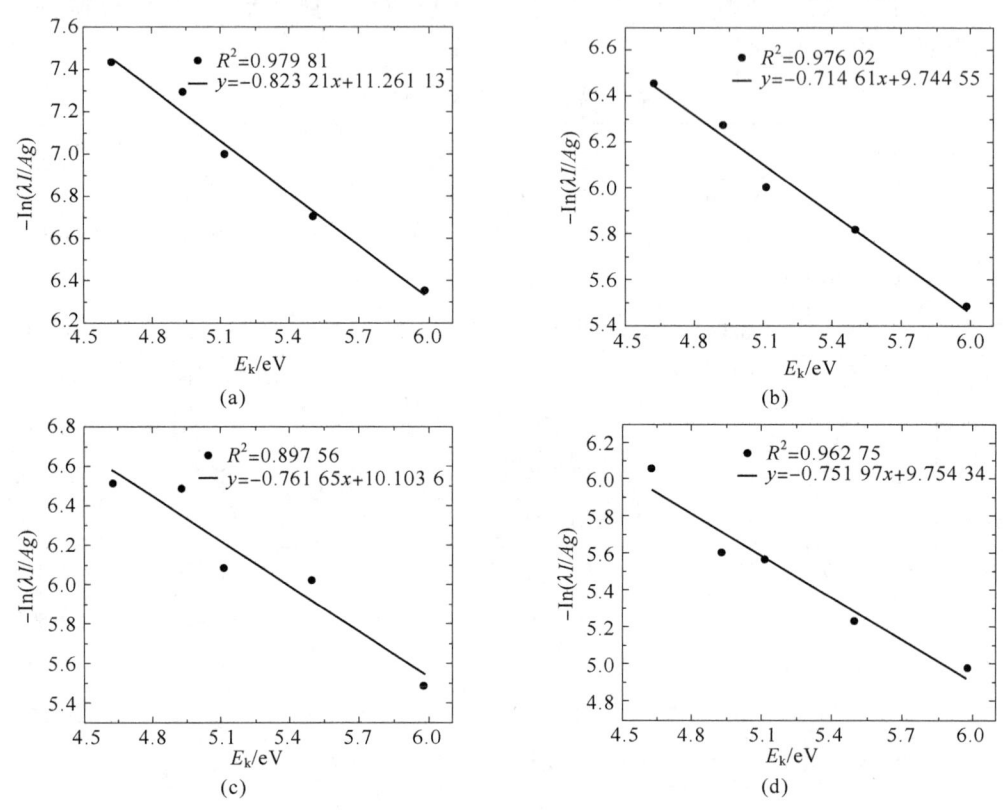

图 12-11 Fe I 等离子体 Boltzmann 图

（a）无添加剂；（b）15% KCl；（c）45% KBr；（d）15% KI

计算不同添加剂样品的等离子体温度，无添加剂、15% KCl、45% KBr、15% KI 添加剂的样品等离子体温度分别为 14 102.12 K、16 245.24 K、15 242.92 K、15 438.13 K。从数据可知，相比于无添加剂，等离子体温度和等离子体电子密度均有了很大的提高。

土壤样品中加入的 KCl、KBr、KI 3 种添加剂均为低沸点添加剂，不同添加剂改变样品的挥发程度不同，降低了激光对样品烧蚀的阈限，KCl、KBr、KI 低沸点添加剂发挥着运载作用，使更多的样品被激发，增加了激光与样品的耦合效率，增加了样品的烧蚀量，提高了等离子体电子密度和等离子体温度，获得了高质量的光谱信号。

第 13 章

基于 LIBS 增强机制的中药材及土壤检测研究

13.1 牛膝重金属元素定量分析

13.1.1 待测元素及分析谱线的确定

国家药典委员会颁布的《中国药典》中明确规定的中药内限量重金属有 Cu、Pb、As、Cd、Hg 等[211]。有学者对文献中涉及中药重金属污染的 1 560 种不同产地的不同中药的重金属含量进行了整理,其中 Cu、Pb、As、Cd、Hg 较《中国药典》所规定的重金属限量指标的超标率分别为 21.0%、12.0%、9.7%、28.5%、6.9%,其中 Cu、Cd 的超标量较为严重,Hg 在高温状态下会汽化,不适合 LIBS 检测,故确定检测目标为 Cu、Cd 这两种重金属元素。

从 NIST 数据库中挑选 Cd I 和 Cu I 特征谱线较多的波长范围,选取的波长为 220.0～350.0 nm。根据特征谱线选取原则,选取 Cu I 324.75 nm 作为牛膝的分析谱线,谱线附近没有强度特别大的其他元素,所以受到的干扰忽略不计,且具有较好强度。Cd I 的几条谱线中,Cd I 288.08 nm 时的特征谱线强度较高,谱线附近也没有强度特别大的其他元素,受周围其他元素谱线的影响较小,故选择 Cd I 288.08 nm 作为分析谱线。

所以,根据中药重金属污染现状及现有设备的检测能力,确定待测元素及谱线为 Cd I 288.08 nm 和 Cu I 324.75 nm。图 13-1 和图 13-2 分别为牛膝样品 Cd 和 Cu 特征谱线的选取。

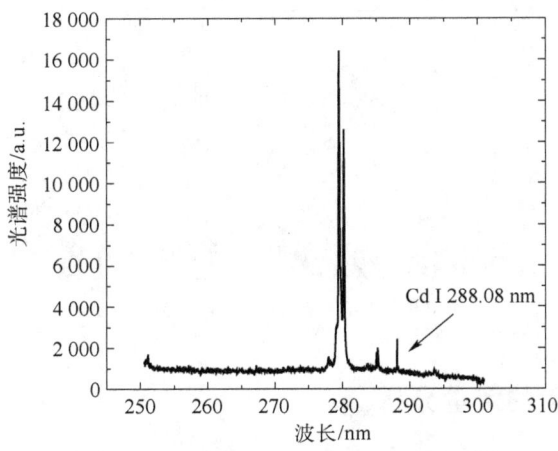

图 13-1 牛膝样品 Cd 特征谱线的选取

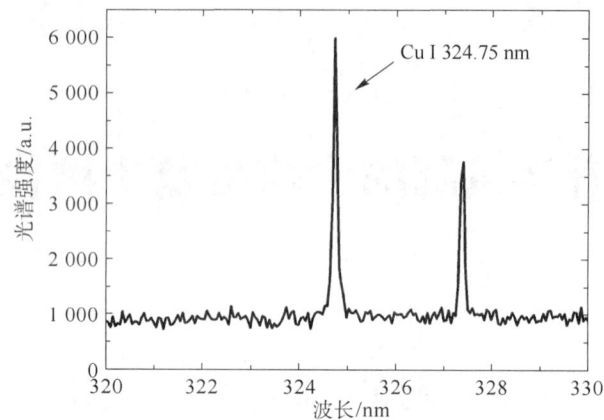

图 13-2　牛膝样品 Cu 特征谱线的选取

13. 1. 2　实验样品制备

1. 含 Cu 样品的制备

在牛膝的细粉末母样品中加入 $Cu(NO_3)_2 \cdot 3H_2O$ 纯试剂，配制成 Cu 元素质量含量分别为 0.09%、0.15%、0.20%、0.35%、0.50%、0.80%、1.00% 的 7 种不同浓度的测试样品。对所有样品进行 2 h 研磨后加入黏合剂（蔗糖），继续研磨 0.5 h，以确保所添加的 $Cu(NO_3)_2 \cdot 3H_2O$ 在中药粉末中均匀分布。采用粉末压片机制片得到直径大小一致的圆片样品。

2. 含 Cd 样品的制备

根据上述方法，在处理好的牛膝粉末中加入 $CdCl_2$ 纯试剂，配制成 Cd 元素质量含量分别为 0.08%、0.12%、0.20%、0.30%、0.50%、0.80%、1.00% 的 7 种不同浓度的测试样品，滴入黏合剂，研磨，压片。自制的牛膝样品如图 13-3 所示。

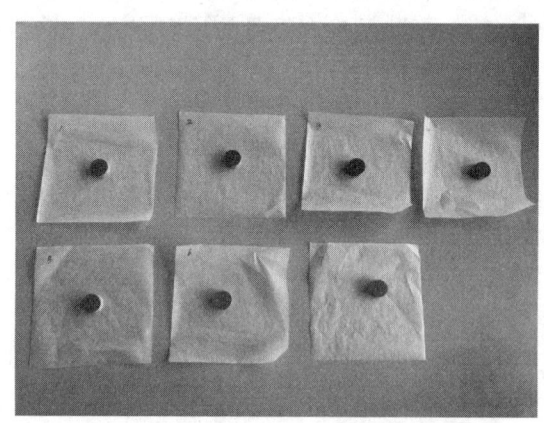

图 13-3　自制的牛膝样品

13. 1. 3　Cd 元素的定量分析

当进行 Cd 元素定量分析的实验数据采集时，将 LTSD 设置为 99 mm，激光脉冲能量为

88 mJ，延迟时间为 0.5 μs，采集次数为 20 次。

对中药牛膝 Cd 元素采用多谱线强度归一化法进行定量分析，得出 Cd 元素的定标曲线，如图 13-4 所示，获得牛膝 Cd 元素含量的 R^2 为 0.997 2。

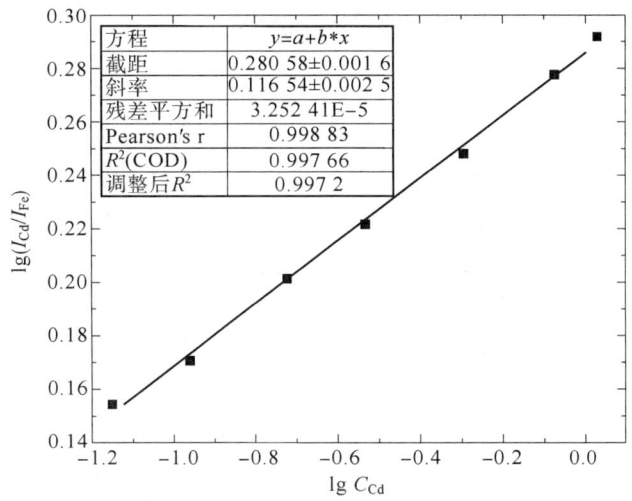

图 13-4　牛膝样品 Cd 元素的定标曲线

牛膝 Cd 元素得到的定标曲线是

$$y = 0.116\ 5x + 0.280\ 6$$

根据检测限计算公式，可以计算出牛膝在本实验条件下 Cd 的检测限为 20.96 mg/kg。

13.1.4　Cu 元素的定量分析

当进行 Cu 元素定量分析的实验数据采集时，实验参数设置同 13.1.3 节。对中药牛膝的 Cu 元素采用多谱线强度归一化法进行定量分析，得出 Cu 元素的定标曲线，如图 13-5 所示，获得牛膝 Cu 元素含量的 R^2 为 0.992 7。

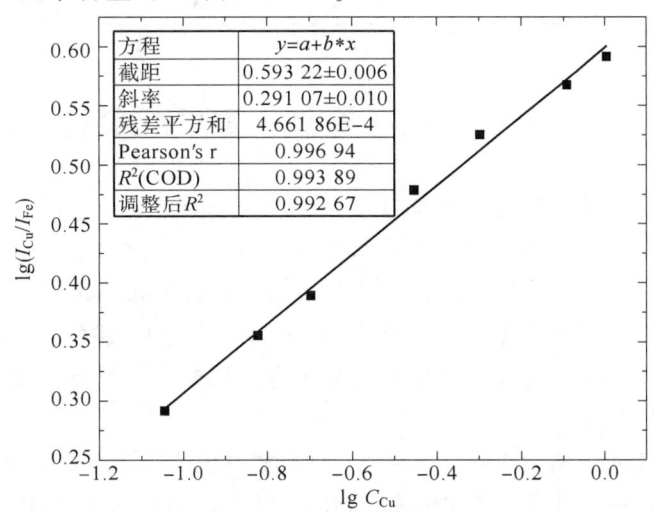

图 13-5　牛膝样品 Cu 元素的定标曲线

牛膝 Cu 元素得到的定标曲线是

$$y = 0.291\ 1x + 0.593\ 2$$

根据检测限计算公式，可以计算出牛膝在本实验条件下 Cu 的检测限为 35.96 mg/kg。

13.1.5　检测限与国家标准的对比及分析

《药用植物及制剂进出口绿色行业标准》[78] 中所规定的 Cd 和 Cu 重金属元素检测限分别低于 0.3 mg/kg 和 20.0 mg/kg。表 13-1 是部分国家或地区对中药内重金属含量限定指标。通过实验测得的 Cd 的检测限为 20.96 mg/kg，Cu 的检测限为 35.96 mg/kg，优化后的 LIBS 技术测得的 Cd 和 Cu 元素的检测限尚未达到国家限量标准。造成这种结果有以下几个原因：第一，进行实验时，因实验条件或激光能量的衰减会使测量结果检测精度降低，故影响检测限；第二，待测牛膝样品中的 Cd 和 Cu 重金属元素含量不同，发射光谱强度不同，探测灵敏度也有所不同，这也就造成了牛膝 Cd 和 Cu 元素的检测限有区别；第三，牛膝的粉末较软且黏合度较差，压片过程中压力的大小很大程度上影响了压片，压力控制不好，牛膝样品压片对测量结果也会产生一定程度的影响。施压较小时，压片内部较为疏松，激光击打牛膝样品表面时，内部也会被震裂，从而样品产生崩裂，需要重新更换牛膝样品，降低实验重复性，影响检测。施压较大时，牛膝样品容易被压碎。因此，为了降低检测限，需要对实验系统及实验条件进一步优化，并研究压力的大小对中药压片的影响。

表 13-1　部分国家或地区对中药内重金属含量限定指标（单位：mg/kg）

标准＼元素	铜（Cu）	铅（Pb）	砷（As）	镉（Cd）	汞（Hg）
《中国药典》	20.0	5.0	2.0	0.3	0.2
《药用植物及制剂进出口绿色行业标准》	20.0	5.0	2.0	0.3	0.2
中国香港	—	5.0	3.0	0.3	0.2
中国澳门	150.0	20.0	5.0	—	0.5

13.2　牛膝及土壤重金属元素的相关性分析

对中药重金属元素的研究分析越来越多，但是关于土壤与该地种植的中药药用部位重金属元素之间的相关性分析还较少。本节基于土壤与该地种植的中药重金属元素之间的相关性进行分析研究，以牛膝为例，探讨土壤重金属元素对牛膝质量的影响，为进一步研究牛膝土壤质量控制提供科学依据[212]。根据 SPSS 软件中计算相关系数的要求，结合测得的实验数据，实验所测数据为连续变量且成对出现，数据无异常值，通过散点图判断两组数据之间是否呈线性相关。

从图 13-6 可以看到，图中的散点分布呈线性趋势，说明牛膝重金属谱线强度与土壤重金属谱线强度可通过 SPSS 软件进行线性相关分析。选用 Pearson's r 进行土壤与牛膝重金属元素间的相关性分析研究，表 13-2 为相关性分析结果，表 13-3 是相关性评价标准。

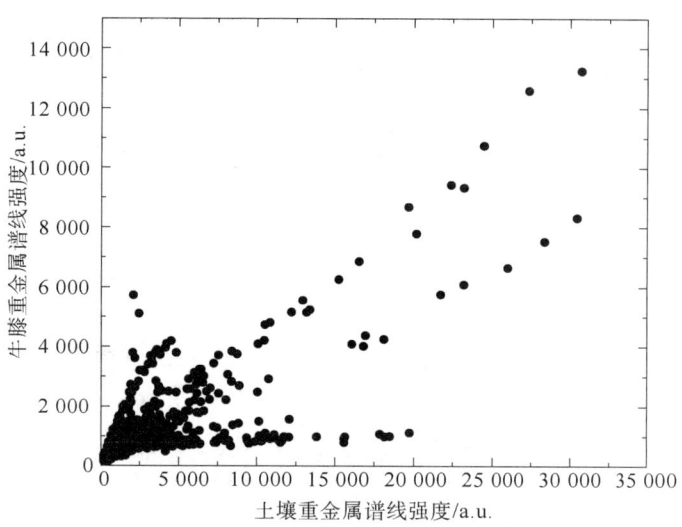

图 13-6　土壤与牛膝重金属元素间的相关性变化趋势

表 13-2　土壤与牛膝重金属元素间的相关性分析结果

元素	Pb	Cu	Cd	As	Hg	Fe	Mn
Pb	0.717						
Cu		0.757					
Cd			0.706				
As				0.623			
Hg					0.606		
Fe						0.787	
Mn							0.534

表 13-3　相关性评价标准

相关系数	0.000	0.000~±0.300	±0.300~±0.500	±0.500~±0.800	±0.800~±1.000
相关程度	无相关	微正负相关	实正负相关	显著正负相关	高度正负相关

　　牛膝根部在植物吸收养分期间起到关键作用，也是最先接触和吸收土壤重金属元素的部位，并且牛膝根部对土壤重金属元素有较强的富集作用。根据相关性评价标准，从表 13-2 中可以看到，牛膝根部中的 Pb、Cu、Cd、Fe 和种植该地的土壤中的 Pb、Cu、Cd、Fe 呈显著正相关，相关系数均在 0.7 以上，传递性较高；As、Hg 和 Mn 之间也呈显著正相关，相关系数为 0.5~0.6，相关系数较低。根据相关系数的数据，建议重点监控牛膝根部土壤。从数据中也可以看到，Cu 和 Fe 的相关系数高于其他元素的相关系数，而牛膝对重金属元素的吸收和富集作用能力决定了该金属在牛膝中的含量，说明牛膝对 Fe 和 Cu 的吸收和富集能力较强，对 Mn 的吸收和富集能力较弱，土壤中的各个元素的含量在一定程度上影响牛膝的重金属元素含量，当不能对土壤中自身固有的特征进行改变时，可通过追加微肥的方式来对牛膝

药材内的微量元素含量进行改善。故而，建议各个地区在进行牛膝的培育以及种植期间要能够因地制宜，根据各土壤的具体特征进行施肥，保障牛膝药材的产量与质量，更好地实现中药的可持续健康发展。

由牛膝中 7 种金属元素含量相关性分析结果（表 13-4）可知，Pb、Cu、Cd、As、Hg 5 种元素相互之间呈正相关，相关系数为 0.3~0.4；Fe、Mn 之间呈显著正相关，相关系数为 0.6~0.7，说明根类中药金属元素的协同效应较好。根据相关性评价标准，从相关性分析结果可知，As、Cd、Pb、Hg 的含量与 Fe、Mn 有益金属元素的含量均呈显著负相关，因此，适量降低土壤中的 As、Cd、Pb、Hg 含量，有利于增加 Fe、Mn 有益金属元素的含量；Cu 的含量与 Fe、Mn 有益金属元素含量呈显著正相关，适当提高 Cu 的含量，有利于增加牛膝 Fe、Mn 有益金属元素的含量，从而提高牛膝的质量。

表 13-4　牛膝中 7 种金属元素含量相关性分析结果

元素	Pb	Cu	Cd	As	Hg	Fe	Mn
Pb	1	0.408	0.335	0.387	0.352	−0.528	−0.587
Cu		1	0.325	0.361	0.323	0.536	0.526
Cd			1	0.312	0.305	−0.509	−0.538
As				1	0.428	−0.525	−0.587
Hg					1	−0.576	−0.579
Fe						1	0.632
Mn							1

13.3　中药材微量元素的定性分析

通过实验得到菊花、马蔺、丹参 3 种中药材样品的 LIBS 光谱，并对菊花、马蔺、丹参 3 种中药材进行定性分析，检测中药材中所含的元素种类。

1. 菊花

图 13-7 为菊花的 LIBS 光谱，经标定，光谱中含有 K、Ca、Al、Mg、Fe、P、Na、C、Si、Ti、Zn 元素的原子谱线或一次离子谱线，部分谱线在图中标出。

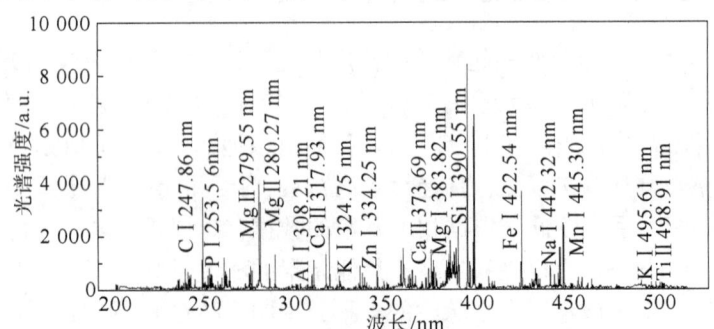

图 13-7　菊花的 LIBS 光谱

2. 马蔺

图 13-8 为马蔺的 LIBS 光谱，经标定，光谱中含有 K、Ca、Al、Mg、Fe、P、Na、C、Si、Ti、Cu、Sr、Zn 元素的原子谱线或一次离子谱线，部分谱线在图中标出。

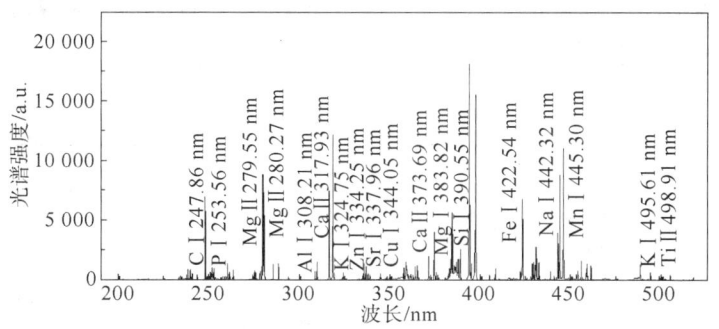

图 13-8　马蔺的 LIBS 光谱

3. 丹参

图 13-9 为丹参的 LIBS 光谱，经标定，光谱中含有 K、Ca、Al、Mg、Fe、P、Na、C、Si、Ti、Cu、Sr、Zn 元素的原子谱线或一次离子谱线，部分谱线在图中标出。

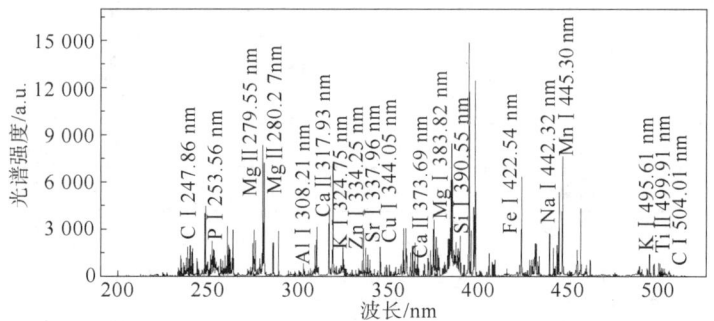

图 13-9　丹参的 LIBS 光谱

在最佳实验条件下，对菊花、马蔺、丹参 3 种中药材进行定性分析，通过标定发现 3 种中药材大部分微量元素种类都是相同的，都含有 K、Ca、Al、Mg、Fe、P、Na、C、Si、Ti 等元素。分析认为，上述 3 种中药材都采集于同一县城的周边村落，由于地理位置相距不远，因此土壤里的各种有机成分和无机成分相差不大，所以这些中药材中的大部分微量元素种类都是相同的，但不同中药材微量元素的光谱强度不同，这和中药材中有机物的含量相关。由于 LIBS 技术对微量元素的检测还存在一些不足之处，所以中药材中的某些微量元素可能无法检测到。

13.4　基于 CF-LIBS 的中药材微量元素的定量分析

前一节对菊花、马蔺、丹参 3 种中药材进行了定性分析，为了进一步获取 3 种中药材中微量元素的含量，本节采用 CF-LIBS 方法对 3 种中药材及其对应的不同部位进行定量分析研究。

采用 CF-LIBS 方法进行定量分析时，需要考虑样品元素的原子和离子，通过求得总粒子数对样品进行定量分析，根据谱线选取原则，选取中药材及不同部位 Fe、Ca、Mg、K、Cd 的原子谱线和离子谱线。分别选择 Fe 原子和离子谱线共 7 条，Ca 原子和离子谱线共 7 条，Mg 原子和离子谱线共 3 条，K 原子和离子谱线共 3 条，Cd 原子和离子谱线共 4 条，元素谱线参数如表 13-5 所示。

表 13-5　元素谱线参数

元素	波长/nm	$A_{ij}/\times 10^7$	E_k/eV	g_i
Fe I	246.51	4.35	5.94	9
Fe I	254.96	2.31	4.91	9
Fe I	283.24	2.38	5.33	9
Fe I	330.63	4.84	5.97	5
Fe II	259.94	23.5	4.77	10
Fe II	273.95	22.1	5.51	8
Fe II	275.57	21.5	5.48	10
Ca I	239.85	1.67	5.16	3
Ca I	335.02	1.78	5.58	5
Ca I	336.19	2.23	5.58	7
Ca I	364.09	1.53	5.30	3
Ca I	428.93	6	4.76	3
Ca II	370.60	8.8	6.46	2
Ca II	373.69	17	6.46	2
Mg I	383.82	0.18	5.94	3
Mg I	279.55	26	4.43	4
Mg II	280.27	25.7	4.42	2
K I	404.41	0.11	3.06	4
K II	342.71	1.7	26.76	5
K II	361.84	8.14	23.57	3
Cd I	228.80	53	5.41	3
Cd I	340.36	7.7	7.37	3
Cd I	508.58	5.6	6.38	3
Cd II	226.50	31	5.47	2

当 Cd 元素含量已知时，利用 CF-LIBS 分析中药材及不同部位 Fe、Ca、Mg、K 元素含量的具体步骤如下：

（1）分别探测待测样品的 LIBS 光谱；

（2）通过 LIBS 光谱计算等离子体电子密度；

（3）计算各元素的等离子体温度；

（4）利用 Saha-Boltzmann 曲线计算等离子体中 Cd、Fe、Ca、Mg、K 元素的原子量；

（5）利用 Saha 方程计算等离子体中 Cd、Fe、Ca、Mg、K 元素原子数与离子数的比值；

（6）计算样品中各元素的总含量以及所占比值；

（7）通过已知的土壤中 Cd 元素的含量计算其他元素的相对含量。

选取 Fe I 422.74 nm 谱线作为分析对象，用此谱线信息根据 Stark 展宽法计算等离子体电子密度；用表 13-5 中各元素的谱线参数信息，根据 Saha-Boltzmann 方法计算等离子体温度。

通过表 13-5 的元素谱线参数绘制出图 13-10 的 Fe Saha-Boltzmann 图，根据斜率计算 Fe 元素的等离子体温度，其他 4 种元素的等离子体温度也由此方法求得。将 5 种元素求得的等离子体温度求和取平均值，以此作为等离子体温度，最终求得等离子体温度为 11 302 K。

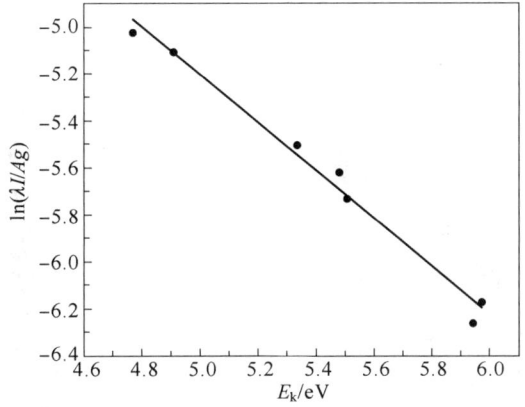

图 13-10　Fe Saha-Boltzmann 图

Fe I 422.74 nm 谱线独立性较好，不受相邻谱线的影响，无明显自吸收效应。将 Fe I 422.74 nm谱线利用 Lorentz 拟合后，结果如图 13-11 所示，根据半高全宽计算得到等离子体电子密度为 8.17×10^{15} cm^{-3}。

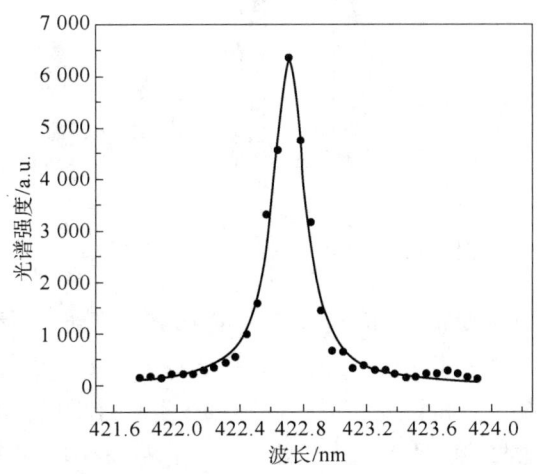

图 13-11　Fe I 422.74 nm 谱线利用 Lorentz 拟合结果

通过公式计算出满足 LTE 所需的最小等离子体电子密度为 1.46×10^{15} cm^{-3}，而实验数据计算得到的等离子体电子密度为 8.17×10^{15} cm^{-3}，因此满足 LTE 条件。

13.5 中药材不同部位微量元素的富集规律研究

通过上一节分析，确定等离子体处于 LTE 的状态，因此可采用 CF-LIBS 方法计算菊花、马蔺、丹参 3 种中药材及其不同部位的微量元素含量，已知样品中 Cd 元素的含量为 300 mg/kg，所以可以计算出 Fe、Ca、Mg、K 元素相对于 Cd 元素的含量。图 13-12 为土壤、菊花的根、茎、叶、花微量元素的含量，图 13-13 为土壤、马蔺的根、叶微量元素的含量，图 13-14 为土壤、丹参微量元素的含量。

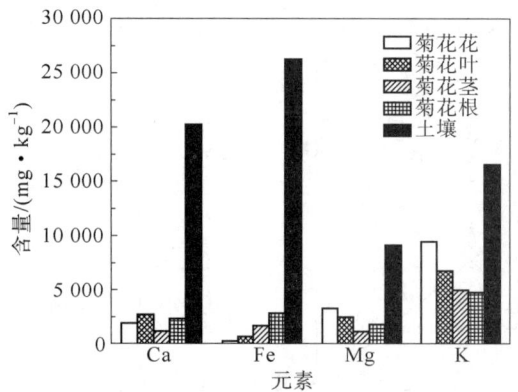

图 13-12　土壤、菊花的根、茎、叶、
花微量元素的含量

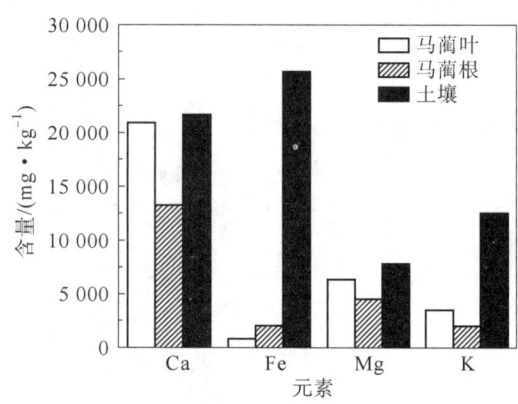

图 13-13　土壤、马蔺的根、
叶微量元素的含量

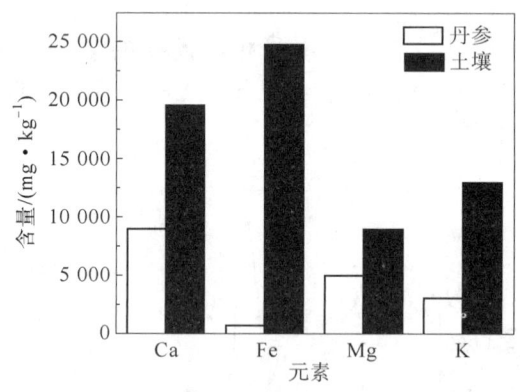

图 13-14　土壤、丹参微量元素的含量

由图 13-12、图 13-13 和图 13-14 可知，种植菊花、马蔺、丹参 3 种中药材的土壤中 Ca、Fe、Mg 3 种微量元素含量相差不大，种植菊花的土壤中 K 元素含量比种植马蔺、丹参的土壤中 K 元素含量高。分析认为，不同中药材在生长过程中，对微量元素的需求量是不同的，菊花相比于其他两种中药材在生长过程中，需要更多的 K 元素，因此，需要在种植菊花的土壤中施加更多的含 K 肥料，进而种植菊花的土壤中 K 元素含量更高。

通过计算中药材富集系数，能够进一步了解中药材不同部位的富集规律，可为培育优质中药材提供帮助，元素富集系数＝中药材（或中药材其他生产部位）元素含量/土壤中元素含量×100%，通过此方法，得到菊花、马蔺、丹参对 Ca、Fe、Mg、K 元素的富集系数，分别如表 13-6、表 13-7 和表 13-8 所示。

表 13-6　菊花及不同生长部位各无机元素的富集系数

无机元素	Ca	Fe	Mg	K
根富集系数/%	11.6	10.8	20.1	28.8
茎富集系数/%	5.8	6.5	14.1	30.4
叶富集系数/%	13.6	2.5	27.3	40.7
花富集系数/%	9.3	1.0	36.6	57.7

从表 13-6 中看出，不同部位的富集系数差异较大，菊花不同部位对 Ca 元素富集系数规律为叶>根>花>茎；对 Mg 元素富集系数规律为花>叶>根>茎；对 K 元素富集系数规律为花>叶>茎>根，且相比于其他 3 种元素，对 K 元素富集系数较高，其中菊花花富集系数高达 57.7%；对 Fe 元素富集系数规律为根>茎>叶>花，且相比于其他 3 种元素，对 Fe 元素富集系数较低，其中菊花花富集系数仅有 1%。

表 13-7　马蔺及不同生长部位各无机元素的富集系数

无机元素	Ca	Fe	Mg	K
根富集系数/%	52.1	7.6	58.1	15.8
叶富集系数/%	68.9	3.1	80.1	27.3

从表 13-7 中看出，马蔺根及叶富集系数有明显差异，马蔺根及叶对 Ca、Mg 元素富集性较强。马蔺根及叶对 Ca 元素富集系数规律为叶>根；对 K 元素富集系数规律为叶>根；对 Mg 元素富集系数规律为叶>根，且相比于其他 3 种元素，对 Mg 元素的富集系数较高，其中马蔺叶富集系数高达 80.1%；对 Fe 元素的富集系数规律为根>叶，且相比于其他 3 种元素，对 Fe 元素的富集系数较低，其中马蔺叶富集系数仅为 3.1%。

表 13-8　丹参各无机元素的富集系数

无机元素	Ca	Fe	Mg	K
富集系数/%	45.8	2.4	55.6	24.3

从表 13-8 看出，丹参对 Ca、Mg 元素富集系数较高，富集系数分别为 45.8%、55.6%；对 Fe 元素富集系数较低，富集系数为 2.4%；对 K 元素富集系数为 24.3%。

研究表明，不同中药材无机微量元素富集系数差异较大，这与中药材自身的性质有关，如今中药材质量控制方式已由单一成分鉴别分析转向多成分鉴别分析，通过 CF-LIBS 方法求得中药材不同生长部位的元素含量，再通过不同部位的元素含量计算富集系数。以此方法计算中药材的富集系数及规律，为规范中药材质量标准提供了一种简便高效的方法。

13.6　中药材产地鉴别研究

13.6.1　特征量的提取

特征建模首先需要提取特征量，然后进行谱线标识[213-216]，根据 NIST 数据库和谱线选取原则，确定了 12 条 LIBS 沙参特征谱线作为主成分分析的输入变量，对应于 K、Ca、Al、Mg、Fe、Na、C、Si、Ti 9 种元素。每个产地沙参样品均为 7 个，每个样品采集 10 组数据，每组数据均为 15 次累积脉冲激光的平均值。图 13-15 给出了 3 个产地沙参药材在 200~517 nm 的原始光谱，由图可知 3 个产地沙参光谱线型非常相似，所以难以直接通过光谱轮廓对其进行产地鉴别，需借助其他方法。

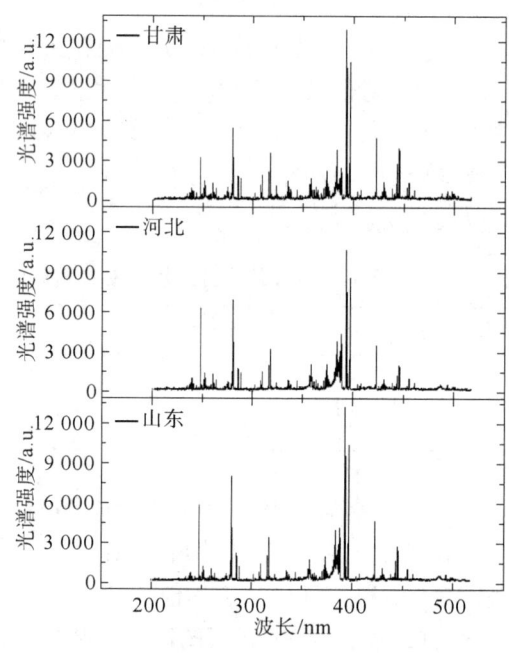

图 13-15　3 个产地沙参药材在 200~517 nm 的原始光谱

13.6.2　基于主成分分析法的中药材产地鉴别

在获得 3 个产地沙参样本 LIBS 光谱数据基础上，利用 Ca、Al、Mg、Fe 等 9 种元素的特征谱线，结合主成分分析（PCA）的方法实现沙参产地鉴别。

图 13-16 为 3 种沙参样品主成分分析，通过主成分分析获得前两个主要成分，并获得二维散点图，图中每个点表示一个沙参样品，每个产地 70 个样品。可以看出产地鉴别分析的效果较好，同一产地样品呈区域性分布，区域划分明显，但是不同产地沙参的间隔小，部分不同产地的沙参样品混杂在一起，还没有完全区分 3 个产地的沙参。这证明了 PCA 分析方法对不同产地中药材鉴别的准确性，但要更好地对不同产地中药材进行区分，需要借助其他分类方法对中药材数据做进一步分析处理。

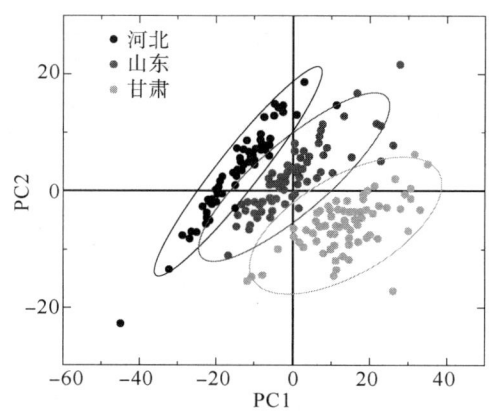

图 13-16　3 种沙参样品主成分分析

13.6.3　基于 *K*-均值聚类方法的中药材产地鉴别

本节采用 *K*-均值聚类的方法，其思想是将每个样品聚集到最近形心（均值）类中去。此过程分为三步：

（1）把样品粗略分成 *K* 个初始类；

（2）进行修改，逐个分派样品到其最近均值类中去；

（3）重复第（2）步，直到各类无元素进出。

3 个产地的沙参，每个产地各 70 组数据，对 K、Ca、Al、Mg、Fe、Na、C、Si、Ti 9 种元素的 12 条谱线进行聚类分析，聚类结果如表 13-9 所示。

表 13-9　聚类结果

聚类	河北	66
	山东	76
	甘肃	68
有效		210
缺失		0

从表 13-9 中可以看出，河北、山东、甘肃每个产地聚类结果数目分别为 66、76、68。210 组数据均为有效值，无缺失值，聚类结果情况较好，聚类准确度均达到 92.11% 以上，有效地区分了 3 个产地的沙参。为了进一步了解影响聚类结果的元素谱线，求得 9 种元素光谱强度的均值报告，如表 13-10 所示。

表 13-10　9 种元素光谱强度的均值报告

案例的类别号	河北	山东	甘肃
Fe	2 291	2 757	4 305
K	1 258	1 680	2 449

续表

案例的类别号	河北	山东	甘肃
Al	606	625	1 097
Mg	4 779	5 198	9 602
Na	534	528	567
Ca	1 527	1 521	2 723
C	2 623	2 797	3 489
Si	317	326	487
Ti	431	469	922

从表 13-10 中可以看出，甘肃产地的沙参 Fe、K、Al、Mg、Ca、Ti 6 种元素光谱强度远高于河北、山东两个产地沙参的光谱强度，甘肃产地沙参的 C、Si 两种元素光谱强度略高于河北、山东两个产地沙参的光谱强度，3 个产地沙参 Na 元素光谱强度相差不大。针对河北和山东两个产地的沙参，山东产地沙参的 Fe、K、Mg 3 种元素光谱强度高于河北产地沙参的光谱强度，河北、山东两个产地沙参 Al、Na、Ca、C、Si、Ti 6 种元素光谱强度相差不大。

通过上述分析，得知 K-均值聚类的方法可以有效地分析 3 个产地的沙参，但还有部分不同产地沙参的样品混杂在一起。通过不同产地沙参样品的均值报告，能够得到对产地影响较大的元素种类，为优质中药材的鉴别提供参考。

第 14 章

基于 LIBS 增强机制的湿地底泥及产物检测研究

14.1 湿地底泥重金属元素的定量分析

14.1.1 实验样品的采集

白洋淀区域的环境发展是雄安新区全面发展的一部分，本章以雄安新区的环境发展为契机，对白洋淀具有代表性的地区进行了底泥与植物样品的采取。实验样品选择的地点为河北省雄安新区白洋淀内。选取了 5 个具有代表性的地点进行底泥、荷叶、荷花样品的采集，分别对荷花淀、烧车淀、王家寨、光淀、捞王淀 5 个地方的湖泊底泥进行了采集。荷花淀内有荷花大观园，荷花样品便采集于荷花淀；烧车淀是白洋淀北部的自然保护区；王家寨是白洋淀区域一个四周环水的村庄；捞王淀坐落于白洋淀中部地区；藕粉购置于白洋淀周边，产地为河北雄安。采样路线如图 14-1 所示。

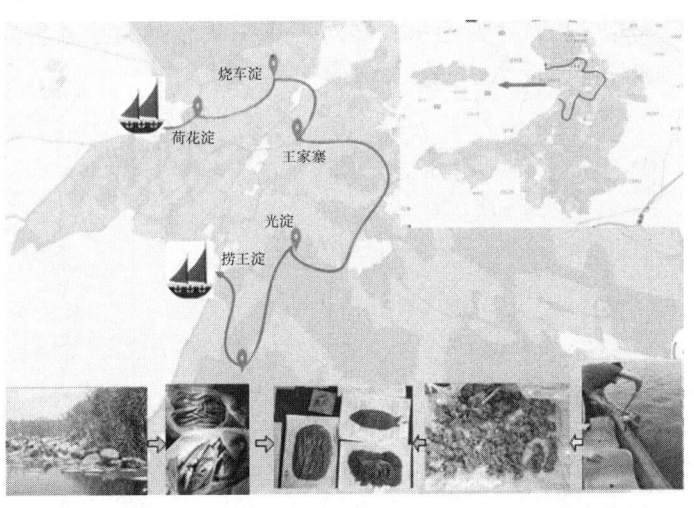

图 14-1 采样路线

14.1.2 实验样品的制备

为了避免样品的湿度、颗粒大小、疏松程度对实验的影响，保证样品的统一，湿地泥土、荷叶和荷花等样品经过自然风干、去杂质、筛选、研磨之后，分为两组，一组样品加入 15% KCl 添加剂，通过 PX84ZH/E 电子天平（最大称量 82 mg，可读性 0.1 mg）称取不

等量的 $CdCl_2$ 和 $Pb(NO_3)_2$ 试剂加入两组样品中，表 14-1 为自制样品元素含量。对各组土壤样品进行研磨，并制作成直径为 15 mm、厚度为 7 mm 的圆柱。图 14-2 为自制样品实物，分别是湿地底泥风干后实物、初步研磨后实物和圆柱形样品实物。

表 14-1　自制样品元素含量

种类	S01	S02	S03	S04	S05	S06	S07	S08	S09	S10
Cd/%	0.1	0.2	0.3	0.4	0.5	0.6	0.7	0.8	0.9	1.0
Pb/%	0.1	0.2	0.3	0.4	0.5	0.6	0.7	0.8	0.9	1.0

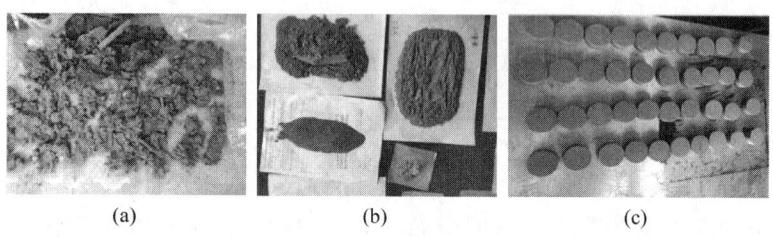

(a)　　　　　　　　(b)　　　　　　　　(c)

图 14-2　自制样品实物

（a）湿地底泥风干后实物；（b）初步研磨后实物；（c）圆柱形样品实物

14.1.3　LIBS 实验系统

选取北京镭宝责任有限公司的 1 064 nm 激光器，该激光器的光斑直径为 6 mm，频率为 0~20 Hz，脉宽不大于 8 ns，激光能量为 0~200 mJ。采用已搭建的基于三维支架台的能量实时检测 LIBS 系统开展实验。采用示波器对工作中激光器的脉宽参数进行测量，脉宽如图 14-3 所示，激光器脉宽为 5.6 ns。

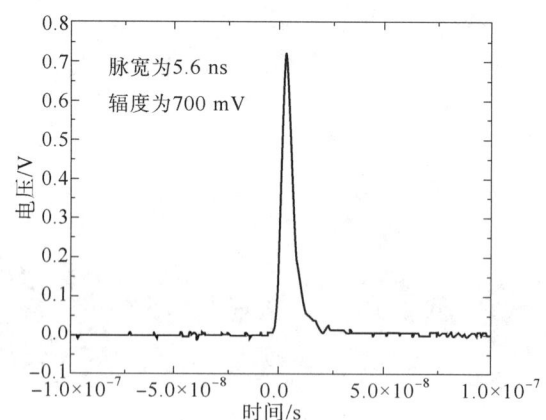

图 14-3　激光器脉宽

激光器能量在 1 h 内的变化情况，即激光能量-时间图如图 14-4 所示，测得 1 h 内最大激光能量为 214.0 mJ，最小激光能量为 184.8 mJ，平均激光能量为 194.9 mJ，标准离差为 4.129 mJ。由图 14-4 可知，当时间为 20 min 后，激光能量趋于稳定，故在实验前需对激光器预热 20 min，从而保证实验激光能量的稳定，减小实验误差。

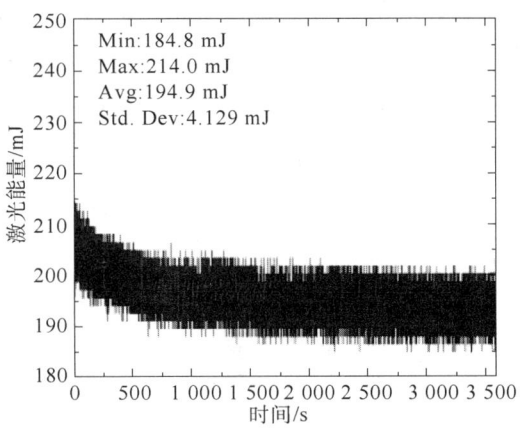

图 14-4　激光能量-时间图

14.1.4　底泥重金属元素定量分析

采用外标法对有无增强机制条件的底泥中 Cd I 228.08 nm 和 Pb I 405.78 nm 进行定量分析，分别以 Cd 和 Pb 的光谱强度为纵坐标，样品中的 Cd 和 Pb 浓度含量为横坐标，采用式（8-6）的外标法对两条谱线的光谱强度和浓度绘制外标曲线，如图 14-5（a）、（b）所示。通过对比有无 KCl 添加剂和不同温度环境下的外标曲线可得，不同含量的 Cd、Pb 的光谱强度均有明显的增加，且所得到的 20 次光谱数据的标准偏差均明显减小。相比无添加剂无温场的外标曲线，增强机制下的外标曲线的拟合系数均得到了增加。

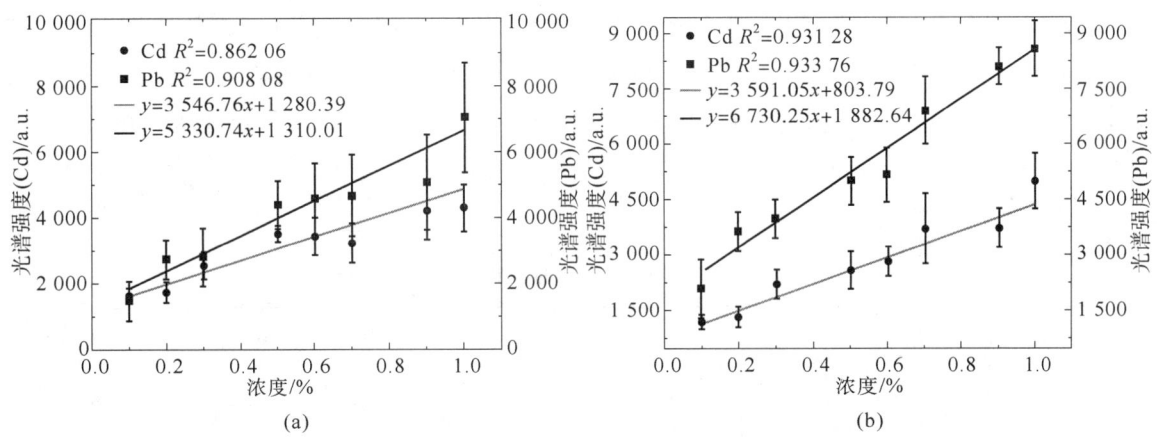

图 14-5　样品中的 Cd 和 Pb 的外标曲线

（a）常温下，无 KCl 添加剂；（b）180 ℃下，15% KCl 添加剂

为了减小基体效应对检测结果的影响，采用内标法如式（8-8）对土壤样品中的 Cd 和 Pb 进行定量分析，内标谱线往往选用分析谱线附近的基体元素谱线。在土壤中，Fe 元素谱线较多且含量丰富，同时 Fe 为土壤中固有元素，因此本节选取 Fe I 229.76 nm 和 Fe I

406. 24 nm 作为内标谱线。分别采用 Cd I 228. 80 nm 分析谱线与 Fe I 229. 76 nm 内标谱线、Pb I 405. 78 nm 分析谱线和 Fe I 406. 24 nm 内标谱线的比值作为拟合曲线的纵坐标,将 Cd 和 Pb 元素的浓度作为横坐标,构建得到的内标曲线如图 14-6 所示。内标曲线的拟合系数均大于外标曲线的拟合系数。

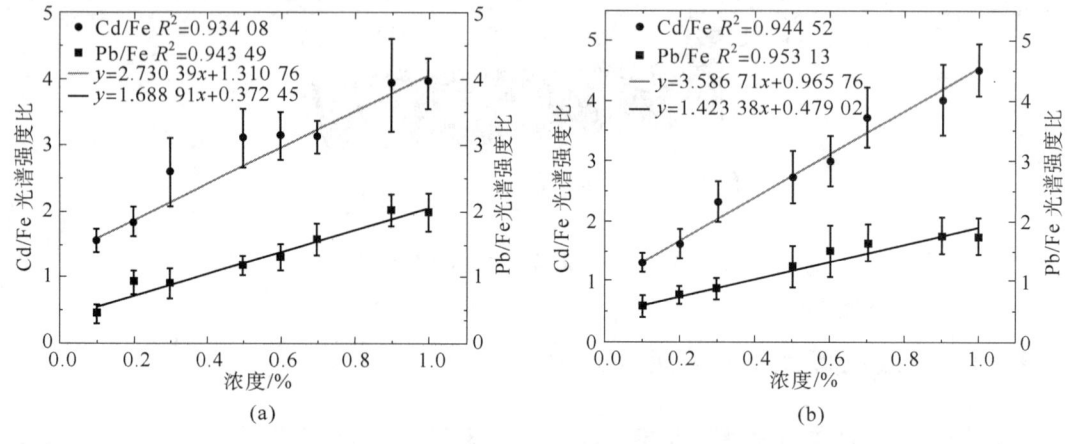

图 14-6 样品中的 Cd 和 Pb 的内标曲线

(a) 常温下,无 KCl 添加剂;(b) 180 ℃下,15% KCl 添加剂

不同条件下,根据内标法和外标法的定标曲线,对 Cd 和 Pb 浓度进行反演,分析结果如表 14-2 所示。以标准浓度 0.80% 时的相对误差变化情况为例,常温无添加剂条件下,外标法得到的 Cd 和 Pb 的反演浓度与标准浓度的相对误差分别为 16.80%、17.13%;180 ℃、15% KCl 添加剂条件下,外标法得到的 Cd 和 Pb 的反演浓度与标准值的相对误差为 14.25%、13.60%。内标法得到的两种条件下 Cd 的相对误差分别为 12.30%、11.03%,Pb 的相对误差分别为 12.13%、11.88%,相比于外标法,180 ℃ 条件下含有 KCl 添加剂的样品的 Cd、Pb 内标曲线反演浓度的相对误差分别减小了 5.77%、6.88%。

表 14-2 内标法与外标法的 Cd、Pb 分析结果

模型	条件	样品	$C_{标准}$/%	$C_{反演}$/%	相对误差/%	R^2
外标	常温 无添加剂	S04 Cd	0.40	0.491	22.75	0.862 06
		S08 Cd	0.80	0.935	16.80	
		S04 Pb	0.40	0.484	21.00	0.908 08
		S08 Pb	0.80	0.937	17.13	
	180 ℃ 15% KCl 添加剂	S04 Cd	0.40	0.471	17.75	0.931 28
		S08 Cd	0.80	0.914	14.25	
		S04 Pb	0.40	0.479	19.75	0.933 76
		S08 Pb	0.80	0.909	13.60	

续表

模型	条件	样品	$C_{标准}$/%	$C_{反演}$/%	相对误差/%	R^2
内标	常温 无添加剂	S04 Cd	0.40	0.456	14.00	0.934 08
		S08 Cd	0.80	0.899	12.30	
		S04 Pb	0.40	0.448	12.00	0.943 49
		S08 Pb	0.80	0.897	12.13	
	180 ℃ 15% KCl 添加剂	S04 Cd	0.40	0.439	9.75	0.944 52
		S08 Cd	0.80	0.882	11.03	
		S04 Pb	0.40	0.441	10.25	0.953 13
		S08 Pb	0.80	0.895	11.88	

在 LIBS 检测中，元素检测限（Limits of detection，LOD）是定量分析结果的一个重要评价指标，LOD 指通过特定检测方法得到最小分析信号所对应的最低检测浓度。LOD 可表示分析模型的检测能力，LOD 越小，说明检测到的元素浓度越低，检测能力越高。LOD 的计算方法如式（14-1）[217]：

$$LOD = \frac{3\sigma}{K} \tag{14-1}$$

其中，σ 为目标元素周围空白背景信号的标准偏差；K 为分析模型的斜率。对无增强机制下的样品的 LOD 与 180 ℃、15% KCL 添加剂含量的样品 LOD 进行比较，对于底泥样品，常温下无添加剂的样品 Cd 与 Pb 元素的 LOD 分别为 61.74 mg/kg、53.87 mg/kg；180 ℃、15% KCl 添加剂的样品 Cd 与 Pb 元素的 LOD 分别为 52.63 mg/kg、41.90 mg/kg。由此可知，180 ℃、15% KCl 添加剂提高了 Cd 与 Pb 元素的 LOD，相比于常温无添加剂的样品，Cd 与 Pb 元素的 LOD 分别减小了 14.76%、22.22%。因此，升高温度与加入适量的 KCl 添加剂，可提高土壤样品的检测能力，且该方法可广泛应用于粉末样品的 LIBS 检测。

14.2　湿地产物重金属元素的定量分析

分别对 180 ℃、15% KCl 添加剂的白洋淀的荷花、荷叶、荷茎、藕粉样品采用内标法进行定量分析，其原始谱线如图 14-7 所示。由图 14-7 可知，荷不同部位的光谱强度之间的关系为荷茎>荷花>荷叶>藕粉，分析可知，藕粉为雄安购买的可食用产品，故其元素种类最少，且含量最低，光谱强度与光谱密度最小。荷茎长期浸泡于湿地的泥水中，受到底泥与湖水的影响，元素含量较高，故得到的光谱强度最大。荷花与荷叶处于最末端，故对各元素的富集程度相似，得到的光谱强度与光谱密度较高。

分别对不同基体，即荷花、荷叶、荷茎、藕粉 Cd 和 Pb 构建内标模型，图 14-8 为湿地产物 Cd 和 Pb 内标曲线。通过对 Cd 和 Pb 元素浓度的反演，得到了 4 种样品内标法的湿地 Cd、Pb 分析结果，如表 14-3 所示。

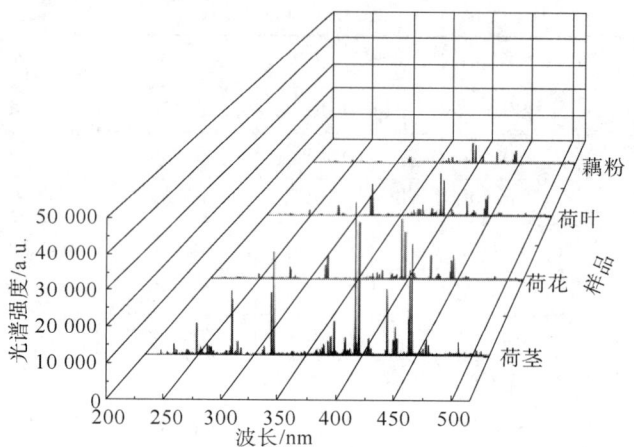

图 14-7　荷花、荷叶、荷茎、藕粉的原始谱线

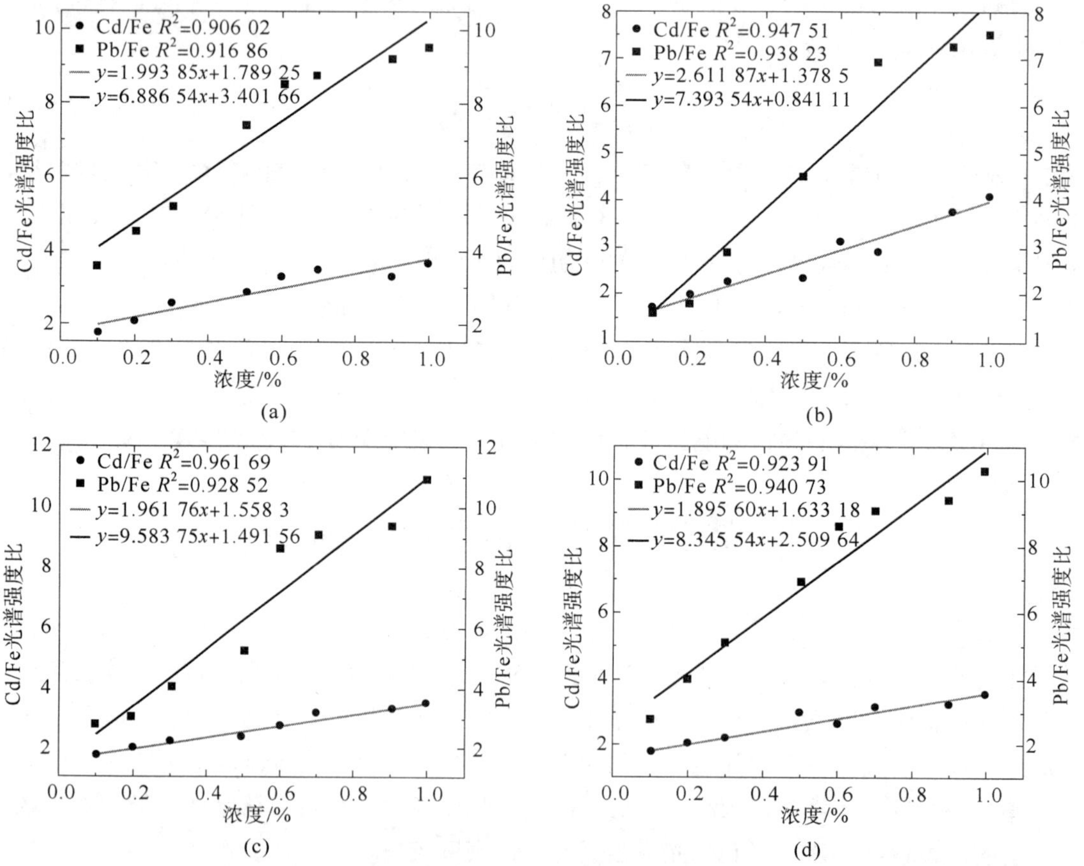

图 14-8　湿地产物 Cd 和 Pb 内标曲线

（a）荷花；（b）荷叶；（c）荷茎；（d）藕粉

表 14-3　内标法的湿地 Cd、Pb 分析结果

样品		$C_{标准}/\%$	$C_{反演}/\%$	相对误差/%	R^2
荷花	S04 Cd	0.40	0.485	21.25%	0.906 02
	S08 Cd	0.80	0.959	19.88%	
	S04 Pb	0.40	0.479	19.75%	0.916 86
	S08 Pb	0.80	0.935	16.25%	
荷叶	S04 Cd	0.40	0.467	16.75%	0.947 51
	S08 Cd	0.80	0.921	15.13%	
	S04 Pb	0.40	0.469	17.25%	0.938 23
	S08 Pb	0.80	0.931	16.38%	
荷茎	S04 Cd	0.40	0.455	13.70%	0.961 69
	S08 Cd	0.80	0.913	14.13%	
	S04 Pb	0.40	0.473	18.25%	0.928 52
	S08 Pb	0.80	0.932	16.50%	
藕粉	S04 Cd	0.40	0.469	17.25%	0.923 91
	S08 Cd	0.80	0.930	16.25%	
	S04 Pb	0.40	0.455	13.75%	0.940 73
	S08 Pb	0.80	0.902	12.75%	

由表 14-3 可知，Cd 和 Pb 的拟合系数均在 0.90 以上，且满足精度要求，但最大值为 0.961 69，因而提高实验的稳定性，进一步增加分析结果的精确度至关重要。

14.3　基于谱线积分面积的双谱线内标法的湿地重金属定量分析

14.3.1　双谱线内标法原理分析

为了改善实验的稳定性，提高湿地底泥与产物的检测精度，通过选取两条内标谱线建立双谱线内标模型，可有效改善光谱强度的波动性。由谱线跃迁产生的原子发射强度式（8-9）可知，对于内标法设定分析谱线强度为 I_a，内标谱线强度 I_r，其强度之比为

$$I_{a/r}=\frac{\dfrac{N_a g_a A_a}{R_a U_a(T)}\cdot\exp\left(-\dfrac{E_a}{k_B T}\right)}{\dfrac{N_r g_r A_r}{R_r U_r(T)}\cdot\exp\left(-\dfrac{E_r}{k_B T}\right)}=\frac{N_a g_a A_a R_r U_r(T)}{N_r g_r A_r R_a U_a(T)}\cdot\exp\left(\frac{E_r-E_a}{k_B T}\right) \tag{14-2}$$

其中，N 为等离子体电子密度；R 为离子数与原子数比值；$U(T)$ 为粒子的配分函数；g 为上能级简并；A 为跃迁概率；E 为上能级能量；T 为等离子体温度；k_B 为 Boltzmann 常数。

内标谱线的选取与分析谱线的关系需满足：具有相同蒸发速率、电子能；原子质量相似；具有相近的激发能与波长。双谱线内标法是通过选取两条内标谱线，并对其进行求和，采用分析谱线与两条内标谱线之和的比与物质含量的浓度构建定标模型，该方法可减小因等离子体温度的变化对光谱强度稳定性的影响，改善光谱信号的稳定性。用 r_1、r_2 分别表示两条内标曲线，此时双谱线内标法的表达式为

$$I_{a/(r_1+r_2)} = \frac{\dfrac{N_a g_a A_a}{R_a U_a(T)} \cdot \exp\left(-\dfrac{E_a}{k_B T}\right)}{\dfrac{N_{r_1} g_{r_1} A_{r_1}}{R_{r_1} U_{r_1}(T)} \cdot \exp\left(-\dfrac{E_{r_1}}{k_B T}\right) + \dfrac{N_{r_2} g_{r_2} A_{r_2}}{R_{r_2} U_{r_2}(T)} \cdot \exp\left(-\dfrac{E_{r_2}}{k_B T}\right)} \tag{14-3}$$

其中，$I_{a/(r_1+r_2)}$ 为分析谱线强度；R 为粒子与原子数量之比，其表达式为

$$R = \frac{n_{II}}{n_I} = \frac{2 U_{II}(T)(2\pi m_e k_B T)^{\frac{3}{2}}}{n_e U_I(T) h^3} \cdot \exp\left(-\frac{E_{ion} - \Delta E_{ion}}{k_B T}\right) \tag{14-4}$$

对于式（14-3），$U_{r_1}(T) = U_{r_2}(T)$，$R_{r_1} = R_{r_2}$，$N_{r_1} = N_{r_2}$，故可表示为 $U_r(T)$，R_r，N_r，故式（14-3）可以表示为

$$I_{a/(r_1+r_2)} = g_a A_a \frac{N_a R_r U_r(T)}{N_r R_a U_a(T)} \cdot \left(g_{r_1} A_{r_1} \exp\frac{E_a - E_{r_1}}{k_B T} + g_{r_2} A_{r_2} \exp\frac{E_a - E_{r_2}}{k_B T}\right)^{-1} \tag{14-5}$$

由式（14-5）可知，等离子体密度和等离子体温度不变时，$I_{a/(r_1+r_2)} = a c_a$，a 为正比例系数。但在实际测量中，N 和 T 不是恒定不变的，对于同一物质同一实验条件下，所得光谱信号的等离子体电子密度和等离子体温度是变化的，对于式（14-5）双谱线内标法右侧两相单调性相反，可以进一步减小因等离子体电子密度和等离子体温度动态变化所导致的光谱强度的波动，故双谱线内标法可提高光谱信号的稳定性，从而提高实验的检测精度。

14.3.2　双谱线内标法对湿地重金属元素的定量分析

采用双谱线内标法对湿地底泥以及产物进行定量分析，选取谱线接近、激发能量接近的基体元素 Sn I 226.89 nm 和 Fe I 229.76 nm 作为 Cd I 228.80 nm 的内标谱线，Ti I 403.06 nm 和 Fe I 406.24 nm 作为 Pb I 405.78 nm 的内标谱线，绘制了 180 ℃、15% KCl 添加剂条件下湿地底泥与产物的 I_{Cd}/I_{Sn+Fe}、I_{Pb}/I_{Ti+Fe} 与 Cd、Pb 浓度的双谱线内标曲线，如图 14-9 所示。

由表 14-2、表 14-4 可知，在 180 ℃、15% KCl 添加剂实验条件下，对于底泥，以 Cd 元素为例，双谱线内标曲线的 R^2 相比于内标法增加了约 0.049，相比于外标法增加了约 0.052，相对误差低于 10%。双谱线内标曲线的拟合系数 R^2、相对误差均优于内标法和外标法。同样，由表 14-2~表 14-4 可知，对于底泥中的 Pb 元素以及产物中的 Cd、Pb 元素，双谱线内标曲线的拟合系数 R^2、相对误差均优于内标法和外标法。由此可见，双谱线内标法可以减小基体与外界环境干扰，提高 LIBS 检测结果的准确性。

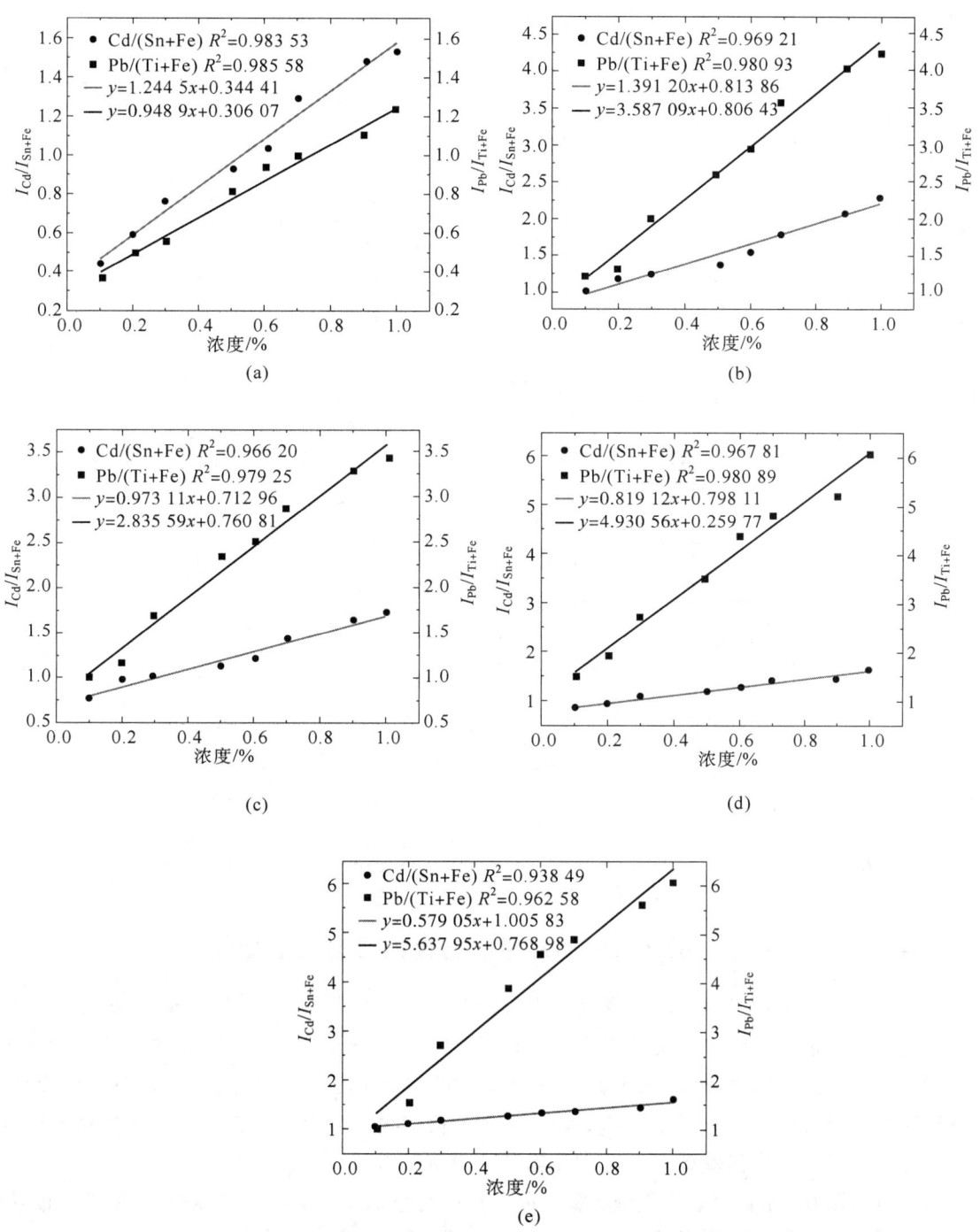

图 14-9　湿地底泥与产物 Cd 和 Pb 双谱线内标曲线

（a）底泥；（b）荷花；（c）荷叶；（d）荷茎；（e）藕粉

表 14-4　双谱线内标法的湿地 **Cd**、**Pb** 分析结果

样品		$C_{标准}$/%	$C_{反演}$/%	相对误差/%	R^2
底泥	S04 Cd	0.40	0.439	9.75	0.983 53
	S08 Cd	0.80	0.877	9.63	
	S04 Pb	0.40	0.437	9.25	0.985 58
	S08 Pb	0.80	0.869	8.63	
荷花	S04 Cd	0.40	0.441	10.25	0.969 21
	S08 Cd	0.80	0.884	10.50	
	S04 Pb	0.40	0.440	11.00	0.980 93
	S08 Pb	0.80	0.875	9.38	
荷叶	S04 Cd	0.40	0.450	12.50	0.966 20
	S08 Cd	0.80	0.891	11.38	
	S04 Pb	0.40	0.437	9.25	0.979 25
	S08 Pb	0.80	0.886	10.75	
荷茎	S04 Cd	0.40	0.448	12.00	0.967 81
	S08 Cd	0.80	0.889	11.13	
	S04 Pb	0.40	0.435	8.75	0.980 89
	S08 Pb	0.80	0.873	9.13	
藕粉	S04 Cd	0.40	0.457	14.24	0.938 49
	S08 Cd	0.80	0.892	11.50	
	S04 Pb	0.40	0.451	12.75	0.962 58
	S08 Pb	0.80	0.879	9.88	

14.3.3　基于谱线积分面积的双谱线内标法对湿地重金属定量分析

　　上节通过理论与实验得出了双谱线内标法对于湿地底泥与产物的 Cd 和 Pb 元素的定量分析模型，双谱线内标法提高了谱线强度的稳定性，减小了反演浓度的相对误差，提高了模型的 R^2。在实际测量中，某一波长的强度无法代表真正的强度，为了减小谱线漂移、谱线线型、谱线展宽对分析精度的影响，采用分析谱线积分面积结合双谱线内标法对湿地 Cd 和 Pb 元素浓度构建模型，可进一步提高检测精度。

　　本节选取 0.5 nm 为谱线积分面积区间长度，分别对 180 ℃、15% KCl 添加剂的底泥、荷花、荷叶、荷茎、藕粉样品中的 Cd、Pb 元素绘制基于谱线积分面积的双谱线内标曲线，如图 14-10 所示。选取 Cd I 228.80 nm、Pb I 405.75 nm 作为分析谱线，Sn I 226.89 nm 和 Fe I 229.76 nm、Ti I 403.06 nm 和 Fe I 406.24 nm 分别作为 Cd 与 Pb 元素内标谱线。

　　由表 14-5 基于谱线积分面积的双谱线内标法的湿地 Cd、Pb 分析结果显示，相比于内标法与双谱线内标法的 Cd、Pb 定标模型，基于谱线积分面积的双谱线内标法的 Cd、Pb

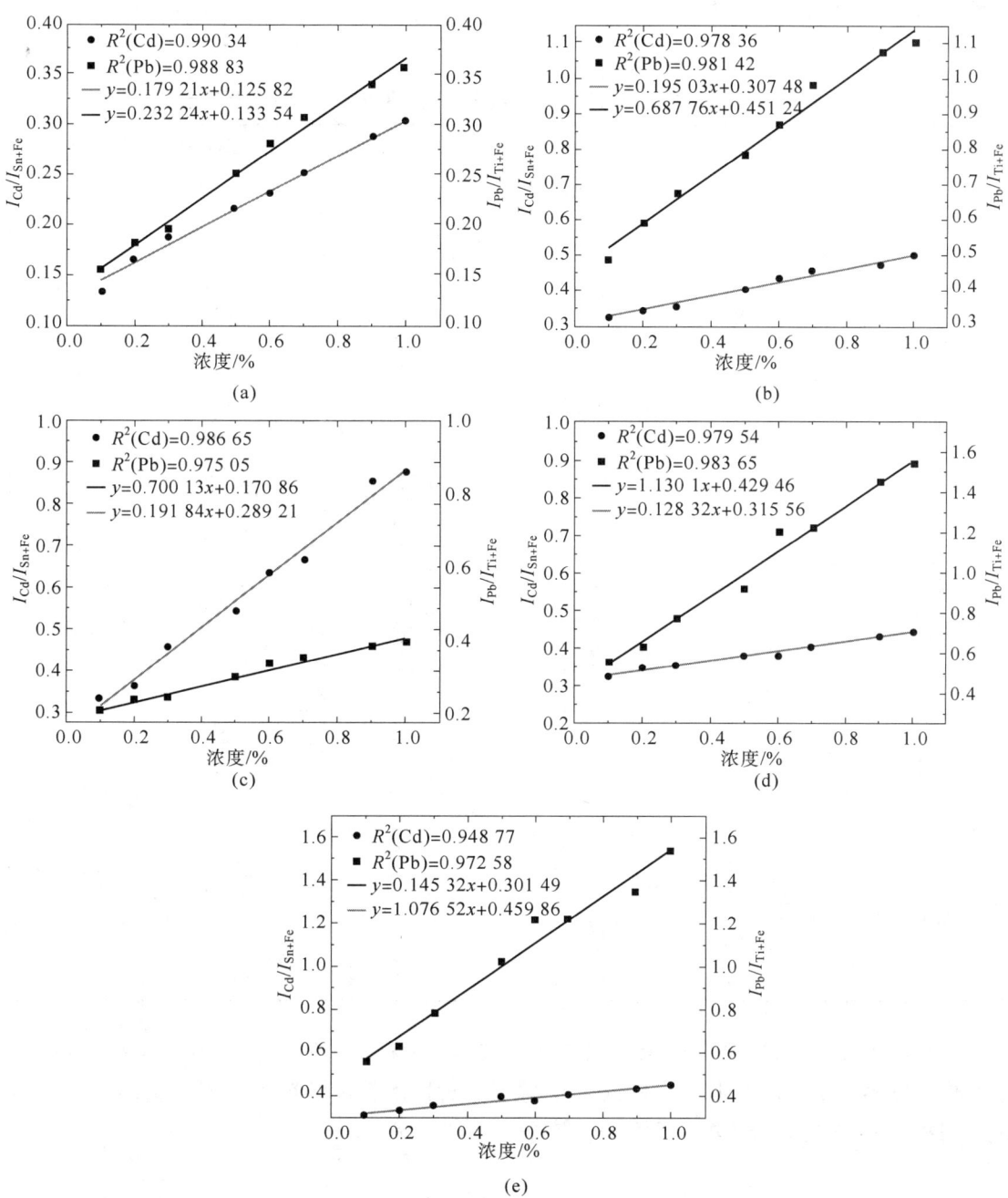

图 14-10　湿地底泥与产物 Cd 和 Pb 基于谱线积分面积的双谱线内标曲线
（a）底泥；（b）荷花；（c）荷叶；（d）荷茎；（e）藕粉

元素的定标模型 R^2 均有所提高。对于不同的样品基体，相同元素谱线反演结果的相对误差均有所降低。对于内标法的分析结果，该方法的底泥 Cd、Pb 元素拟合系数增加了 0.056 26、0.045 34，荷叶基体拟合系数增加了 0.072 34、0.064 56，荷花基体拟合系数增加了 0.039 14、0.036 82，荷茎基体拟合系数增加了 0.017 85、0.055 13，藕粉基体拟合系数增加了 0.024 86、0.031 85，因此该方法可提高土壤、植物、食品等 LIBS 技术的定标模型拟合系数。

表 14-5　基于谱线积分面积的双谱线内标法的湿地 Cd、Pb 分析结果

样品		$C_{标准}$/%	$C_{反演}$/%	相对误差/%	R^2
底泥	S04 Cd	0.40	0.421	5.250	0.990 34
	S08 Cd	0.80	0.859	7.375	
	S04 Pb	0.40	0.427	6.750	0.988 83
	S08 Pb	0.80	0.869	8.375	
荷花	S04 Cd	0.40	0.433	8.250	0.978 36
	S08 Cd	0.80	0.871	8.875	
	S04 Pb	0.40	0.429	7.250	0.981 42
	S08 Pb	0.80	0.875	8.750	
荷叶	S04 Cd	0.40	0.430	7.500	0.986 65
	S08 Cd	0.80	0.873	9.125	
	S04 Pb	0.40	0.431	7.750	0.975 05
	S08 Pb	0.80	0.870	8.750	
荷茎	S04 Cd	0.40	0.435	8.75	0.979 54
	S08 Cd	0.80	0.871	8.875	
	S04 Pb	0.40	0.432	8.000	0.983 65
	S08 Pb	0.80	0.867	8.375	
藕粉	S04 Cd	0.40	0.441	10.250	0.948 77
	S08 Cd	0.80	0.887	10.875	
	S04 Pb	0.40	0.435	8.750	0.972 58
	S08 Pb	0.80	0.871	8.875	

实验结果表明，采用基于谱线积分面积的双谱线内标法可进一步减小外标法、内标法的光谱强度不稳定、谱线偏移、谱线线型与展宽对检测精度的影响，获得更高的拟合精度，对提高 LIBS 定量分析的检测精度存在重大意义。

14.4　基于多元统计分析的湿地底泥和水产品重金属元素分析

14.4.1　湿地底泥和水产品之间重金属元素的相关性分析

相关性分析可以对变量之间的密切程度用数值进行表示，本节应用 Pearson 积差相关分析法，其中相关系数绝对值与其对应的相关程度如表 14-6 所示。

表 14-6　相关系数绝对值与其对应的相关程度

相关系数绝对值	相关程度
0.8~1.0	极强相关
0.6~0.8	强相关
0.4~0.6	中等相关
0.2~0.4	弱相关
0.0~0.2	较弱相关

　　在湿地底泥中，形成重金属污染的潜在污染源众多，本节对湿地底泥、藕粉和鱼鳃重金属变量作相关性分析，如图 14-11 所示。

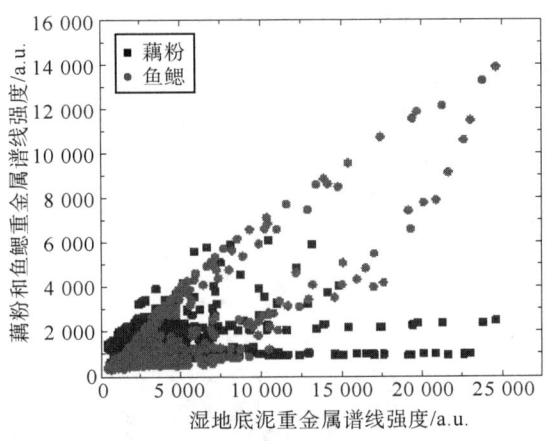

图 14-11　湿地底泥、藕粉和鱼鳃重金属变量的相关性

　　结果表明，湿地底泥、藕粉和鱼鳃中的重金属含量成正相关的关系，并且对于同一种重金属元素来说，其含量的变化呈现相似的规律，即湿地底泥>鱼鳃>藕粉，说明这些重金属元素有着向底层迁移富集的规律。

　　在置信度（双尾）为 0.01 时，相关性是显著的。典型湿地底泥、鱼鳃和藕粉之间的相关系数如表 14-7 所示，湿地底泥和藕粉的相关系数为 0.351，湿地底泥和鱼鳃之间的相关系数为 0.861，鱼鳃和藕粉之间的相关系数为 0.355。由评判标准可知，湿地底泥和藕粉之间属于弱相关性，鱼鳃和藕粉之间属于弱相关性，即湿地底泥和鱼鳃中重金属成分的变化对藕粉没有太大的影响，分析可能的原因有两点：其一，实验所用藕粉为市面上买的白洋淀出产的藕粉，其经过工艺过程的加工，所含重金属含量和成分都受到了影响；其二，藕粉为食用级别的商品，其重金属含量很低，所用仪器的检测限不够精确，没有完成精准的检测。湿地底泥和鱼鳃之间属于极强相关性，表明鱼鳃体内的重金属含量和成分随着湿地底泥的变化而变化，呈现正相关的趋势，且湿地底泥中的重金属含量和成分均高于鱼鳃体内，表明重金属在湿地底泥和鱼鳃之间的传递性为湿地底泥>鱼鳃>藕粉。

表 14-7　典型湿地底泥、鱼鳃和藕粉之间的相关系数

样品	湿地底泥	鱼鳃	藕粉
湿地底泥	1		
鱼鳃	0.861	1	
藕粉	0.351	0.335	1

14.4.2　不同湿地底泥相关性分析

在湿地底泥中，重金属有很多不同的污染源。同一湿地底泥如果受到相同或者相近的污染物的影响，那么整体就会表现较强的相关性。首先，作出湿地底泥中其余各重金属随 Cu 的变化情况；其次，对湿地底泥中各重金属元素作相关性分析。

首先通过画出的散点图判断出湿地底泥中的重金属整体呈现正相关的趋势。之后选用 Pearson's r 分析，通过对土壤重金属之间的相关性进行分析判断其污染源[218]。分析结果，由图 14-12 可知，龙王淀湿地底泥中各重金属之间呈现一个正相关的趋势。

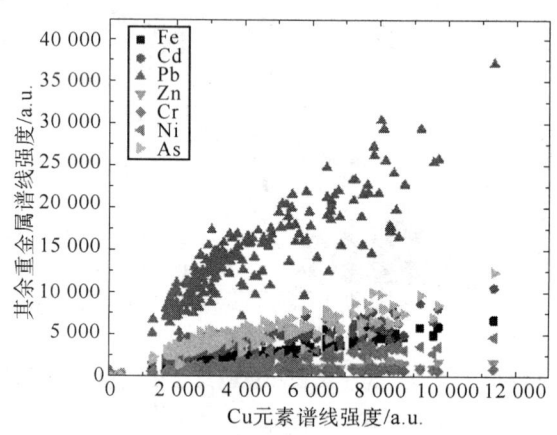

图 14-12　龙王淀各重金属元素变化趋势（书后附彩插）

在置信度（双尾）为 0.01 时，相关性是显著的。由表 14-8 可知，Fe-Cu、Pb-As、Fe-Cd、Fe-Pb、Fe-As、Cu-Ni、Cd-Pb、Cd-As 的相关系数均在 0.90 以上，具有极强的相关性；Fe-Zn、Fe-Ni、Cu-Cd、Cu-Pb、Cu-Zn、Cu-As、Zn-Ni、Ni-As 的相关系数为 0.8~0.9，相关性极强；Cd-Zn、Cd-Cr、Cd-Ni、Pb-Zn、Pb-Cr、Pb-Ni、Zn-As、Cr-As 的相关系数均为 0.6~0.8，相关性强；Fe-Cr、Cu-Cr、Zn-Cr、Cr-Ni 的相关系数为 0.4~0.6，中等相关。

表 14-8　龙王淀各重金属间相关性分析

重金属	Fe	Cu	Cd	Pb	Zn	Cr	Ni	As
Fe	1							
Cu	0.96	1						
Cd	0.90	0.84	1					
Pb	0.91	0.88	0.92	1				

续表

重金属	Fe	Cu	Cd	Pb	Zn	Cr	Ni	As
Zn	0.86	0.89	0.72	0.70	1			
Cr	0.53	0.48	0.68	0.65	0.44	1		
Ni	0.87	0.94	0.74	0.75	0.88	0.45	1	
As	0.90	0.88	0.92	0.97	0.75	0.67	0.80	1

　　湿地底泥中不同重金属之间相关程度越高,证明它们来自同一污染源的概率越大。重金属 Fe、Cd、Pb、As 两两之间相关系数均在 0.9 以上,意味着这 4 种金属可能具有相似来源;Cu、Zn、Ni 之间相关系数均在 0.85 以上,意味着这 3 种重金属有相似污染源;Cr 和其他重金属之间相关系数都在 0.7 以内,相关性弱,Cr 可能有单独污染源。

　　通过对图 14-13 分析可知,麦淀湿地底泥中各重金属之间呈现一个正相关的趋势。

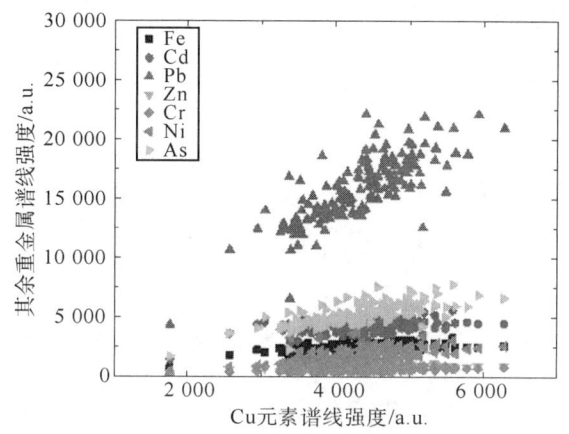

图 14-13　麦淀各重金属元素变化趋势（书后附彩插）

　　在置信度（双尾）为 0.01 时,相关性是显著的。由表 14-9 可知,Pb-As 相关系数为 0.95,有极强的相关性;Fe-Cd、Cu-Pb、Cu-As 相关系数为 0.8~0.9,相关性较强;Fe-Cu、Fe-Zn、Fe-Cr、Fe-As、Cu-Cd、Cu-Ni、Cd-Pb、Cd-Zn、Cd-Cr、Cd-As、Zn-Cr、Pb-Ni 相关系数均为 0.6~0.8,相关性强;Fe-Pb、Cu-Zn、Cu-Cr、Pb-Zn、Pb-Cr、Zn-As、Cr-As、Ni-As 相关系数为 0.4~0.6,中等相关;Ni 与 Fe、Cd、Cr、Zn 之间相关系数均在 0.3 以下,相关性弱。重金属 Pb、As、Cu 相关系数在 0.8 以上,有较强的相关性,证明有相同或者相似的污染源;Fe、Cr、Zn、Cd 两两相关系数均在 0.6 以上,意味着这 4 种金属可能具有相同或相似的污染源;而 Ni 和其他重金属相关系数大都在 0.3 以内,相关性弱,Ni 可能有单独的污染源。

表 14-9　麦淀各重金属间相关性分析

重金属	Fe	Cu	Cd	Pb	Zn	Cr	Ni	As
Fe	1							
Cu	0.64	1						
Cd	0.89	0.64	1					

续表

重金属	Fe	Cu	Cd	Pb	Zn	Cr	Ni	As
Pb	0.59	0.84	0.70	1				
Zn	0.78	0.53	0.75	0.51	1			
Cr	0.69	0.55	0.69	0.57	0.74	1		
Ni	0.20	0.64	0.24	0.60	0.15	0.22	1	
As	0.65	0.81	0.73	0.95	0.55	0.59	0.56	1

通过对图 14-14 分析可知，王家寨湿地底泥中不同重金属之间呈现一个正相关的趋势。

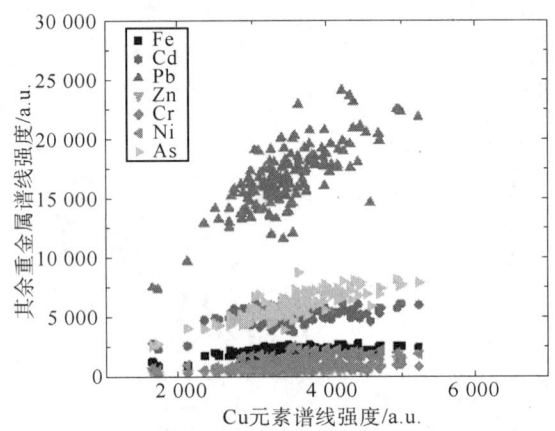

图 14-14　王家寨各重金属元素变化趋势（书后附彩插）

在置信度（双尾）为 0.01 时，相关性是显著的。由表 14-10 可知，Pb-As 相关系数为 0.90，有极强的相关性；Fe-Cd、Cu-Pb、Cu-As 相关系数为 0.8~0.9，有极强相关性；Fe-Cu、Fe-Pb、Fe-Cr、Fe-As、Cu-Zn、Cu-Ni、Cd-Pb、Cd-Cr、Ni-As、Pb-Cr 相关系数均为 0.6~0.8，相关性强；Fe-Zn、Cu-Cd、Cu-Cr、Cd-Zn、Cd-As、Pb-Zn、Pb-Ni、Zn-Cr、Zn-As、Cr-Ni、Cr-As 相关系数为 0.4~0.6，中等相关，相关性不够明显；Fe-Ni、Zn-Ni 相关系数为 0.2~0.4，Cd 和 Ni 相关系数为 0.08，均可认为不具有相关性。

表 14-10　王家寨各重金属间相关性分析

重金属	Fe	Cu	Cd	Pb	Zn	Cr	Ni	As
Fe	1							
Cu	0.67	1						
Cd	0.82	0.50	1					
Pb	0.68	0.80	0.68	1				
Zn	0.56	0.67	0.44	0.51	1			
Cr	0.70	0.55	0.63	0.62	0.53	1		
Ni	0.33	0.71	0.08	0.57	0.38	0.40	1	
As	0.61	0.86	0.47	0.90	0.52	0.53	0.73	1

重金属 Pb、As、Cu 之间相关系数在 0.8 以上，有较强的相关性，证明有相同或者相似的污染源；Fe、Cr、Cd 之间相关系数均在 0.6 以上，意味着这 3 种金属可能具有相同或相似的污染源；Zn 和其他重金属相关性不高，可能有单独的污染源；而 Ni 和其他重金属相关系数较低，Ni 可能有单独的污染源。

对不同的湿地底泥进行分类分析，各种湿地底泥重金属含量相关分析结果如表 14-8、表 14-9、表 14-10 所示。龙王淀可分为 3 种不同的污染源，Fe、Cd、Pb、As 可能来自同一污染源，Cu、Zn、Ni 可能属于同一污染源，Cr 可能有单独污染源；麦淀可分为 3 种污染源，第一种 As、Pb、Cu，第二种 Fe、Cr、Zn、Cd，第三种 Ni；王家寨中可分为 3 种不同的污染源，Pb、As、Cu 有相同或者相似的污染源，Fe、Cr、Cd 这 3 种重金属可能具有相同或相似的污染源，Zn 和 Ni 与其他重金属相关性不高，可能分别有单独的污染源。

14.4.3　湿地底泥和水产品之间重金属元素的主成分分析

主成分分析可以将多维数据降低到低维数据，同时期望在此维度上数据的方差最大，来减少使用的数据维度，同时保留较多的原数据点的特性。KMO（Kaiser-Meyer-Olkin）检验统计量常用来作因子分析，越接近 1，证明变量间相关性越高；反之，越接近 0，变量间相关性越低。本节用主成分分析对不同湿地底泥和水产品之间重金属的种类进行了判别，能够对它们之间的重金属元素的传递性有一个更精准的认识。

如表 14-11 所示，选取不同湿地底泥的 KMO 值均在 0.80~0.90，且巴特利特球形检验的结果，即显著性小于 0.05，由此可知，对湿地底泥和水产品重金属分析可以用因子分析。

表 14-11　不同湿地底泥 KMO 以及显著性分析

采样点	龙王淀	鱼鳃	藕粉
KMO	0.85	0.83	0.88
显著性	0.000 1	0.000 1	0.000 1

不同湿地底泥和水产品中的重金属主成分特征值和贡献率情况如图 14-15 所示，数据中只保存了特征值大于 1 的因子作为主成分。其中，对于龙王淀来说，第一主成分（PC1 或者组件 1）特征值和贡献率分别为 6.53 和 81.61%，第二主成分（PC2 或者组件 2）特征值和贡献率分别为 1.28 和 10.09%；对于鱼鳃来说，PC1 特征值和贡献率分别为 6.29 和 63.13%，PC2 特征值和贡献率分别为 1.16 和 18.60%；对于藕粉来说，PC1 特征值和贡献率分别为 5.05 和 78.59%，PC2 特征值和贡献率分别为 1.49 和 6.99%。选取的两个主成分，它们的累积贡献率能达到 80% 以上。

通过查阅 NIST 数据库，选取的不同重金属元素对应的波长分别为 As I 238.04 nm、Zn I 307.58 nm、Pb I 280.17 nm、Ni I 361.04 nm、Cr I 425.32 nm、Cu I 324.78 nm、Cd I 288.08 nm、Fe I 309.27 nm。

图 14-16、图 14-17、图 14-18 以及表 14-12 给出了不同湿地底泥和水产品中重金属含量旋转载荷以及各主成分因子载荷比例。对于龙王淀来说，PC1 中 Fe、Cd、Pb、Cu、As、Ni、Zn 的载荷较高，均在 0.85 以上，可推测 7 种重金属有相近的污染源；Cr 与 PC2 有较好的相关性。对于鱼鳃来说，PC1 中 Fe、Cd、Cr、Zn、As 载荷均在 0.85 以上，可推

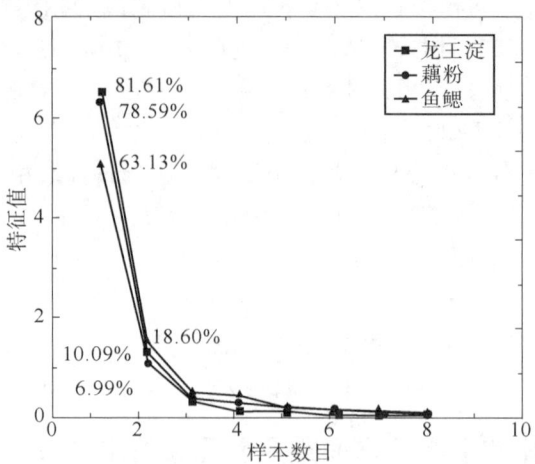

图 14-15　不同湿地底泥和水产品中的重金属主成分特征值和贡献率情况

测它们来自同一污染源；Pb、Cu 与 PC2 有较高的相关性，但两者相差较大。对于藕粉来说，PC1 中 Fe、Zn、As、Cd、Pb、Ni 载荷均在 0.85 以上，可推测 6 种重金属有相近的污染源，而与 PC2 相关性都较差。

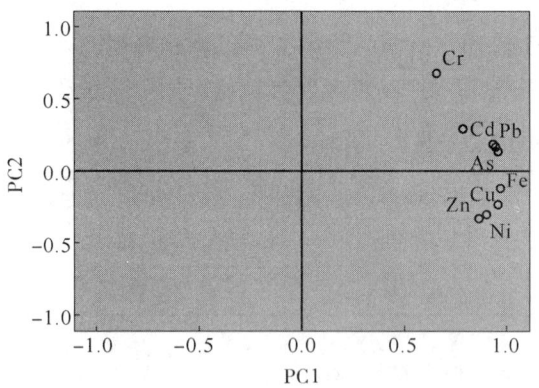

图 14-16　龙王淀中重金属含量旋转载荷

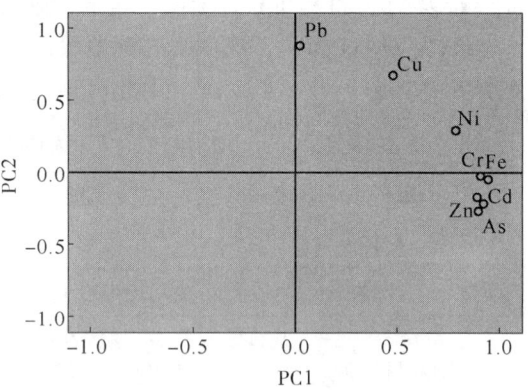

图 14-17　鱼鳃中重金属含量旋转载荷

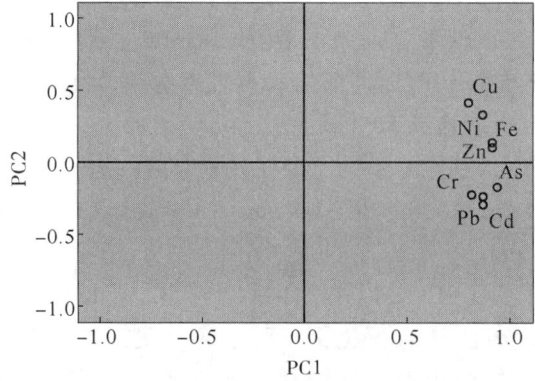

图 14-18　藕粉中重金属含量旋转载荷

表 14-12　湿地底泥和水产品中重金属各主成分因子载荷比例

重金属	各主成分因子载荷比例					
	龙王淀 PC1	龙王淀 PC2	鱼鳃 PC1	鱼鳃 PC2	藕粉 PC1	藕粉 PC2
Fe	0.968	-0.121	0.914	-0.007	0.927	0.130
Cu	0.960	-0.230	0.486	0.681	0.812	0.442
Cd	0.932	0.185	0.925	-0.204	0.882	-0.297
Pb	0.942	0.167	0.02	0.895	0.879	-0.267
Zn	0.869	-0.334	0.899	-0.156	0.927	0.109
Cr	0.659	0.669	0.940	-0.030	0.831	-0.233
Ni	0.897	-0.313	0.788	0.305	0.878	0.330
As	0.958	0.144	0.899	-0.252	0.948	-0.173

PC1、PC2 分别代表了两种不同的污染源。对于龙王淀来说，能够划分为两种污染源，第一种是 Fe、Cd、Pb、Cu、As、Ni、Zn，第二种是 Cr；对于鱼鳃来说，可以分为四种不同的污染源，第一种是 Fe、Cd、Cr、Zn、As，第二种是 Pb，第三种是 Cu，第四种是 Ni；对于藕粉来说，可以分为三种不同的污染源，第一种是 Fe、Zn、As、Cd、Pb、Ni，第二种是 Cu，第三种是 Cr。

14.4.4　不同湿地底泥主成分分析

通过主成分分析法对不同湿地底泥重金属元素数据进行分析，从而了解研究区域内底泥重金属污染来源的情况。

本节 KMO 统计量值均为 0.80 ~ 0.85，如表 14-13 所示，巴特利特球形检验的结果，即显著性小于 0.05，表明不同湿地底泥均适用于作因子分析。

表 14-13　不同湿地底泥 KMO 以及显著性分析

采样点	龙王淀	麦淀	王家寨
KMO	0.85	0.83	0.80
显著性	0.000 1	0.000 2	0.000 1

图 14-19 表示了不同湿地底泥中的重金属主成分特征值和贡献率情况，数据中只保存了特征值大于 1 的因子作为主成分。其中，对于龙王淀来说，PC1 和 PC2 特征值分别为 6.53 和 1.28，贡献率分别为 81.61% 和 10.09%；对于麦淀来说，PC1 和 PC2 特征值分别为 5.35 和 1.36，贡献率分别为 66.89% 和 16.97%；对于王家寨来说，PC1 和 PC2 的特征值分别为 5.18 和 1.23，贡献率分别为 64.69% 和 15.31%。

图 14-20、图 14-21 以及表 14-14 给出了不同湿地底泥中重金属含量旋转载荷以及各主成分因子载荷比例，PC1、PC2 分别代表了重金属的两种差别比较大的污染源。对于龙王淀来说，第一主成分（PC1）中 Fe、Cd、Pb、Cu、As 载荷较高，均在 0.9 以上，可能

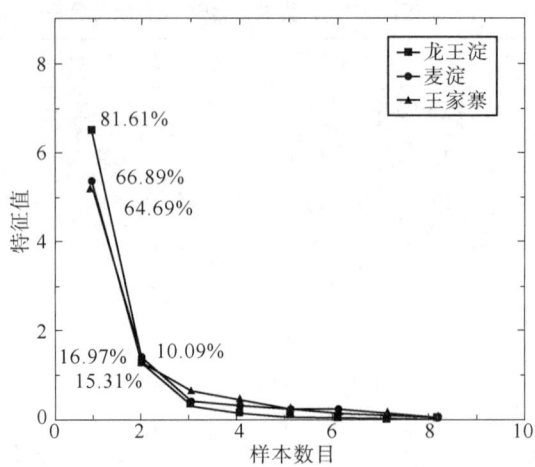

图 14-19 不同湿地底泥中的重金属主成分特征值和贡献率情况

来自同一污染源；Ni、Zn 的载荷均在 0.85 以上，可推测两种重金属有相近的污染源；Cr
与第二主成分（PC2）有较好的相关性。对于麦淀来说，PC1 中 As、Fe、Cu、Cd、Pb 载
荷均在 0.85 以上，可推测 5 种重金属有相近的污染源；Zn、Cr 载荷为 0.75~0.8，可推测
这两种重金属有相近的污染源；Ni 有单独的污染源。对于王家寨来说，PC1 中 Fe、Pb、
Cu、As、Cd 载荷均在 0.85 以上，可推测 5 种重金属有相近的污染源；Zn、Cr 载荷均在
0.70 以上，可推测两种重金属有相近的污染源；Ni 有单独的污染源。

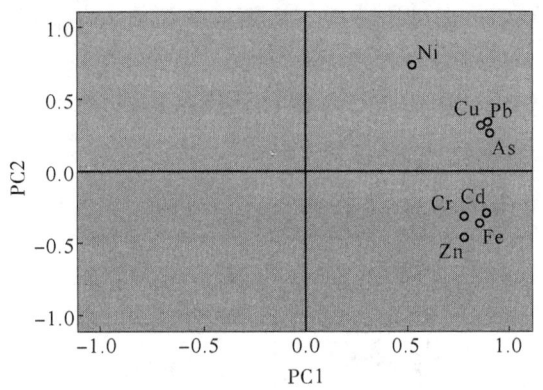

图 14-20 麦淀中重金属含量旋转载荷

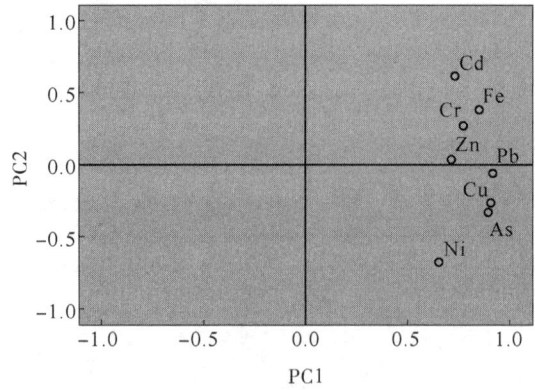

图 14-21 王家寨中重金属含量旋转载荷

表 14-14 不同湿地底泥中重金属各主成分因子载荷比例

重金属	各主成分因子载荷比例					
	龙王淀 PC1	龙王淀 PC2	麦淀 PC1	麦淀 PC2	王家寨 PC1	王家寨 PC2
Fe	0.968	−0.121	0.852	−0.367	0.850	0.387
Cu	0.960	−0.230	0.866	0.321	0.903	−0.262
Cd	0.932	0.185	0.884	−0.291	0.863	−0.610

续表

重金属	各主成分因子载荷比例					
	龙王淀 PC1	龙王淀 PC2	麦淀 PC1	麦淀 PC2	王家寨 PC1	王家寨 PC2
Pb	0.942	0.167	0.887	0.325	0.909	−0.057
Zn	0.869	−0.334	0.780	−0.460	0.710	0.041
Cr	0.659	0.669	0.783	−0.326	0.769	0.281
Ni	0.897	−0.313	0.519	0.738	0.652	0.666
As	0.958	0.144	0.903	0.259	0.885	−0.326

通过对不同湿地底泥重金属元素主成分分析，确定了其重金属的污染状况，其中龙王淀可分为三种污染源，Fe、Cd、Pb、Cu、As 为第一种，Ni、Zn 为第二种，Cr 代表了第三种；麦淀可分为三种污染源，As、Fe、Cu、Cd、Pb 为第一种，Zn、Cr 为第二种，Ni 代表了第三种；王家寨可分为三种污染源，Fe、Pb、Cu、As、Cd 为第一种，Zn、Cr 为第二种，Ni 代表了第三种。

14.4.5　湿地底泥和水产品之间重金属元素的聚类分析

聚类分析是一种根据样品自己本身的属性进行分类的多元统计分析法，主要依据相似或不同的特性定量地对样品进行亲疏关系的判定，以此进行分类判别[219]。

对被测湿地底泥以及水产品中的 Cd、Cu、Ni、Pb、Zn、Fe、Cr、As 8 种重金属进行聚类分析，用平均连接法聚类，得到不同湿地底泥以及水产品中重金属元素聚类分析树状图，如图 14-22、图 14-23、图 14-24 所示。

从树状图中看出，龙王淀分为两种不同污染源，第一种是 Zn、Cr、Fe、Pb、Cd、As、Cu，第二种是 Ni；鱼鳃能分为三种不同污染源，第一种是 Fe、Zn、Cd、As、Cr、Ni，第二种是 Cu，第三种是 Pb；藕粉也能分为三种不同污染源，第一种是 Cd、Cr、Pb、As、Fe、Zn，第二种是 Ni，第三种是 Cu。

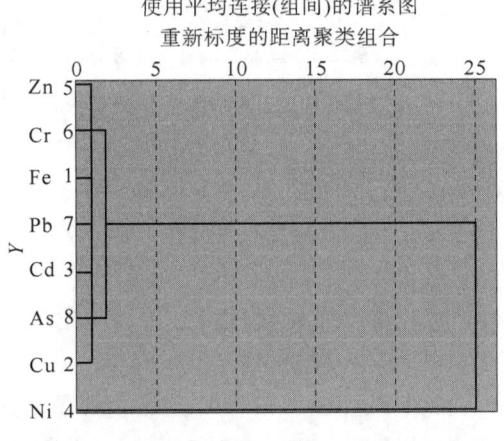

图 14-22　龙王淀中重金属元素聚类分析

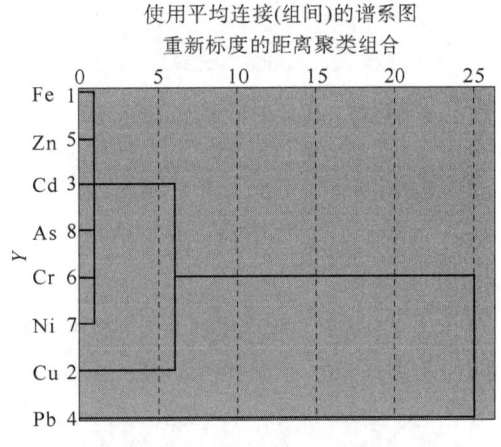

图 14-23　鱼鳃中重金属元素聚类分析

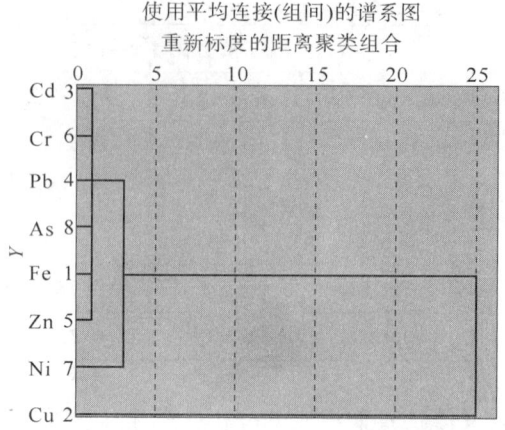

图 14-24　藕粉中重金属元素聚类分析

14.4.6　不同湿地底泥聚类分析

对被测湿地底泥中的 Cd、Cu、Ni、Pb、Zn、Fe、Cr、As 8 种重金属进行了聚类分析，使用平均连接法聚类，得到了不同湿地底泥中重金属元素聚类树状图，如图 14-25、图 14-26 所示。

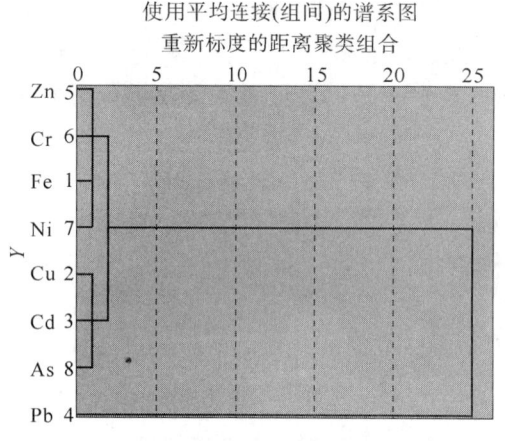

图 14-25　麦淀中重金属聚类分析

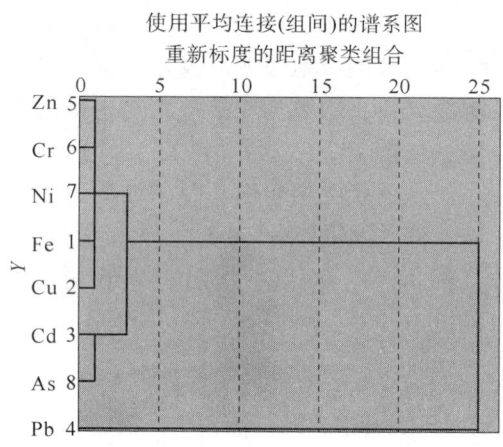

图 14-26　王家寨中重金属聚类分析

对于麦淀污染源来说，第一种是 Zn、Cr、Fe、Ni，第二种是 Cu、Cd、As，第三种是 Pb；对于王家寨污染源来说，第一种是 Zn、Cr、Ni、Fe、Cu，第二种是 Cd、As，第三种是 Pb。

通过应用三种多元统计方法对湿地底泥以及水产品的重金属元素进行分析，得出了三种分析方法的一个总结果：龙王淀分为两种不同污染源，第一种是 Zn、Cr、Fe、Pb、Cd、As、Cu，第二种是 Ni；麦淀分为三种污染源，第一种是 Zn、Cr、Fe、Ni，第二种是 Cu、Cd、As，第三种是 Pb；王家寨分为三种污染源，第一种是 Zn、Cr、Ni、Fe、Cu，第二种是 Cd、As，第三种是 Pb；鱼鳃分为三种污染源，第一种是 Fe、Zn、Cd、As、Cr、Ni，第二种是 Cu，第三种是 Pb；藕粉分为三种污染源，第一种是 Cd、Cr、Pb、As、Fe、Zn，第二种是 Ni，第三种是 Cu。

对三种方法进行综合分析，结果表明：Fe、Cu、Pb、As、Cd 等污染严重，其中 Cu 重金属元素的污染主要是由于农药化合物和化肥的使用，Pb 主要来自汽车尾气，As 含量较高的地方可能是受施肥种类及次数所影响，Cd 主要来自工业废水、废料和汽油[220]。对于水产品和龙王淀来说，它们重金属污染来源近似，证明它们之间具有一定的相关性，按其来源可以分为三种：Fe、Pb、As 为第一种，其来源较多，主要是人为操作结合自然环境的结果；Cu 为第二种，其多来源于工业废水、印刷厂等地；Cr 为第三种。

14.5　湿地底泥重金属分布及污染评价

14.5.1　湿地底泥重金属含量特征

不同湿地底泥重金属含量如表 14-15 所示，由表可知，不同湿地底泥重金属变化有所不同，Cd 的含量为 0.5~3.5 g/kg，Cu 的含量为 0.5~3.0 g/kg，结果表明不同重金属在区域分布上具有较大的相似性，但是土壤对重金属吸附力又有所不同。

表 14-15　不同湿地底泥重金属含量

采样点	龙王淀	麦淀	王家寨
Cd/($g \cdot kg^{-1}$)	0.63	0.98	1.13
Cu/($g \cdot kg^{-1}$)	0.56	0.83	0.93

从各元素平均含量分布的地区来看，王家寨重金属元素浓度较高，分析原因如下：其位于入淀口的位置，历年来污染比较严重，泥层较厚，淀内垃圾也未进行统一填埋等处理。

14.5.2　湿地底泥重金属污染特征与生态风险评价

地质累积指数 I_{geo} 综合考虑了人为活动和自然因素的影响，德国科学家 Muller 在 1969 年提出了地质累积指数法[221]，它是评判重金属污染程度的指标之一，公式为

$$I_{geo} = \log_2 \frac{C_n}{kB_n} \qquad (14-6)$$

其中，C_n 表示元素 n 的浓度，单位为 mg/kg；B_n 为元素 n 的地球化学背景值，其中 Cd 为 0.094 mg/kg，Cr 为 68.3 mg/kg，Cu 为 21.8 mg/kg，Pb 为 21.5 mg/kg；k 用于校正区域背景值差异，一般取 1.5。

污染等级判别如表 14-16 所示，白洋淀湿地底泥重金属的 I_{geo} 和污染等级如表 14-17 所示。由表 14-16 和表 14-17 可知，Cd 污染较为严重，总体为偏重污染；Cu 总体为偏重度污染。整体分析，湿地底泥中重金属污染主要是 Cd 元素造成的污染。经调查可知，重金属污染最高点为入湖河道处，也就是说，湖口处重金属容易堆积，一般来说会高于湖区。

表 14-16　污染等级判别

I_{geo}	污染等级
$I_{geo} < 0$	0 级，清洁
$0 \leq I_{geo} < 1$	1 级，轻度污染
$1 \leq I_{geo} < 2$	2 级，偏重度污染
$2 \leq I_{geo} < 3$	3 级，重度污染
$3 \leq I_{geo} < 4$	4 级，偏重污染
$4 \leq I_{geo} \leq 5$	5 级，严重污染
$I_{geo} > 5$	6 级，极重污染

表 14-17　白洋淀湿地底泥重金属的 I_{geo} 和污染等级

采样点	龙王淀	麦淀	王家寨
Cd I_{geo}	3.65	3.84	3.90
污染等级	4	4	4
Cu I_{geo}	1.23	1.40	1.45
污染等级	2	2	2

参 考 文 献

［1］王创新. 大气污染环境监测与治理研究［J］. 经济管理综述, 2018, 547（38）: 165-166.

［2］李雪. 大气污染治理形势及其存在问题和建议［J］. 资源节约与环保, 2018（9）: 66.

［3］Hui J, Guo H, Gao X, et al. Selective and sensitive electrochemical sensing of gastrodin based on nickel foam modified with reduced graphene oxide/silver nanoparticles complex-encapsulated molecularly imprinted polymers［J］. Sensors & Actuators B Chemical, 2018（277）: 14-21.

［4］Cook K D, Bennett K H, Haddix M L. On-line mass spectrometry: a faster route to process monitoring and control［J］. Industrial & Engineering Chemistry Research, 2012, 38（4）: 1192-1204.

［5］Pang X, Zhang Y, Qiu J, et al. Coupled multidimensional GC and odor activity value calculation to identify off-odors in thermally processed muskmelon juice［J］. Food Chemistry, 2019（301）: 125307.

［6］刘军, 冯艳君, 刘中军. 基于化学发光检测法的氮氧化物气体分析仪［J］. 仪表技术与传感器, 2008（3）: 83-84.

［7］Heland J, Haus R, SchaFer K. Remote sensing and analysis of trace gases from hot aircraft engine plumes using FTIR-emission-spectroscopy［J］. Science of the Total Environment, 1994（158）: 85-91.

［8］Pundt I, Mettendorf K, Laepple T, et al. Measurements of trace gas distributions using Long-path DOAS-Tomography during the motorway campaign BAB II: experimental setup and results for NO_2［J］. Atmospheric Environment, 2005, 39（5）: 967-975.

［9］逯美红, 郝瑞宇, 王志军, 等. 光声光谱技术进行气体检测研究综述［J］. 长治学院学报, 2011, 28（5）: 29-32.

［10］高彦伟, 张玉钧, 陈东, 等. 基于可调谐半导体激光吸收光谱的氧气浓度测量研究［J］. 光学学报, 2016, 408（3）: 267-273.

［11］Alfano R R, Shapiro S L. Emission in the region 4000 to 7000 via four-photon coupling in glass［J］. Physical Review Letters, 1970, 24（11）: 584-587.

［12］Hinkley E D. High-resolution inferred spectroscopy with a tunable diode laser［J］. Applied Physics Letters, 1970, 16（9）: 351.

［13］Reid J, Labrie D. Second-harmonic detection with tunable diode lasers-comparison of experiment and theory［J］. Applied Physics B, 1981, 26（3）: 203-210.

［14］Ellis R A, Murphy J G, Pattey E, et al. Characterizing a quantum cascade tunable infrared laser differential absorption spectrometer（QC-TILDAS）for measurements of atmospheric ammonia [J]. Atmospheric Measurement Techniques, 2010, 3 (2)：397-406.

[15] Schiff H I, Hastie D R, Mackay G I, et al. Tunable diode laser systems for measuring trace gases in tropospheric air [J]. Environmental Science & Technology, 1983, 17 (8)：352A.

[16] Harris G W, Mackay G I, Iguchi T, et al. Measurement of NO_2 and HNO_3 in diesel exhaust gas by tunable diode laser absorption spectrometry [J]. Environmental Science & Technology, 1987, 21 (3)：299-304.

[17] Kormann R, Fischer H, Gurk C, et al. Application of a multi-laser tunable diode laser absorption spectrometer for atmospheric trace gas measurements at sub-ppbv levels [J]. Spectrochimica Acta Part A：Molecular & Biomolecular Spectroscopy, 2002, 58 (11)：2489-2498.

[18] Le B T, Vinogradov I, Durry G, et al. TDLAS a laser diode sensor for the in situ monitoring of H_2O, CO_2 and their isotopes in the Martian atmosphere [J]. Advances in Space Research, 2006, 38 (4)：718-725.

[19] Pan W D, Zhang J W, Dai J M, et al. Tunable diode laser absorption spectroscopy for simultaneous measurement of ethylene and methane near 1. 626 μm [J]. Journal of Infrared and Millimeter Waves, 2013, 32 (6)：486-490.

[20] Neethu S, Verma R, Kamble S S, et al. Validation of wavelength modulation spectroscopy techniques for oxygen concentration measurement [J]. Sensors & Actuators B Chemical, 2014, 192 (1)：70-76.

[21] Avetisov V, Bjoroey O, Wang J Y, et al. Hydrogen sensor based on tunable diode laser absorption spectroscopy [J]. Sensors, 2019, 19 (23)：5313.

[22] 周佩丽, 谭文, 彭志敏. 基于波长调制技术的吸收谱线线型函数测量 [J]. 红外与激光工程, 2020, 3 (1)：199-205.

[23] Kan R F, Dong F Z, Zhang Y J, et al. Influence of laser intensity in second-harmonic detection with tunable diode laser multi-pass absorption spectroscopy [J]. Chinese PhysicsB, 2005, 14 (9)：1904-1909.

[24] Li C L, Wu Y F, Qiu X B, et al. Pressure-dependent detection of carbon monoxide employing wavelength modulation spectroscopy using a herriott-type cell [J]. Applied Spectroscopy, 2017, 71 (5)：809-816.

[25] Kireev S V, Kondrashov A A, Shnyrev S L. Improving the accuracy and sensitivity of ^{13}C online detection in expiratory air using the TDLAS method in the spectral range of 4860-4880 cm^{-1} [J]. Laser Physics Letters, 2018, 15 (10)：105701.

[26] Zheng C T, Ye W L, Huang J Q, et al. Performance improvement of a near-infrared CH_4 detection device using wavelet-denoising-assisted wavelength modulation technique [J]. Sensors and Actuators B：Chemical, 2014 (190)：249-258.

[27] 杨未强, 宋锐, 韩凯, 等. 超连续谱激光光源研究进展 [J]. 国防科技大学学报, 2020, 42 (1)：1-9.

[28] Stelmaszczyk K, Rohwetter P, Fechner M, et al. Cavity ring-down absorption spectrography

based on filament−generated supercontinuum light［J］. Optics Express, 2009, 17（5）: 3673−3678.

［29］ Radney J G, Zangmeister C D. Measurement of gas and aerosol phase absorption spectra across the visible and near − IR using supercontinuum photoacoustic spectroscopy［J］. Analytical Chemistry, 2015, 87（14）: 7356−7363.

［30］ Amiot C, Aalto A, Ryczkowski P, et al. Cavity enhanced absorption spectroscopy in the mid−infrared using a supercontinuum source［J］. Applied Physics Letters, 2017, 111 （6）: 1−4.

［31］ Adamu A I, Dasa M K, Bang O, et al. Multispecies continuous gas detection with supercontinuum laser at telecommunication wavelength［J］. IEEE Sensors Journal, 2020, 20（18）: 10591−10597.

［32］ 谌鸿伟, 陈胜平, 侯静. 国产光子晶体光纤实现 4.6 W 全光纤超连续谱输出［J］. 光学学报, 2010, 30（9）: 2541−2543.

［33］ 张斌, 杨未强, 侯静, 等. 国内首次实现 1.9~4.3 μm 全光纤中红外超连续谱光源 ［J］. 中国激光, 2012, 39（12）: 10.

［34］ 李旻, 霍力, 王东, 等. 基于双波长相干超短脉冲光源的超连续谱产生［J］. 光学学报, 2015, 35（4）: 50−56.

［35］ 王力超, 韩江, 张魁榜, 等. 基于加权组合模型的数控系统软件可靠性估计［J］. 中国机械工程, 2016, 27（4）: 438−444.

［36］ 施泽军, 李凯. 基于灰色模型和指数平滑法的集装箱吞吐量预测［J］. 重庆交通大学学报（自然科学版）, 2008（2）: 302−304+332.

［37］ Kumaran A, Ramasamy S. A dynamically weighted discrete combination model for all releases of a software system［J］. Microprocessors and Microsystems, 2020（79）: 103290.

［38］ Bai H, Feng F, Wang J, et al. A combination prediction model of long−term ionospheric foF$_2$ based on entropy weight method［J］. Entropy, 2020, 22（4）: 442.

［39］ Wang X, Xu N, Meng X, et al. Prediction of gas concentration based on LSTM − LightGBM variable weight combination model［J］. Energies, 2022, 15（3）: 827.

［40］ Jiang X, Luo Y, Zhang B. Prediction of PM2.5 concentration based on the LSTM−TS LightGBM variable weight combination model［J］. Atmosphere, 2021, 12（9）: 1211.

［41］ Chen Y, Di Y, Tang X, et al. Combination weight COD concentration prediction model based on bipls and sipls［J］. Spectroscopy and Spectral Analysis, 2019, 39（7）: 2176−2181.

［42］ 洪明坚, 温志渝. 一种多模型融合的近红外波长选择算法［J］. 光谱学与光谱分析, 2010, 30（8）: 2088−2092.

［43］ Li H, Di S, Lv W, et al. Research on the measurement of CO$_2$ concentration based on multi−band fusion model［J］. Applied Physics B, 2021, 127（1）: 1−7.

［44］ Li Q, Li G, Zhang J, et al. A new strategy of applying modeling indicator determined method to high−level fusion for quantitative analysis［J］. Spectrochimica Acta Part A: Molecular and Biomolecular Spectroscopy, 2019（219）: 274−280.

［45］ 王书涛，王志芳，刘铭华，等. 基于光谱吸收法和荧光法的甲烷和二氧化硫检测系统的研究［J］. 光谱学与光谱分析，2016，36（1）：287-291.

［46］ Seiter M, Sigrist M W. On-line multicomponent trace-gas analysis with a broadly tunable pulsed difference-frequency laser spectrometer［J］. Applied Optics, 1999, 38（21）：4691-4698.

［47］ Richter D, Lancaster D G, Tittel F K. Development of an automated diode-laser-based multicomponent gas sensor［J］. Applied Optics, 2000, 39（24）：4444-4450.

［48］ Webber M E, Wang J, Sanders S T, et al. In situ combustion measurements of CO, CO_2, H_2O and temperature using diode laser absorption sensors［J］. Proceedings of the Combustion Institute, 2000, 28（1）：407-413.

［49］ Arslanov D, Swinkels K, Cristescu S, et al. Real-time, subsecond, multicomponent breath analysis by optical parametric oscillator based off-axis integrated cavity output spectroscopy［J］. Optics Express, 2011, 19（24）：24078-24089.

［50］ Griffith D, Pöehler D, Schmitt S, et al. Long open-path measurements of greenhouse gases in air using near-infrared Fourier transform spectroscopy［J］. Atmospheric Measurement Techniques, 2017, 11（3）：1-30.

［51］ Stepanov E V, Kasoev S G. Multicomponent analysis of biomarkers in exhaled air using diode laser spectroscopy［J］. Optics and Spectroscopy, 2019, 126（6）：736-744.

［52］ 顾海涛，王欣，王健，等. 基于半导体激光吸收谱的在线 CO 和 CO_2 浓度同时测量技术［J］. 光电子·激光，2009，20（8）：1070-1073.

［53］ 王华山，吴少华，秦裕琨. 利用吸收光谱技术对 SO_2 和 NO 浓度评估的研究［J］. 热能动力工程，2011，26（2）：229-232.

［54］ 王建伟. 近红外激光光声光谱多组分气体检测技术及其医学应用［D］. 大连：大连理工大学，2012.

［55］ 张志荣，夏滑，董凤忠，等. 利用可调谐半导体激光吸收光谱法同时在线监测多组分气体浓度［J］. 光学精密工程，2013，21（11）：2771-2777.

［56］ 万福. 变压器油中溶解气体光反馈 V 型腔增强吸收光谱检测研究［D］. 重庆：重庆大学，2015.

［57］ 郭红. 基于光声光谱技术的混合气体实时检测［D］. 武汉：华中科技大学，2018.

［58］ Chen K, Liu S, Zhang B, et al. Highly sensitive photoacoustic multi-gas analyzer combined with mid-infrared broadband source and near-infrared laser［J］. Optics and Lasers in Engineering, 2020（124）：105844.

［59］ Amiot C, Aalto A, Ryczkowski P, et al. Cavity enhanced absorption spectroscopy in the mid-infrared using a supercontinuum source［J］. Applied Physics Letters, 2017, 111（6）：1-4.

［60］ 何莹. 基于激光吸收光谱的主要人为氨排放源在线检测技术与应用研究［D］. 合肥：中国科学技术大学，2017.

［61］ Hollas J M. Modern spectroscopy［M］. New York：John Wiley & Sons Inc, 2004.

［62］ Khristenko S V, Maslov A I, Shevelko V P, et al. Molecules and their spectroscopic properties ［M］. Berlin：Springer Science & Business Media, 2012.

［63］ Huber K P. Molecular spectra and molecular structure：IV. Constants of diatomic molecules ［M］. Berlin：Springer Science & Business Media, 2013.

［64］ Paynter R W. Modification of the Beer-Lambert equation for application to concentration gradients ［J］. Surface and Interface Analysis, 1981, 3 (4)：186-187.

［65］ Rothman L S, Gordon I E, Babikov Y, et al. The Hitran 2012 molecular spectroscopic database ［J］. Journal of Quantitative Spectroscopy and Radiative Transfer, 2013 (130)：4-50.

［66］ Humlicek J. Optimized computation of the Voigt and complex probability functions ［J］. Journal of Quantitative Spectroscopy and Radiative Transfer, 1982, 27 (4)：437-444.

［67］ 刘兴立. 基于 TDLAS 的数字信号处理与分析 ［D］. 成都：电子科技大学, 2015.

［68］ 孙猛. 基于 TDLAS 技术气体检测的理论模型修正研究 ［D］. 济南：山东大学, 2014.

［69］ 张世强, 蔡雷, 张政, 等. 超连续谱激光光束质量特性 ［J］. 红外与激光工程, 2014, 43 (5)：1428-1432.

［70］ 李鑫安. 基于 TDLAS 的畜禽舍内氨气浓度检测系统研究 ［D］. 武汉：华中农业大学, 2020.

［71］ 邹得宝, 陈文亮, 杜振辉, 等. 数字滤波方法在 TDLAS 逃逸氨检测中的选用 ［J］. 光谱学与光谱分析, 2012, 32 (9)：2322-2326.

［72］ 丁昆. 空间生命科学气体检测技术研究 ［D］. 上海：中国科学院大学 (中国科学院上海技术物理研究所), 2017.

［73］ 郑海明, 刘佳. 差分吸收光谱测量臭氧浓度信号去噪的实验研究 ［J］. 计量学报, 2020, 41 (6)：759-764.

［74］ 杨帆, 王鹏, 张宁超, 等. 一种基于小波变换的改进滤波算法及其在光谱去噪方面的应用 ［J］. 国外电子测量技术, 2020, 39 (8)：98-104.

［75］ 梅魏鹏, 余淼, 师翔, 等. 小波降噪技术在差分吸收光谱浓度检测中的应用 ［J］. 影像科学与光化学, 2014, 32 (2)：191-199.

［76］ 慕阳, 肖宏跃, 蒋全科, 等. 利用小波阀值降噪技术提高微地震信号的信噪比 ［J］. 勘察科学技术, 2016 (2)：22-26.

［77］ 周克良, 刘亚亚. 新阈值小波变换的心音去噪 ［J］. 计算机工程与设计, 2020, 41 (9)：2476-2481.

［78］ 张华, 陈小宏, 杨海燕. 地震信号去噪的最优小波基选取方法 ［J］. 石油地球物理勘探, 2011, 46 (1)：70-75.

［79］ 姚丹, 郑凯元, 刘梓迪, 等. 用于近红外宽带腔增强吸收光谱的小波去噪 ［J］. 光学学报, 2019, 39 (9)：395-402.

［80］ Omar S F, Salman Y, Islam T. Finding the optimum level of wavelet decomposition for reducing noise in wireless communication ［J］. Australian Journal of Basic and Applied Sciences, 2011, 5 (11)：1212-1217.

[81] 宫学程, 高一凡, 杨军, 等. TDLAS 波长调制压力测量法参数优化 [J]. 光学技术, 2020, 46 (2): 134-139.

[82] 李坤颖, 肖兵. 基于 TDLAS 动态参数快速测量系统 [J]. 自动化技术与应用, 2006, 25 (7): 57-59.

[83] 李晗, 刘建国, 何亚柏, 等. 可调谐二极管激光吸收光谱二次谐波信号的模拟与分析 [J]. 光谱学与光谱分析, 2013, 33 (4): 881-885.

[84] 高楠, 杜振辉, 唐邈, 等. 可调谐二极管激光吸收光谱技术参数选择及优化 [J]. 光谱学与光谱分析, 2010, 30 (12): 3174-3178.

[85] 王雪梅. 基于 TDLAS 技术的 CO_2 浓度测量 [D]. 北京: 华北电力大学, 2017.

[86] 张步强, 许振宇, 刘建国, 等. 基于波长调制技术的激光器调制特性研究 [J]. 光谱学与光谱分析, 2019, 39 (9): 2702-2707.

[87] Alorifi F, Ghaly S, Shalaby M, et al. Analysis and detection of a target gas system based on TDLAS & LabVIEW [J]. Engineering Technology & Applied Science Research, 2019, 9 (3): 4196-4199.

[88] Zheng F, Qiu X B, Shao L G, et al. Measurement of nitric oxide from cigarette burning using TDLAS based on quantum cascade laser [J]. Optics and Laser Technology, 2020 (124): 105963.

[89] Li C, Wu Y, Qiu X, et al. Pressure-dependent detection of carbon monoxide employing wavelength modulation spectroscopy using a Herriott-type cell [J]. Applied Spectroscopy, 2017, 71 (5): 809-816.

[90] 何启欣, 刘慧芳, 李彬, 等. 基于可调谐激光二极管吸收光谱的乙炔在线检测系统 [J]. 光谱学与光谱分析, 2016, 36 (11): 3501-3505.

[91] 赵自雷. 通用医用人体压力分布测量系统的研制 [D]. 天津: 天津大学, 2013.

[92] Rhee T, Ryu K, Rhee T, et al. Crowdsourcing of economic forecast: combination of combinations of individual forecasts using Bayesian model averaging [J]. Seoul Journal of Economics, 2021, 34 (1): 99-125.

[93] Wang B, Wang X, Ma X. Study on optimal combination settlement prediction model based on logistic curve and gompertz curve [J]. Stavební Obzor - Civil Engineering Journal, 2020, 29 (3): 347-357.

[94] Yang J, Zhang Y, Du L, et al. Improving the selection of vegetation index characteristic wavelengths by using the prospect model for leaf water content estimation [J]. Remote Sensing, 2021, 13 (4): 821.

[95] 牛金明, 卢景琦, 李永康. 激光诱导击穿光谱结合薄膜制样用于检测大米中的镉含量 [J]. 激光与光电子学进展, 2021, 58 (17): 421-428.

[96] Yueh F, Singh J P, Zhang H, et al. Laser-induced breakdown spectroscopy, elemental analysis [M]. Atlanta: American Cancer Society, 2006.

[97] 赵小侠, 贺俊芳, 杨森林, 等. 基于发射光谱法锡等离子体特征参数的求解研究 [J]. 原子与分子物理学报, 2022, 39 (1): 87-90.

[98] Wang L, Zhou Y, Fu Y X, et al. Effect of sample temperature on radiation characteristics of nanosecond laser-induced soil plasma [J]. Chinese Journal of Chemical Physics, 2019, 32 (6): 760-764.

[99] 傅院霞, 徐丽, 宫昊, 等. 实验参数对铝合金光谱和等离子体特性的影响 [J]. 廊坊师范学院学报 (自然科学版), 2020, 20 (2): 25-29.

[100] 薛伟, 朱德华, 冯爱新. 激光加工过程中等离子体温度测量的实验研究 [J]. 应用激光, 2013, 33 (3): 309-312.

[101] Isidoro-García L, De Andrés-García I, Moreno-Conde D, et al. Theoretical lifetimes and Stark broadening parameters for visible-infrared spectral lines of V I in Arcturus [J]. Monthly Notices of the Royal Astronomical Society, 2021, 509 (3): 4538-4554.

[102] 时铭鑫, 王傲松, 黄大鹏, 等. 基于支持向量机和随机森林算法结合光纤式激光诱导击穿光谱定量检测核电用钢中铬 [J]. 冶金分析, 2021, 41 (1): 30-40.

[103] 李华, 王甜, 贺瑶, 等. 随机森林算法结合激光诱导击穿光谱检测金属元素的方法: CN109884033A [P]. 2019-06-14.

[104] 杜瑶, 李茂刚, 王萍, 等. 激光诱导击穿光谱技术结合自吸收修正和偏最小二乘法的铁矿石酸度分析 [J]. 冶金分析, 2020, 40 (12): 105-111.

[105] 王乃啸, 高海翔, 王希林, 等. 基于 BP 神经网络的绝缘子污秽成分 LIBS 在线检测技术 [J]. 广东电力, 2020, 33 (9): 49-57.

[106] 秦爽, 李明亮, 戴宇佳, 等. 空间约束结合支持向量机提高毫秒激光诱导击穿光谱的铝合金中的 Fe 元素成分检测精度 [J]. 光谱学与光谱分析, 2022, 42 (2): 582-586.

[107] 胡慧琴, 黄林, 姚明印, 等. 内定标法水中 Cr 元素 LIBS 定量分析 [J]. 激光与红外, 2015, 45 (1): 32-36.

[108] 吴宜青, 莫欣欣, 孙通, 等. 基于内定标法的大豆油中铬含量的 LIBS 定量分析 [J]. 核农学报, 2016, 30 (7): 1351-1357.

[109] Ciucci A, Palleschi V, Rastelli S, et al. CF-LIPS: a new approach to LIPS spectra analysis [J]. Laser and Particle Beams, 1999, 17 (4): 793-797.

[110] Christian N, Jose L R, Gabriel C. Mediation analysis in partial least squares pathmodeling: helping researchers discuss more sophisticated models [J]. Industrial Management & Data Systems, 2016, 116 (9): 1849-1864.

[111] 沈沁梅, 周卫东, 李科学. 激光诱导击穿光谱结合神经网络测定土壤中的 Cr 和 Ba [J]. 光子学报, 2010, 39 (12): 2134-2138.

[112] 许毓婷, 孙浩然, 高勋, 等. 基于 LIBS 技术结合 PCA-SVM 机器学习对猪肉部位的识别研究 [J]. 光谱学与光谱分析, 2021, 41 (11): 3572-3576.

[113] 李明亮, 戴宇佳, 秦爽, 等. LIBS 分析模型对铝合金定量分析精度的影响 [J]. 光谱学与光谱分析, 2022, 42 (2): 587-591.

[114] Manjeet S, Vijay K, Raman K M, et al. Analytical spectral dependent partial least squaresregression: a study of nunclear waste glass from thorium based fuel using LIBS [J]. Journal of Analytical Atomic Spectrometry, 2021 (30): 2507-2515.

[115] 李捷,陆继东,谢承利,等.激光感生击穿煤质实验中延迟时间的研究 [J]. 光谱学与光谱分析, 2008 (4): 736-739.

[116] 胡丽,赵南京,刘文清,等.水体重金属多元素 LIBS 测量连续背景光谱去除方法研究 [J]. 中国激光, 2014, 41 (7): 259-264.

[117] Marangoni B S, Silva K, Gustavo N, et al. Phosphorus quantification in fertilizers using laser induced breakdown spectroscopy (LIBS): a methodology of analysis to correct physical matrix effects [J]. Analytical Methods, 2016 (8): 78-82.

[118] 柯轲,吕勇,易灿灿.基于凸优化的激光诱导击穿光谱基线校正方法 [J]. 光谱学与光谱分析, 2018, 38 (7): 2256-2261.

[119] 唐鹏,郭宝平.改进型阈值函数寻优法的小波去噪分析 [J]. 信号处理, 2017, 33 (1): 102-110.

[120] 周风波,李长庚,朱红求.基于提升小波变换的阈值改进去噪算法在紫外可见光谱中的研究 [J]. 光谱学与光谱分析, 2018, 38 (2): 506-510.

[121] 陈添兵,刘木华,黄林,等.不同光谱预处理对激光诱导击穿光谱检测猪肉中铅含量的影响 [J]. 分析化学, 2016, 44 (7): 1029-1034.

[122] 马翠红,王维国,高悦.改进单子带重构算法钢液光谱预处理 [J]. 激光杂志, 2016, 37 (11): 35-37.

[123] Huang G, Duan H, Ma S, et al. A novel denoising method for laser-induced breakdown spectroscopy: improved wavelet dual threshold function method and its application to quantitative modeling of Cu and Zn in Chinese animal manure composts [J]. Microchemical Journal, 2017 (134): 262-269.

[124] 林晓梅,郭明,王兴生,等.激光诱导击穿光谱用于 NaCl 溶液中 Na 元素含量分析 [J]. 光谱学与光谱分析, 2019, 39 (6): 1953-1957.

[125] 杨崇瑞,汪家升,盛新志,等.利用多数据处理方法提高 LIBS 谱信号质量 [J]. 红外与激光工程, 2014, 43 (11): 3807-3812.

[126] 白津宁. LIBS 技术在土壤环境质量监测中的应用研究 [D]. 保定:河北大学, 2013.

[127] 徐勇,程利振,金泽志,等. LIBS 技术在冶金成分在线检测中的应用 [J]. 安徽科技, 2021 (6): 42-44.

[128] 魏娇.激光诱导击穿光谱技术在煤炭工业中的应用研究 [D]. 西安:西北大学, 2016.

[129] 徐聪.基于 DP-LIBS 的快速检测定量分析方法研究 [D]. 合肥:中国科学技术大学, 2020.

[130] 万雄,王建宇,叶健华,等.激光诱导击穿光谱对污染鱼体内重金属元素分布与含量的分析 [J]. 光谱学与光谱分析, 2013, 33 (1): 206-209.

[131] 邓红艳,郑国宪,张琢. Raman-LIBS 光谱技术在空间原位探测领域的应用探讨 [J]. 空间电子技术, 2018, 15 (4): 63-67.

[132] Wang Y, Chen A, Wang Q, et al. Enhancement of optical emission generated from femtosecond double-pulse laser-induced glass plasma at different sample temperatures in

air [J]. Plasma Science and Technology, 2019, 21 (3): 102-111.

[133] Bai Y, Zhang L, Hou J, et al. Concentric multipass cell enhanced double-pulse laser-induced breakdown spectroscopy for sensitive elemental analysis [J]. Spectrochimica Acta Part B: Atomic Spectroscopy, 2020 (168): 105851.

[134] Zhou R, Liu K, Tang Z Y, et al. Determination of micronutrient elements in soil using laser-induced break down spectroscopy assisted by laser-induced fluorescence [J]. Journal of Analytical Atomic Spectrometry, 2021, 36 (3): 614-621.

[135] Fu Y T, Gu W L, Hou Z Y, et al. Mechanism of signal uncertainty generation for laser-induced breakdown spectroscopy [J]. Frontiers of Physics, 2020, 16 (2): 22502.

[136] Zhang Z, Wu J, Li J, et al. Spatial restriction on properties of nanosecond pulsed laser ablation of aluminum in water [J]. Journal of Physics D: Applied Physics, 2020, 53 (47): 175205.

[137] Shao J, Guo J, Wang Q, et al. Spatial confinement effect on CN emission from nanosecond laser-induced PMMA plasma in air [J]. Optik, 2020 (207): 164448.

[138] Tang H, Hao X, Hu X. Spectral enhancement effect of libs based on the combination of Au nanoparticles with magnetic field [J]. Optik, 2019 (179): 1129-1133.

[139] Hussain A, Tanveer M, Farid G, et al. Combined effects of magnetic field and ambient gas condition in the enhancement of laser-induced breakdown spectroscopy signal [J]. Optik, 2018 (172): 1012-1018.

[140] Tang H, Hao X, Hu X. Research on spectral characteristics of laser-induced plasma by combining Au nanoparticles and magnetic field confinement on Cu [J]. Optik, 2018 (171): 625-631.

[141] Bhatt C R, Hartzler D, Jain J C, et al. Evaluation of analytical performance of double pulse laser-induced breakdown spectroscopy for the detection of rare earth elements [J]. Optics & Laser Technology, 2020 (126): 106110.

[142] Zhao S, Song C, Gao X, et al. Quantitative analysis of Pb in soil by femtosecond-nanosecond double-pulse laser-induced breakdown spectroscopy [J] Results in Physics, 2019 (15): 102736.

[143] Wang J, Li X, Zheng P, et al. Spectral characterization of collinear double-pulse laser induced breakdown spectroscopy (DP-LIBS) for the analysis of the Chinese traditional medicine artemisia annua [J]. Analytical Letters, 2020 (53): 2921-2934.

[144] Lin J, Lin X, Guo L. Enhancement effects of different elements by argon shield in laser induced breakdown spectroscopy [J]. Optik, 2019 (179): 1134-1139.

[145] Rajavelu H, Vasa N J, Seshadri S. Effect of ambiance on the coal characterization using laser-induced breakdown spectroscopy (LIBS) [J]. Applied Physics A, 2020, 126 (6): 395.

[146] Nakamura S, Wagatsuma K. Emission characteristics of nickel ionic lines excited by reduced-pressure laser-induced plasmas using argon, krypton, nitrogen, and air as the plasma gas

[J]. Spectrochimica Acta Part B：Atomic Spectroscopy，2007（62），1303-1310.

[147] 戴宇佳，李明亮，宋超，等. 空间约束结合梯度下降法提高铝合金中 Fe 成分激光诱导击穿光谱技术检测精度 [J]. 物理学报，2021，70（20）：173-179.

[148] 刘雁宾，赵上勇，侯宗余，等. 样品加热结合空间约束的飞秒激光诱导击穿光谱用于合金元素定量分析研究 [J]. 冶金分析，2020，40（12）：6.

[149] 孙冉，郝晓剑，杨彦伟，等. 腔体约束材料对激光诱导击穿 Cu 等离子体光谱的影响 [J]. 光谱学与光谱分析，2020，40（12）：21-26.

[150] 杨彦伟，张丽丽. 腔体约束对不同样品激光诱导击穿光谱特性研究 [J]. 吕梁学院学报，2020，10（2）：19-22.

[151] 杨彦伟. 磁场约束提高 LIBS 定量分析精度研究 [J]. 激光与红外，2019，49（8）：945-949.

[152] Hussain A，Xun G，Asghar H，et al. Enhancement of laser–induced breakdown spectroscopy（LIBS）signal subject to the magnetic confinement and dual pulses [J]. Optics and Spectroscopy，2021，129（4）：452-459.

[153] 周卫东，刘燕杰，黄基松. 工作参数对激光诱导土壤等离子体光谱特性的影响 [J]. 大气与环境光学学报，2016，11（5）：361-366.

[154] 郭锐，张雷. 样品形态对激光诱导土壤等离子体特性的影响分析 [J]. 河北大学学报（自然科学版），2015，35（3）：247-252.

[155] 陈金忠，宋广聚，陈振玉，等. NaCl 对激光诱导土壤等离子体辐射的增强效应 [J]. 强激光与粒子束，2012，24（2）：476-480.

[156] 陈金忠，宋广聚，白津宁，等. CsCl 添加剂对土壤的纳秒激光诱导等离子体光谱的影响 [J]. 光电子·激光，2012，23（9）：1835-1840.

[157] 陈金忠，张琳晶，孙江，等. CsCl 添加剂对激光诱导土壤等离子体辐射强度的影响 [J]. 科学通报，2011，56（Z1）：299-303.

[158] Shi L L，Lin Q Y，Duan Y X. A novel specimen–preparing method using epoxy resin as binding material for LIBS analysis of powder samples [J]. Talanta，2015（144）：1370-1376.

[159] Jia J J，Fu H B，Wang H D，et al. Analysis of rock powders by laser–induced breakdown spectroscopy combined with the graphite doping method [J]. Journal of Applied Spectroscopy，2020，87（5）：919-924.

[160] DellAglio M，Salajková Z，Mallardi A，et al. Application of gold nanoparticles embedded in the amyloids fibrils as enhancers in the laser induced breakdown spectroscopy for the metal quantification in microdroplets [J]. Spectrochimica Acta Part B：Atomic Spectroscopy，2019（155）：115-122.

[161] Wang T，He M，Shen T，et al. Multi–element analysis of heavy metal content in soils using laser–induced breakdown spectroscopy：a case study in eastern China [J]. Spectrochimica Acta Part B：Atomic Spectroscopy，2018，149（50）：300-312.

[162] 王满苹，曹百穸，王顺，等. 激光诱导击穿光谱检测土壤中重金属 Pb 和 Mn 的试验研究 [J]. 河南农业大学学报，2014，48（5）：648-652.

［163］谷艳红. 土壤重金属激光诱导击穿光谱定量分析研究 ［D］. 合肥：中国科学技术大学, 2017.

［164］项丽蓉, 麻志宏, 赵欣宇, 等. 基于不同化学计量学方法的土壤重金属激光诱导击穿光谱定量分析研究 ［J］. 光谱学与光谱分析, 2017, 37 (12): 3871-3876.

［165］Zhang X, Li N, Yan C H, et al. Four-metal-element quantitative analysis and pollution source discrimination in atmospheric sedimentation by laser-induced breakdown spectroscopy (LIBS) coupled with machine learning ［J］. Journal of Analytical Atomic Spectrometry, 2020 (35): 403-413.

［166］林晓梅, 曹玉莹, 赵上勇, 等. 激光诱导击穿光谱技术对土壤中重金属元素 Cr 的定量分析 ［J］. 光谱学与光谱分析, 2021, 41 (3): 875-879.

［167］李茂刚, 梁晶, 闫春华, 等. 基于激光诱导击穿光谱技术结合随机森林算法快速定量分析土壤中重金属元素 ［J］. 分析化学, 2021, 49 (8): 1410-1418.

［168］吴金泉, 林兆祥, 刘林美, 等. 藏药七十味珍珠丸的激光诱导击穿光谱检测 ［J］. 中南民族大学学报 (自然科学版), 2009, 28 (2): 53-56.

［169］Akpovo C A, Jr J A M, Lewis D E, et al. Regional discrimination of oysters using laser-induced breakdown spectroscopy ［J］. Analytical Methods, 2013, 5 (16): 3956-3964.

［170］刘晓娜, 张乔, 史新元, 等. 基于 LIBS 技术的树脂类药材快速元素分析及判别方法研究 ［J］. 中华中医药杂志, 2015, 30 (5): 1610-1614.

［171］刘晓娜, 史新元, 贾帅芸, 等. 基于 LIBS 技术对 4 种珍宝藏药快速多元素分析 ［J］. 中国中药杂志, 2015, 40 (11): 2239-2243.

［172］董晨钟, 杨峰, 苏茂根. 中药材微量元素成分 LIBS 检测 ［J］. 西北师范大学学报 (自然科学版), 2015, 51 (1): 44-47.

［173］李占锋, 王芮雯, 邓琥, 等. 黄连、附片和茯苓内铜元素激光诱导击穿光谱分析 ［J］. 发光学报, 2016, 37 (1): 100-105.

［174］李占锋, 王芮雯, 邓琥, 等. 黄连中 Pb 的激光诱导击穿光谱测量分析 ［J］. 红外与激光工程, 2016, 45 (10): 67-71.

［175］傅院霞, 唐永强, 徐丽, 等. 中药材微量元素的 LIBS 检测 ［J］. 蚌埠学院学报, 2017, 6 (3): 20-24.

［176］赵上勇, 周志明, 宋超, 等. 基于 LIBS 技术人参样品聚类分析及重金属检测研究 ［J］. 光谱学与光谱分析, 2020, 40 (8): 2629-2633.

［177］Burakov V S, Tarasenkon. Analysis of lead and sulfur in environmental samples by double pulse laser induced breakdown spectroscopy ［J］. Spectrochimica Acta Part B: Atomic Spectroscopy, 2009, 64 (2): 141-146.

［178］Ayyalasomayajula K K, Dikshit V, Fang Y Y, et al. Quantitative analysis of slurry sample by laser-induced breakdown spectroscopy ［J］. Analytical and Bioanalytical Chemistry, 2011, 400 (10): 3315-3322.

［179］Ferreira E C, Milori D, Ferreira E J, et al. Evaluation of laser induced breakdown spectroscopy for multielemental determination in soils under sewage sludge application

[J]. Talanta, 2011, 85 (1): 435-440.

[180] 鲁翠萍, 刘文清, 赵南京, 等. 激光能量及重复频率对土壤等离子体特性的影响 [J]. 中国激光, 2011, 38 (2): 249-252.

[181] 卢渊, 吴江来, 李颖, 等. 基于激光诱导击穿光谱技术的土壤泥浆中 Pb 元素检测 [J]. 光谱学与光谱分析, 2009, 29 (11): 3121-3125.

[182] 李勇, 陆继东, 林兆祥, 等. 应用激光诱导击穿光谱检测土壤中的铅 [J]. 应用光学, 2008, 29 (5): 789-792.

[183] 孙淼, Guindo M L, 庄振华, 等. 基于 LIBS 技术和卷积神经网络的土壤铅含量等级快速分类 [J]. 浙江科技学院学报, 2019 (5): 373-380.

[184] 李艳, 翟开华, 李艳丽, 等. 基于激光诱导击穿光谱技术的城市土壤重金属含量检测与分析 [J]. 湘潭大学自然科学学报, 2018, 40 (3): 86-88.

[185] Senesi G S, Dell'Aglio M, Gaudiuso R, et al. Heavy metal concentrations in soils asdetermined by laser-induced breakdown spectroscopy (LIBS) with special emphasis on chromium [J]. Environmental Research, 2009, 109 (4): 413-420.

[186] Zhu C, Tang Z, Li Q, et al. Lead of detection in rhododendron leaves using laser-induced breakdown spectroscopy assisted by laser-induced fluorescence [J]. Science Total Environment, 2020 (738): 139402.

[187] Shen T, Kong W, Liu F, et al. Rapid determination of cadmium contamination in lettuce using laser-induced breakdown spectroscopy [J]. Molecules, 2018 (23): 2930.

[188] Peng J, He Y, Zhao Z, et al. Fast visualization of distribution of chromium in rice leaves by reheating dual-pulse laser-induced breakdown spectroscopy and chemometric methods [J]. Environ Pollut, 2019 (252): 1125-1132.

[189] 郑培超, 李晓娟, 王金梅, 等. 再加热双脉冲激光诱导击穿光谱技术对黄连中 Cu 和 Pb 的定量分析 [J]. 物理学报, 2019, 68 (12): 198-205.

[190] Casado-Gavalda M P, Dixit Y, Geulen D, et al. Quantification of copper content with laser induced breakdown spectroscopy as a potential indicator of offal adulteration in beef [J]. Talanta, 2017 (169): 123-129.

[191] Andersen M B S, Frydenvang J, Henckel P, et al. The potential of laser-induced breakdown spectroscopy for industrial at line monitoring of calcium content in comminuted poultry meat [J]. Food Control, 2016 (64): 226-233.

[192] Velioglu H M, Sezer B, Bilge G, et al. Identification of offal adulteration in beef by laser induced breakdown spectroscopy (LIBS) [J]. Meat Science, 2018 (138): 28-33.

[193] Body D, Chadwick B. Optimization of the spectral data processing in a libs simultaneous elemental analysis system [J]. Spectrochimica Acta Part B: Atomic Spectroscopy, 2001, 56 (6): 725-736.

[194] Leys C, Ley C, Klein O, et al. Detecting outliers: do not use standard deviation around the mean, use absolute deviation around the median [J]. Journal of Experimental Social Psychology, 2013, 49 (4): 764-766.

[195] Hampel F R. The influence curve and its role in robust estimation [J]. Journal of the American Statistical Association, 1974, 69 (346): 383-393.

[196] Huber P J. Robust statistics [M]. New York: John Wiley & Sons Inc, 1981.

[197] Miller J. Reaction time analysis with outlier exclusion: bias varies with sample size [J]. Quarterly Journal of Experimental Psychology, 1991, 43 (4): 907-912.

[198] 李奇. 磁约束下组合脉冲激光诱导等离子体膨胀动力学研究 [D]. 长春: 长春理工大学, 2016.

[199] 贾军伟. LIBS 测量精确度的改善方法及应用研究 [D]. 安徽: 中国科学技术大学, 2020.

[200] Dumitrache C, Butte C, Yalin A. Resonant dual-pulse laser ignition technique based on oxygen REMPI pre-ionization. [J]. Scientific Reports, 2020, 10 (1): 23-25.

[201] 苏钰尧. 磁场中的能量守恒问题 [J]. 数字通信世界, 2019 (9): 260.

[202] Eschlböck-Fuchs S, Haslinger M J, Hinterreiter A, et al. Influence of sample temperature on the expansion dynamics and the optical emission of laser-induced plasma [J]. Spectrochimica Acta Part B: Atomic Spectroscopy, 2013 (87): 36-42.

[203] 王莉, 傅院霞, 徐丽, 等. 样品温度对纳秒激光诱导 Cu 等离子体特征参数的影响 [J]. 光谱学与光谱分析, 2019, 39 (4): 1247-1251.

[204] 许禄, 邵学广. 化学计量学方法 (第二版) [M]. 北京: 科学出版社, 2004.

[205] Sabsabi M, Cielo P. Quantitative analysis of aluminum alloys by laser-induced breakdown spectroscopy and plasma characterization [J]. Applied Spectroscopy, 1995, 49 (4): 499-507.

[206] Sherbini A E, Sherbini T E, Hegazy H, et al. Evaluation of self-absorption coefficients of aluminum emission lines in laser-induced breakdown spectroscopy measurements [J]. Spectrochimica Acta Part B: Atomic Spectroscopy, 2005, 60 (12): 1573-1579.

[207] Kuzuya M, Matsumoto H, Takechi H, et al. Effect of laser energy and atmosphere on the emission characteristics of laser-induced plasmas [J]. Applied Spectroscopy, 1993, 47 (10): 1659-1664.

[208] Aragón C, Aguilera J. Characterization of laser induced plasmas by optical emission spectroscopy: a review of experiments and methods [J]. Spectrochimica Acta Part B: Atomic Spectroscopy, 2008, 63 (9): 893-916.

[209] Lesage A. Experimental Stark widths and shifts for spectral lines of neutral and ionized atoms A critical review of selected data for the period 2001-2007 [J]. New Astronomy Reviews, 2009, 52 (11): 471-535.

[210] Shaikh N M, Hafeez S, Kalyar M A, et al. Spectroscopic characterization of laser ablation brass plasma [J]. Journal of Applied Physics, 2008, 104 (10): 103108.

[211] 赵维良, 依泽, 黄琴伟, 等.《中国药典》2020 年版中药材基原修订探赜 [J]. 中国中药杂志, 2021, 46 (10): 2617-2622.

[212] 袁得清, 高鹏锦, 阮毅男, 等. 麦冬及其土壤中微量元素含量的相关性分析 [J].

乐山师范学院学报，2020，35（4）：33-39.

[213] Ruan F，Hou L，Zhang T，et al. A modified backward elimination approach for the rapid classification of Chinese ceramics using laser-induced breakdown spectroscopy and chemometrics [J]. Journal of Analytical Atomic Spectrometry，2020，35（3）：518-525.

[214] Chen T，Zhang L，Huang L，et al. Quantitative analysis of chromium in pork by PSO-SVM chemometrics based on laser induced breakdown spectroscopy [J]. Journal of Analytical Atomic Spectrometry，2019，34（5）：884-890.

[215] Junjuri R，Gundawar M K. Femtosecond laser-induced breakdown spectroscopy studies for the identification of plastics [J]. Journal of Analytical Atomic Spectrometry，2019，34（8）：1683-1692.

[216] Li W T，Zhu Y N，Li X，et al. Correction：in situ classification of rocks using stand-off laser-induced breakdown spectroscopy with a compact spectrometer [J]. Journal of Analytical Atomic Spectrometry，2018，33（3）：461-467.

[217] 李红莲，康沙沙，谢红杰，等. 土壤中 Pb、Cr 元素激光诱导击穿光谱技术定量分析 [J]. 光电子·激光，2020，31（10）：1036-1043.

[218] 李乔. 天山北坡表层土壤及农作物重金属污染研究 [D]. 石河子：石河子大学，2017.

[219] 李丽颖，张思冲，张敏，等. 大庆贴不贴泡沉积物重金属污染及聚类分析 [J]. 黑龙江水专学报，2007（1）：77-81.

[220] 杨卓，王殿武，李贵宝，等. 白洋淀底泥重金属污染现状调查及评价研究 [J]. 河北农业大学学报，2005（5）：20-26.

[221] Muller G. Index of geoaccumulation in sediments of the Rhine River [J]. GeoJournal，1969，2（3）：109-110.

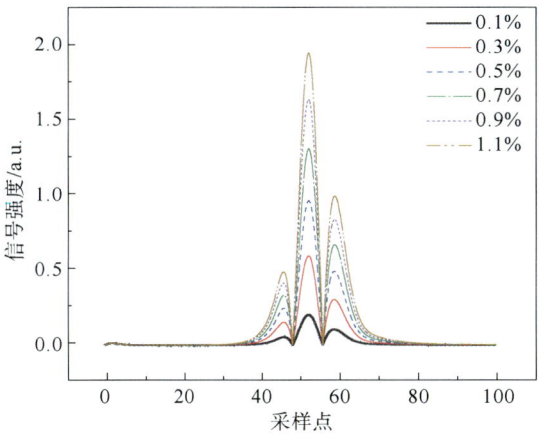

图 4-13　不同浓度下 CO_2 二次谐波信号仿真

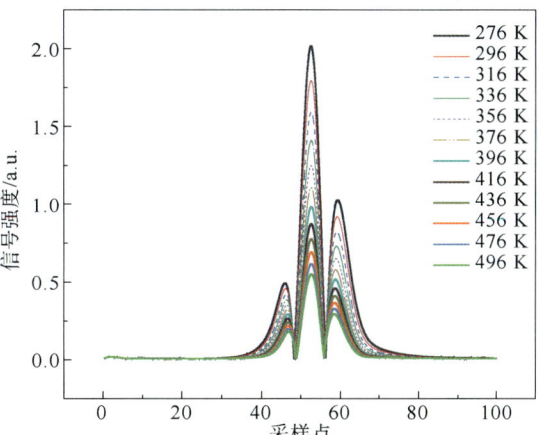

图 4-15　不同温度下 CO_2 谐波信号仿真

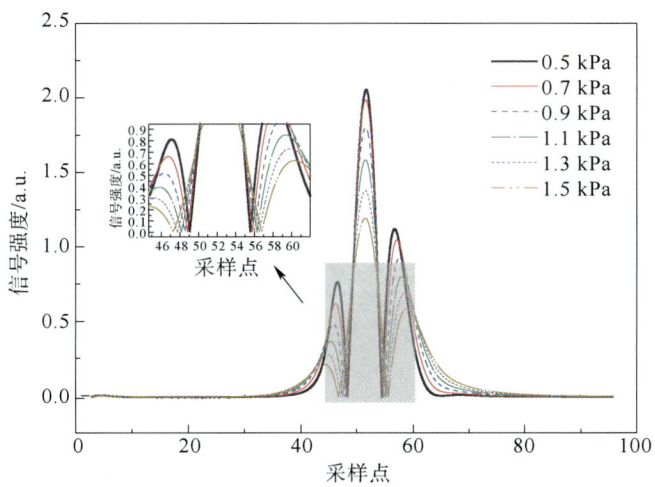

图 4-17　不同压强下 CO_2 谐波信号仿真

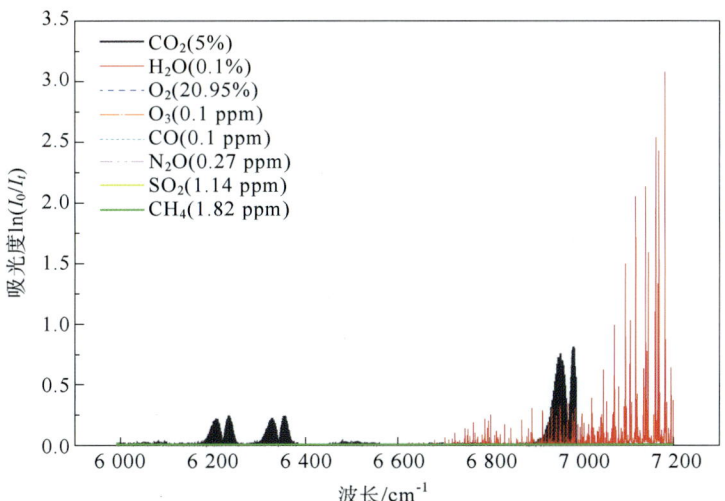

图 4-18　$T = 296$ K、$p = 1$ atm、$L = 2\ 600$ cm 下 5%CO_2 与干扰气体吸收光谱模拟

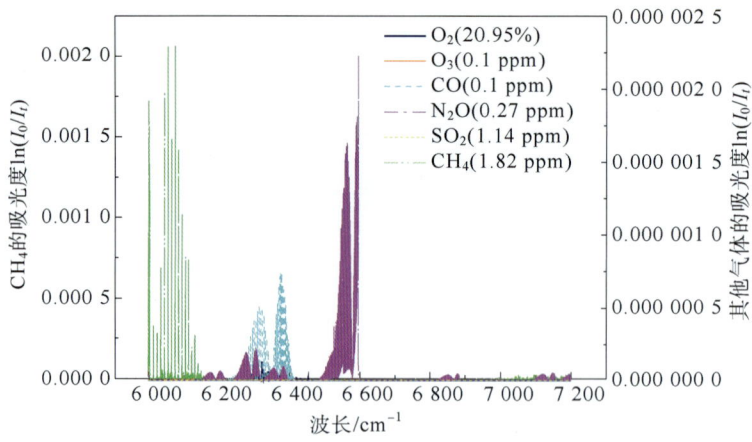

图 4-19　$T=296$ K、$p=1$ atm、$L=2\ 600$ cm 时 O_2、O_3、CO、N_2O、SO_2、CH_4 气体吸收光谱模拟

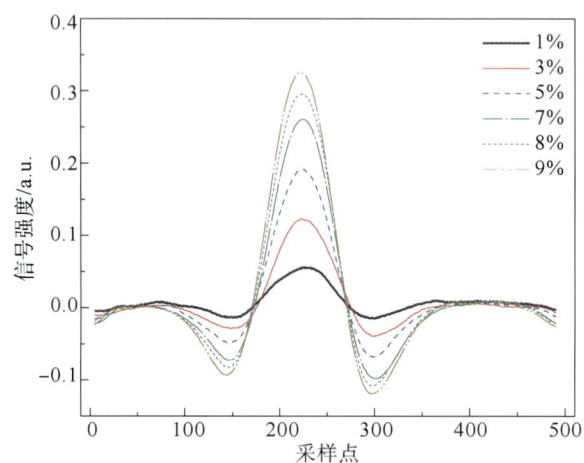

图 4-25　不同浓度下 CO_2 的二次谐波信号

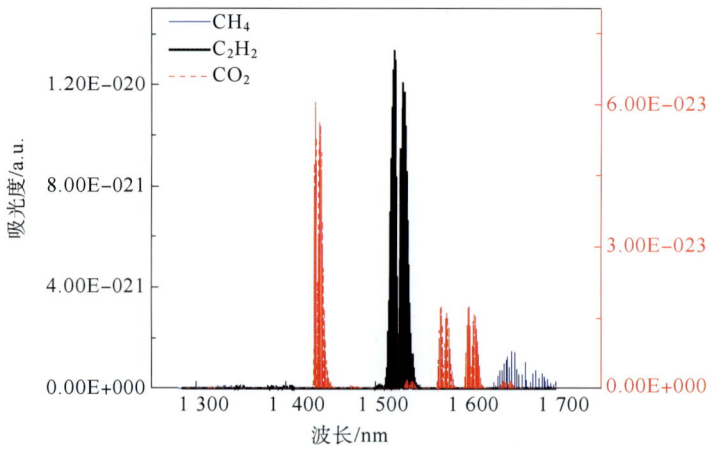

图 7-3　CH_4、C_2H_2 和 CO_2 在 1 280~1 700 nm 波段的吸收光谱

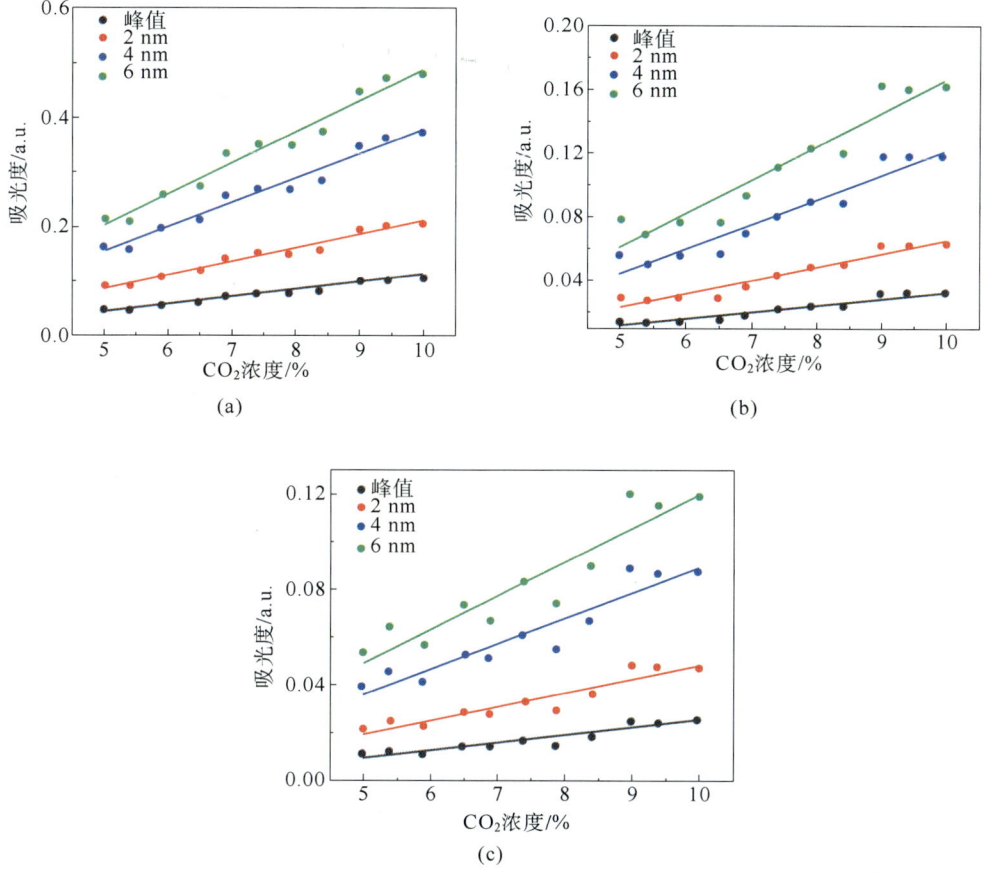

图 7-6　峰值和积分面积与 CO_2 浓度线性拟合结果

（a）1 432 nm；（b）1 572 nm；（c）1 603 nm

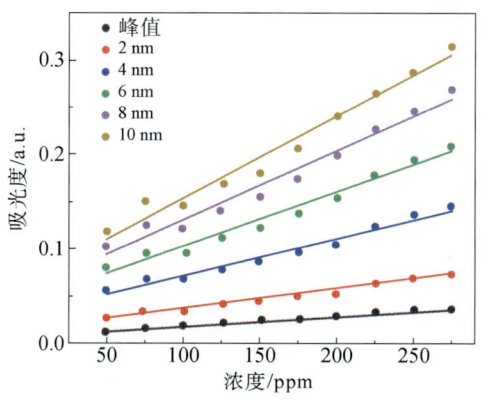

图 7-11　峰值和积分面积与 C_2H_2
　　　　浓度线性拟合结果

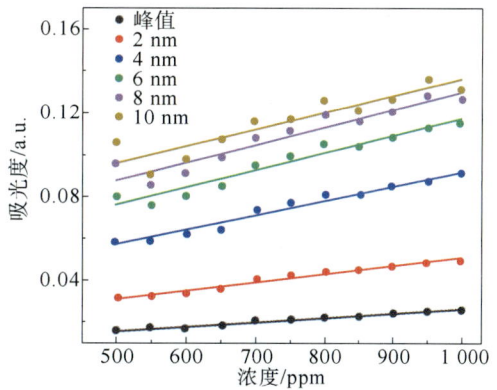

图 7-16　峰值和积分面积与 CH_4
　　　　浓度线性拟合结果

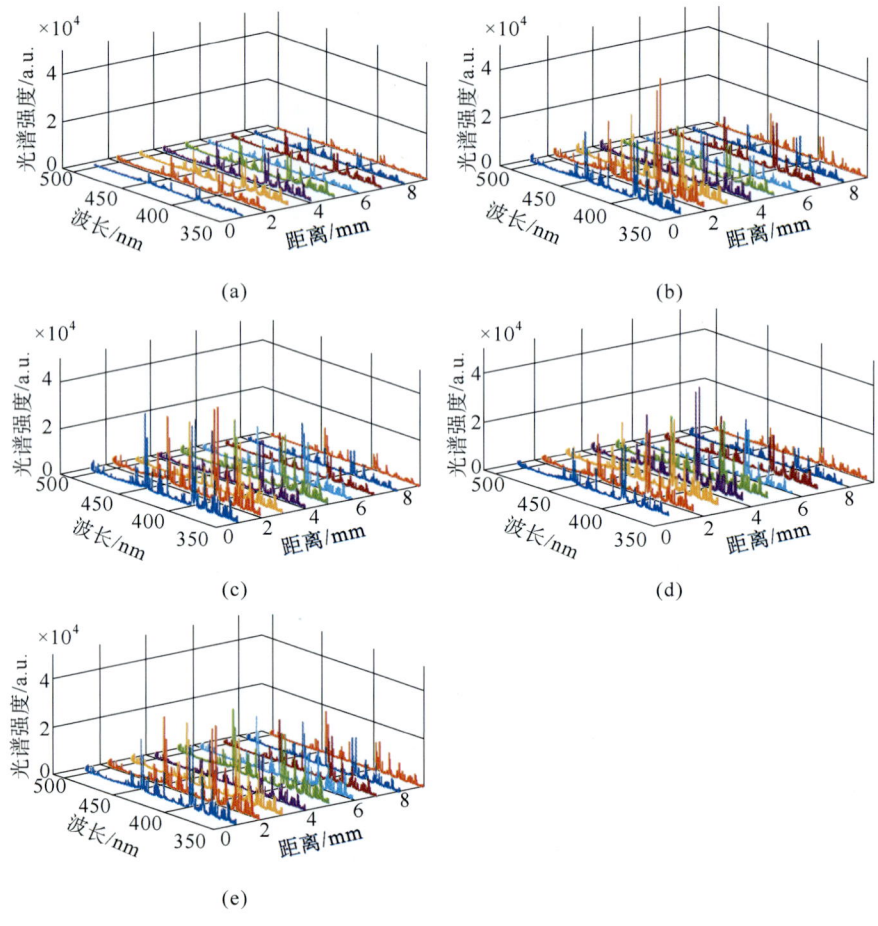

图 9-16 不同探测角度光谱信号

（a）20°；（b）30°；（c）40°；（d）50°；（e）60°

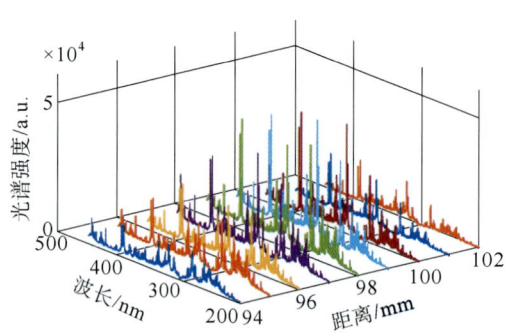

图 9-27 光谱强度随 LTSD 的变化曲线

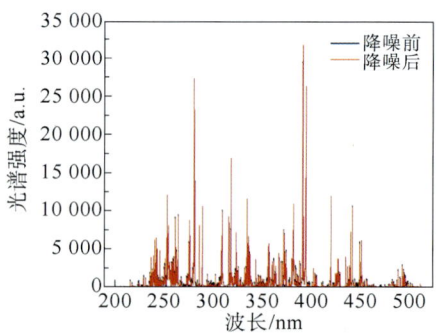

图 10-6 小波降噪前后谱线效果

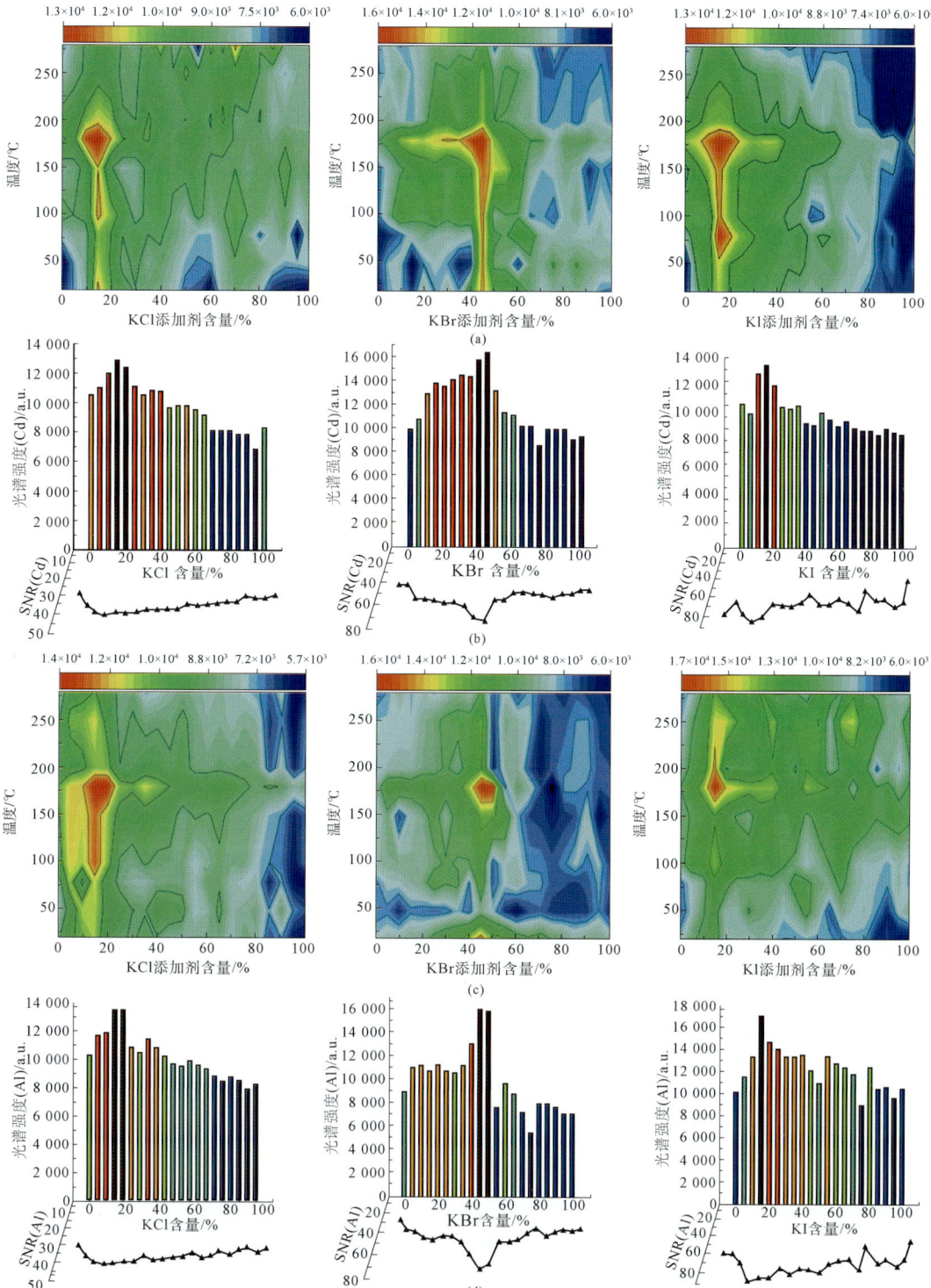

图 12-7　不同添加剂不同温度的土壤样品的谱线强度等高线与 SNR

（a）不同温度不同 KCl、KBr、KI 添加剂含量的土壤样品 Cd 谱线强度等高线；（b）180 ℃时不同 KCl、KBr、KI 添加剂含量的土壤样品 Cd 谱线强度、SNR；（c）不同温度不同 KCl、KBr、KI 添加剂含量的土壤样品 Al 谱线强度等高线；（d）180 ℃时不同 KCl、KBr、KI 添加剂含量的土壤样品 Al 谱线强度、SNR

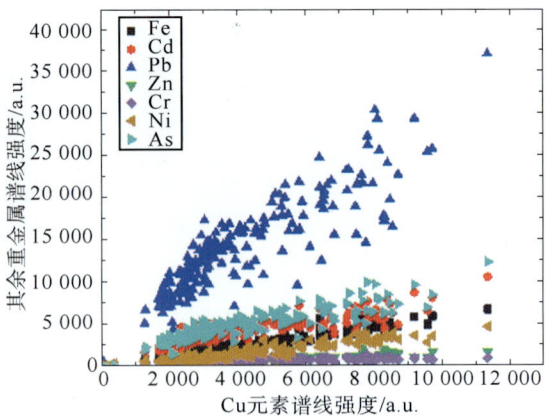

图 14-12　龙王淀各重金属元素变化趋势

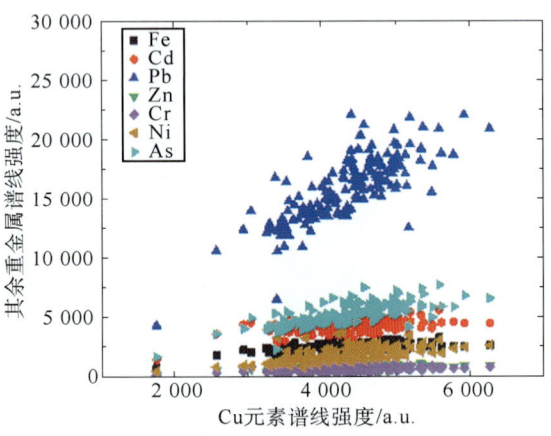

图 14-13　麦淀各重金属元素变化趋势

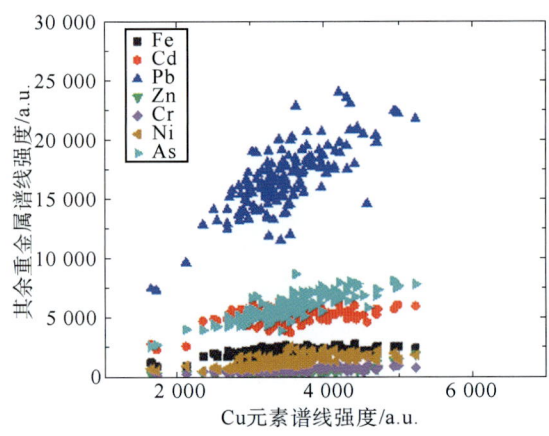

图 14-14　王家寨各重金属元素变化趋势